Elisabeth Trubel | Andrea Bastian

Qualitätsmanagement

visuell verstehen, vermitteln und verankern

LAMBERTUS

Elisabeth Trubel | Andrea Bastian

Qualitätsmanagement

visuell verstehen, vermitteln und verankern

LAMBERTUS

Haftungsausschluss

Dieses Buch enthält Informationen zum Verständnis und zur (Weiter-)Entwicklung eines QM-Systems auf Basis der DIN ISO 9001:2015. Es soll der Information und als Grundlage für die persönliche und fachliche sowie institutionelle Weiterentwicklung dienen.

Sämtliche Angaben und Darstellungen in diesem Buch sind mit größtmöglicher Sorgfalt nach bestem Wissen aufbereitet. Der Verlag und die Autoren können jedoch keine Haftung für Aktualität, Korrektheit, Vollständigkeit und Qualität der bereitgestellten Informationen, für mögliche Druckfehler sowie für Schäden materieller oder immaterieller Art übernehmen, die durch die Nutzung oder Nichtnutzung der in diesem Buch dargebotenen Informationen oder vorgeschlagenen Verfahrensweisen oder durch fehlerhafte oder unvollständige Informationen verursacht werden.

Die Bilder und Texte sind nur als generelle Leitfäden zu verstehen und sollten nicht als alleinige Informationsquelle zur DIN ISO 9001:2015 genutzt werden. Für einen erfolgreichen Qualitätsentwicklungsprozess sowie die Vorbereitung auf eine Zertifizierung empfiehlt sich zusätzliche das Studium des originalen Normentextes.

Bei Fragen oder Anregungen kontaktieren Sie bitte den Verlag oder die Autoren.

Bibliografische Information der Deutschen Nationalbibliothek

Die Deutsche Nationalbibliothek verzeichnet diese Publikation in der
Deutschen Nationalbibliografie; detaillierte bibliografische Daten sind im Internet über
http://dnb.d-nb.de abrufbar.

2. Auflage 2020

www.lambertus.de
Umschlagabbildung und Zeichnungen im Innenteil: Elisabeth Trubel
Druck: Medienhaus Plump, Rheinbreitbach
ISBN 978-3-7841-3245-7
ISBN eBook 978-3-7841-3246-4

Inhalt

Vorwort

Endlich „im Bild“: unsere Motivation zu diesem Buch

Haben Sie schon einmal eine QM-Besprechung verlassen und waren verwirrter als vorher? Kennen Sie Organisationen, in denen sich einige wenige verzweifelt und aufopferungsvoll für QM engagieren, denen es aber nicht gelingt, die vermeintlich müde und träge Masse an Mitarbeitern mitzunehmen? Waren Sie selbst schon einmal in der Situation, QM-Anforderungen erläutern zu müssen und sind über die abstrakte praxisferne Sprache der DIN ISO 9001 gestolpert?

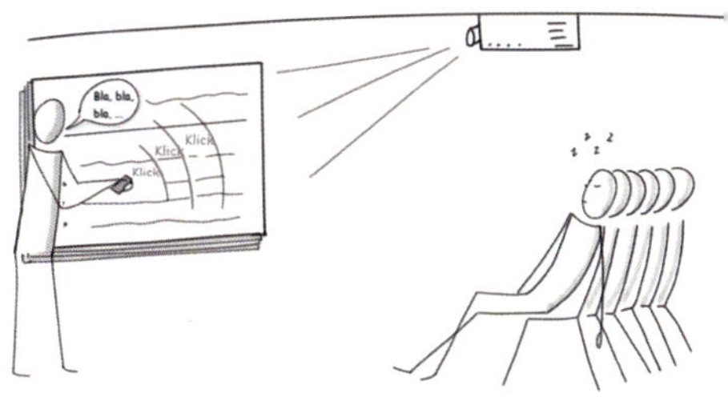

Die DIN ISO 9001 wird auf den folgenden Seiten in Bildern begreifbar. Denn um die Ideen dieser Norm verständlich und nachvollziehbar zu erläutern, sind Übersetzungsleistungen erforderlich: In diesem Buch werden deshalb die Grundlagen visueller Gestaltung auf das Themenfeld des Qualitätsmanagements angewendet. Der Visualisierungsautor Dan Roam sagt in seinem Buch *Bla Bla Bla – Spannende Geschichten mit Illustrationen erzählen*: „Wir glauben, dass das Denken Worte auf sinnvolle Weise zusammenfügt. Wir glauben, dass Reden die beste Methode ist, um eine Idee mitzuteilen. Wir glauben, gut sprechen zu können, ist die Grundlage von Intelligenz. Wir haben nur zur Hälfte Recht.“ Worte sind wichtig, so führt Roam weiter aus, um aber gute Ideen *begreifen* zu können, müssen wir sie sehen. „Nichts lässt eine vage Idee deutlicher erkennen als der Versuch, sie zu zeichnen“ (Roam 2012, S. 66).

Die Kraft der Bilder

Dieser Grundgedanke hat in den vergangenen Jahren viele Anhänger bekommen. Die Anzahl der Fachbücher, die sich mit Visualisierungstechniken beschäftigen, hat deutlich zugenommen. Ihnen allen ist gemeinsam, dass sie auf uraltem Wissen aufbauen, denn als Werkzeug existieren Bilder schon sehr viel länger als die Schrift. Die Schrift gilt vermeintlich als höher entwickelte Kulturtechnik, was dazu geführt hat, dass die visuelle Darstellungskraft vernachlässigt und mehr oder weniger nur noch Kindern als Ausdrucks- und Lernmittel zugestanden wird. Aber wir alle haben zuerst viele Jahre gemalt, bevor wir das Schreiben gelernt haben. Worte und Schrift sind unersetzlich. Durch die Kombination mit Bildern erhalten sie zusätzlich die notwendige Klarheit und Eindeutigkeit. Bilder geben den Wörtern Sinn. Sie ermöglichen ein tieferes Verstehen und ihre Betrachtung macht neugierig und bringt Freude! In diesem Sinne verstandene Visualisierung ist keine Kunst und erfordert kein künstlerisches Talent. Über grundlegende Fähigkeiten zur visuellen Darstellungskraft verfügen wir alle von Kindesbeinen an. Natürlich können diese Fähigkeiten durch Übung weiter ausgebildet und verfeinert werden. Vorhanden sind sie aber in jedem Fall.

Zum Thema Qualitätsmanagement gibt es unzählige gute Veröffentlichungen. Nur: Fast alle bedienen sich zur Erläuterung vornehmlich der Wortsprache, gelegentlich angereichert durch das ein oder andere Diagramm.

Wir haben in jahrelanger Beratungs- und Seminarpraxis erfahren dürfen, wie hilfreich Bilder und Bildmetaphern in der QM-Arbeit sind. So viele Vorteile uns Präsentationsprogramme wie PowerPoint und Co auch gebracht haben – wenn Inhalte auf Plakaten gezeichnet und erläutert werden, sind sie intensiver mit unseren Sinnen erfahrbar. Inhalte werden gewissermaßen aus einem virtuellen Raum zurückgeholt, sie werden sichtbar und bleiben somit vor Augen, während eine PowerPoint-Folie nach der anderen wieder im Gedächtnis verschwindet.

Wir werden Ihnen somit zum einen die Norm an Hand von Bildern erklären und Ihnen zum anderen die Vorbereitungszeit für eigene Präsentationen deutlich verkürzen: Sie müssen keine eigenen Bilder mehr entwickeln, sondern können unseren Fundus nutzen. Wir hoffen, Ihnen durch dieses Buch viele Anregungen zu liefern. Wenn Sie Freude am Visualisieren gewonnen haben, möchten wir Sie vor allem auf die Publikationen von Dan Roam und Martin Hausmann aufmerksam machen

(s. Literaturverzeichnis). Martin Hausmann hat in Zusammenarbeit mit den Kommunikationslotsen (www.kommunikationslotsen.de) ein hervorragendes Bildvokabular (bikablo®) geschaffen, von dem wir uns auch immer wieder haben inspirieren lassen. Wenn Sie lieber Fotos als Handzeichnungen einsetzen, ist besonders das Buch von Garr Reynolds „Zen oder die Kunst der Präsentation – mit einfachen Ideen gestalten und präsentieren" zu empfehlen.

Wir wollen Sie neugierig machen auf ein „trockenes" Thema und wünschen Ihnen viel Freude und Erfolg damit.

Elisabeth Trubel, Andrea Bastian

Einführung

Unser Leit-Bild: QM ist Organisationsentwicklung

Wir verstehen Qualitätsmanagement als Beitrag zur Organisationsentwicklung. Der Status quo wird reflektiert, angepasst und im Sinne interner und externer Anforderungen bis zur nächsten Überprüfung festgeschrieben und wieder weiterentwickelt. Beim Thema Qualitätsmanagement geht es immer um Veränderungsprozesse. QM hat den Ansatz, die Welt bzw. das konkrete Arbeitsfeld ein klein wenig zu verbessern.

Veränderungsprozesse führen aber meistens zu einer Art Verunsicherung und verursachen Stress. Menschen begegnen diesen skeptisch. Sie wissen nicht, was diese persönlich für sie bedeuten werden. Die Motivation der Menschen zur Mitarbeit hängt davon ab, wie man ihnen diese Veränderungsvorhaben vermittelt. Sind die Anforderungen einfach und eindeutig, also verstehbar, und ist die Zielsetzung klar und sinnvoll, steigt die Bereitschaft zur aktiven Mitwirkung und zur Übernahme von Verantwortung.

Bilder schaffen Leichtigkeit

Das Zeichnen von Bildern fordert uns auf, die grundlegenden Ideen intensiv zu durchdenken und für die Darstellung auf das Wesentliche zu reduzieren. „Wenn eine Botschaft für uns schnell klar ist, handelt es sich fast immer um ein einfaches Beispiel für eine gut durchdachte Idee. Wenn eine Erklärung Sie dagegen langweilt, liegt das fast immer daran, dass der Präsentierende Sie vor lauter Kompliziertheit abgehängt hat – ein Hinweis darauf, dass der Sprecher sich entweder nicht die Zeit zur Vereinfachung genommen hat oder dass er die Idee selbst nicht begreift“ (Roam 2012, S. 60). Natürlich können gute Ideen auch durch Worte vermittelt werden. Durch das Hinzufügen eines einfachen und eindeutigen Bildes wird die Botschaft jedoch klarer, überzeugender und einprägsamer. Wir haben immer wieder die Erfahrung gemacht, dass sich Seminarteilnehmer bei der Reflexion von Inhalten vorausgegangener Module häufig nicht mehr an die differenzierten Inhalte erinnern. Sie erinnern sich aber an die eingesetzten Bilder und können mit Hilfe dieser auch die Inhalte Stück für Stück rekonstruieren.

Einfache Bilder, die im günstigsten Fall direkt vor den Augen der Zuhörer an Flipchart und Pinnwand entstehen, halten die Aufmerksamkeit und die Aufnahmebereitschaft hoch. Da kommt es nicht auf perfekte Zeichnungen an. Gerade das Nicht-Perfekte hat seinen Charme, es ist weniger einschüchternd und fordert etwa zum Schmunzeln auf. Es entsteht eine Verbindung zwischen Publikum und Sprecher. Der „schlichte" Einsatz von Papier und Stift und die unmittelbare Teilnahme am Entstehen der Bilder schaffen eine äußerst positive Grundstimmung, die maßgeblichen Einfluss auf den Lernerfolg hat, wie sie durch Frontalbeschallung und ein Durchklicken durch Folienpräsentationen nie erreicht werden kann. Menschen lernen nicht durch Zuhören, sondern durch aktive Auseinandersetzung und Reflexion. Handgezeichnete Bilder sind schnell gemacht und leicht zu verändern. Nichts macht ein Bild nachvollziehbarer als das Beobachten der schrittweisen Entstehung. Darüber hinaus können Inhalte der Zuhörer aufgenommen und in die Zeichnung integriert werden, sodass diese sichtbar aktiv mitgestalten können und sich vor allem ernstgenommen und wertgeschätzt fühlen. Handzeichnungen ermöglichen Spontaneität und ein an den Zuhörern orientiertes Abweichen vom geplanten Ablauf: eine wichtige Voraussetzung, um die Aufmerksamkeit der Zuhörer kontinuierlich hoch zu halten.

Bilder ermöglichen Sinnlichkeit

Bilder, visualisierte Sprachbilder und Metaphern sind eine Einladung zur Kreativität. Was Bilder so interessant und einprägsam macht, ist ihre Sinnlichkeit. Das Gehirn hat für jeden unserer fünf Sinne – Sehen, Hören, Riechen, Fühlen und Schmecken – ein eigenes Zentrum. Kommt folgende Botschaft im Gehirn an, fühlt sich vermutlich keines dieser Sinnesressorts für die Entschlüsselung der Nachricht zuständig:

Die oberste Leitung muss ein Mitglied der Leitung der Organisation benennen, das die Verantwortung und Befugnis hat, sicherzustellen, dass die für das Qualitätsmanagementsystem erforderlichen Prozesse eingeführt, verwirklicht und aufrechterhalten werden (DIN ISO 9001:2008).

Ändert man die Botschaft wie folgt, entsteht vor dem inneren Auge ein anschauliches, greifbares Bild.

Der Kapitän braucht einen Lotsen, der ihm hilft, sein Schiff auch bei stürmischem Seegang an gefährlichen Riffen und Untiefen vorbei in die richtige Richtung und den angestrebten nächsten Zielhafen zu steuern.

Wird dieses Bild auch im Raum sichtbar, kann es mit den Ideen anderer Zuhörer abgeglichen, diskutiert und weiterentwickelt werden. Menschen sind emotionale Wesen. Sie benötigen eine anschauliche Vorstellung und einen emotionalen Zugang zum Lernstoff bzw. zum Veränderungsvorhaben.

Nun handelt es sich bei einem QM-System auf Basis der DIN ISO 9001 nicht um persönliche oder individuelle Ideen und Verbesserungsvorhaben, von denen Sie andere überzeugen wollen. Es sind Normenvorgaben mit branchenübergreifender Gültigkeit. Daher lassen sich auch mehr oder weniger universelle Bilder finden, mit Hilfe derer die Ideen und Anforderungen der Norm erklärt werden können.

Durch die visuelle Darstellung werden die QM-Anforderungen vereinfacht und die zentralen Grundgedanken deutlich und lebendig.

Bilder machen Spaß

Erklären durch Bilder, also Zeichnen, macht Spaß, das Anschauen von Bildern auch. Und jemandem zuzuhören, der Spaß hat … besser geht es wohl kaum, insbesondere dann, wenn es um trockene, zumindest vermeintlich theorielastige Themen wie Qualitätsmanagement geht. Bilder fordern heraus, komplexe Themen auf das Wesentliche zu reduzieren. Dadurch werden sie besser verständlich und erhalten eine gewisse Leichtigkeit.

Ideen zur Visualisierung liegen oft ganz nah. Unsere Sprache ist so reich an bildhaften Ausdrücken. Auch für das Thema Qualitätsmanagement lassen sich viele Sprachbilder/Metaphern finden, mit deren Hilfe komplexe Sachverhalte sichtbar und verständlich gemacht werden können: z.B. durch interne Audits „über den Tellerrand schauen“. Was ist besser in der Auditbewertung: Erbsen zählen oder „Fünfe gerade sein lassen“?

Natürlich benötigt eine solche Präsentation mehr Zeit. Auch hier möchten wir uns noch einmal eines Zitates von Dan Roam bedienen: „Je mehr Mühe der Schöpfer der Idee im Vorfeld verwendet, desto weniger Mühe benötigt der Empfänger – umso wahrscheinlicher ist es, dass der Empfänger motiviert und erfreut ist, sie zu verstehen. Mit anderen Worten: Wenn eine Idee überhaupt die Zeit der Zuhörer wert ist, dann ist sie auch alle Zeit wert, die der Präsentierende im Vorfeld darin investieren kann“ (Roam 2012, S. 59).

Bilder regen an

Wir möchten Sie auch ausdrücklich dazu motivieren, einen Stift in die Hand zu nehmen und die vorgelegten Bilder mit ihren Ideen weiterzuentwickeln. Versuchen Sie, die eine oder andere Zeichnung auf ein Flipchart zu übertragen. Das ist oft leichter als Sie denken. Dabei mag es Bilder geben, die sofort zu einem Aha-Effekt führen und andere, bei denen Sie merken, dass angesichts Ihres spezifischen Kontextes Anpassungen erforderlich sind. Viele Bilder sind aus einfachen geometrischen Figuren zusammengesetzt. Für ihre Reproduktion ist kein Zeichentalent erforderlich. Es kommt nicht auf perfekte Zeichnungen an. Es geht darum, Inhalte sichtbar zu machen, und fast immer weckt eine Handzeichnung mehr Interesse als eine vollgepfropfte schematische PowerPoint-Folie. Überprüfen Sie gut, ob unsere Bilder auch Ihre sind. Verändern Sie sie entsprechend Ihren Anforderungen.

Ein Bildbeispiel

Warum ein normengerechtes QM?

Wird eine Idee, ein Gedanke durch ein Bild sichtbar, wird Abstraktes begreifbar und es ergeben sich neue Diskussionsansätze. Das Bild und damit auch die dahinterliegenden Ideen werden bewegt und weiterentwickelt. Probieren Sie es selbst aus. Was hat ein QM-System auf Basis der DIN ISO mit einem Regal zu tun? Wir meinen, viel!

Ausgangsfrage:
Warum ein QM-System auf Basis der DIN ISO 9001?

Als Metapher für Qualitätsmanagement nutzen wir in diesem Beispiel ein *Regal*.

Wir kennen keine berufstätigen Menschen und keine Organisation, die kein Regalsystem benutzen. Mit Hilfe von Regalen bringen wir nicht nur Ordnung in unsere Büros, sondern auch in die Gegenstände unseres täglichen Lebens. Sicherlich wissen Sie aber auch, dass Ordnung in Regalen, also deren Nutzung, sehr unterschiedlich sein kann.

So wie alle über Regalsysteme verfügen, managen auch alle irgendwie die Qualität ihres Tuns – und auch das in sehr unterschiedlicher Form.

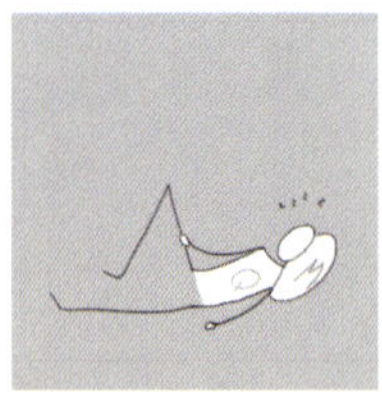

So verstanden ist Qualitätsmanagement zunächst nichts Neues und Befremdliches. Unterschiedlich und für den einen oder anderen befremdlich ist vielleicht der Grad der Zielorientiertheit.

Ich kann ein Regal nutzen, in dem totales Chaos herrscht. In diesem Fall nutze ich das Regal nicht wirksam bzw. zweckorientiert. Ich kann beruflich reaktiv meinen Anforderungen hinterherlaufen oder ich kann meine Karriere gewissermaßen planen und gestalten. Beide Vorgehensweisen sind legitim, haben ihre Vor- und Nachteile. Qualitätsmanagement auf Basis der DIN ISO 9001 steht in jedem Fall für ein hohes Ausmaß an Zielorientiertheit. Aber schauen wir uns das zu bauende Regal näher an:

Die freie, kreative und individuelle Gestaltung

Sie wollen einen Bauplan entwerfen und die notwendigen Bauteile und Werkzeuge selbst besorgen.

Vorteile:

- Sie können den für das Regal vorgesehenen Platz optimal ausnutzen.
- Sie können das Regal frei nach Ihren Vorstellungen gestalten.
- Ggf. können Sie vorhandenes Material nutzen.

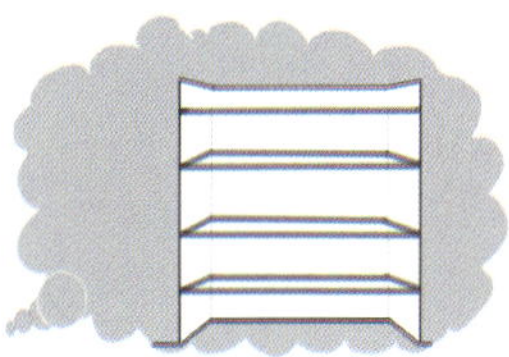

Nachteile:

- Sie brauchen Zeit.
- Ggf. fehlt Ihnen die erforderliche Erfahrung im Bau.
- Ggf. sind nicht alle Bauteile und Werkzeuge so beschaffbar wie gewünscht.
- Ggf. wird es dem Regal an Stabilität mangeln.

Die standardisiert-normierte Vorgehensweise

Sie wollen ein industriell gefertigtes standardisiertes Regalsystem erwerben, das Ihnen durch Steckverbindungen eine hohe Flexibilität gewährleistet.

Vorteile:

- Sie nutzen ein bewährtes und technisch geprüftes System.
- Es wird schnell geliefert.
- Es gibt eine Aufbauanleitung.
- Sie können das Regal immer wieder umbauen, z.B. die Höhe der Regalfächer verändern.

Nachteile:

- Sie können sich nicht individuell kreativ entfalten.
- Ggf. kann durch die Standardmaße des Systems der Platz nicht optimal genutzt werden.
- Ggf. ist die Anleitung nicht verständlich.

Die DIN ISO 9001 gleicht einem standardisierten Regalsystem mit Steckverbindungen.

Klar, durch die normierten Vorgaben büßen Sie ein Stück Kreativität ein. Bedenken Sie aber, dass es Vorgaben sind, die tausendfach erprobt sind und sich bewährt haben: Vorgaben, die die Stabilität und den flexiblen sicheren Gebrauch unterstützen. Vorgaben, die weiterentwickelt werden und für den Aufbau von Systemen in unterschiedlichsten Bereichen geeignet sind. Ein Regalsystem, das ausdrücklich einlädt und auffordert, es entsprechend dem jeweiligen Gebrauch zusammenzusetzen.

Aber die DIN ISO 9001 steht nicht nur für ein leeres Regalsystem. Sie macht auch Vorgaben zur Nutzung des Regals. Dabei schreibt sie nicht vor, was wo hingehört. Das ist jedem Nutzer überlassen. Aber sie fragt nach den Anforderungen. Was soll in dem Regal gelagert werden (Lebensmittel, Farben, Kleidung, Aktenordner ...)? Die DIN ISO 9001 fordert, dass das Regal für den Gebrauch geeignet ist, und dass die Wirksamkeit der Ordnung im Regal überprüft, hinterfragt und weiterentwickelt wird.

Ist das Bild des Regelbaus für Sie stimmig und nachvollziehbar? Ist es ansprechend und eindeutig? Könnte es hilfreich sein bei der Entscheidungsfindung wie bzw. auf welcher Grundlage ein QM-System aufgebaut wird? Vor Ihrem inneren Auge steht jetzt vermutlich ein *Regal*. Sie bewegen es hin und her und prüfen, ob es passt. Wahrscheinlich werden Ihnen so einige weitere Vor- ggf. auch Nachteile eines normierten QM-Systems deutlich. Vielleicht merken Sie, was Ihnen persönlich bei einem *Regalbau* wichtig ist und wo Sie selbst Prioritäten setzen würden.
Im Downloadbereich[1] sind einige Bildvokabeln als Grafikdateien zugänglich. Diese können für den eigenen und organisationsbezogenen Gebrauch frei verwendet und weiterentwickelt werden.
Aus Gründen der besseren Lesbarkeit wird auf die gleichzeitige Verwendung männlicher und weiblicher Sprachformen verzichtet. Sämtliche Personenbezeichnungen gelten gleichwohl für beide Geschlechter.

1 www.lambertus.de/qualitaetsmanagement

1 Verstehen

1.1 Grundlagen des Qualitätsmanagements

1.1.1 Der PDCA-Zyklus und beherrschte Bedingungen

Der PDCA-Zyklus (Plan-Do-Check-Act) oder auch der nach seinem „Erfinder" William Edwards Deming benannte Deming-Zyklus ist das Herzstück aller QM-Systeme. Dies hat sich auch nach der Revision der ISO 9001 nicht geändert.

Komplexe Vorhaben bedürfen einer sorgfältigen Planung (P = Plan), die Umsetzung (D = Do) muss auf Basis dieser Planung erfolgen – sonst ist die Planung überflüssig. Nach der Umsetzung lohnt sich ein Blick auf die Planung und ein Abgleich mit den Ergebnissen, um zu prüfen (C = Check), ob alle Ziele erreicht werden konnten, um aus den Abweichungen für die Zukunft zu lernen und das weitere Vorgehen anzupassen (A = Act).

In vielen sozialen Arbeitsfeldern, in denen pädagogisch, beratend, pflegerisch etc. gearbeitet wird, ist dieser Reflexionszyklus längst – unabhängig von QM-Initiativen – in Form von Betreuungsplänen, Förder- oder Pflegeplänen etabliert. Dies widerlegt die häufig geäußerte Kritik, dass Organisationen des Gesundheits- und Sozialwesens das aus der Industrie kommende Qualitätsmanagement einfach übergestülpt wurde.

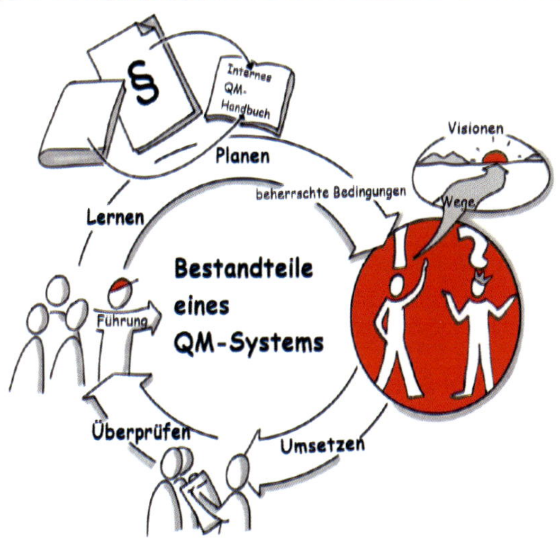

Wenn dieser grundlegende Regelkreis hakt, nicht „rund läuft" bzw. Aspekte übersprungen werden, bleiben inhaltliche QM-Anforderungen wirkungslos. Was nützt eine sehr gut ausgearbeitete Regelung zum Fehlermanagement, wenn diese im Alltag kaum Beachtung findet und die Gründe für die Nicht-Beachtung nicht hinterfragt werden? Was nützen Stellenbeschreibungen, die ohne einen sorgfältigen Abgleich der Anforderungen und ohne Einbeziehung der ausführenden Mitarbeiter erstellt werden und im Ergebnis deshalb nicht realisierbar sind? Welchen Wert hat die Aussage „Qualitätsmanagement haben wir auch schon gemacht. Das hat alles nichts gebracht!", wenn man nicht genau hinterfragt, was aus welchem Grund alles nichts gebracht hat und welche Versuche der Anpassung unternommen wurden.

Was den in der Theorie so einfachen PDCA-Zyklus im Alltag anspruchsvoll macht, ist vor allem die von ihm geforderte Konsequenz. Konsequenz in der Planung, Konsequenz in der Umsetzung, Konsequenz in der Überprüfung und Konsequenz im Lernen. Diese Konsequenz ist im organisationsinternen Kontext nur umsetzbar, wenn Leitungskräfte die Verantwortung für den Antrieb und die Steuerung dieses Zyklus übernehmen. Was nicht heißt, dass Qualitätsmanagement ein autoritäres und direktives Handeln ohne individuelle Gestaltungsspielräume fordert. Im Gegenteil: Partizipation und Innovation sind ausdrücklich erwünscht, allerdings im Rahmen von durch die Leitung beherrschbaren bzw. steuerbaren Bedingungen.

Q!

Der Begriff beherrschte Bedingungen stammt aus der ISO 9001 und bedeutet, dass Leitungskräfte entsprechend

- der Komplexität der Leistungserbringung,
- der internen und externen Anforderungen an die Leistungserbringung,
- der Fachlichkeit und dem Wissensstand der Mitarbeiter,
- den Risiken und Gefährdungen im Rahmen der Leistungserbringung,
- der organisationsinternen Qualitätsziele,
- der Anzahl der mitwirkenden Mitarbeiter,
- der Anzahl der bedeutenden Schnittstellen,
- dem organisationsinternen Wunsch nach Standardisierung und Vereinheitlichung

angemessene Rahmenbedingungen schaffen, die von der Leitung gesteuert werden können. Das heißt, ein kleines Team mit hoher Fachlichkeit und klaren überschaubaren Prozessen kommt vermutlich mit viel weniger Vorgaben aus als ein großes Team mit unterschiedlichen Professionen und komplexen risikobehafteten Prozessen. In Kapitel 1.8.5 werden die Anforderungen an beherrschte Bedingungen näher erläutert.

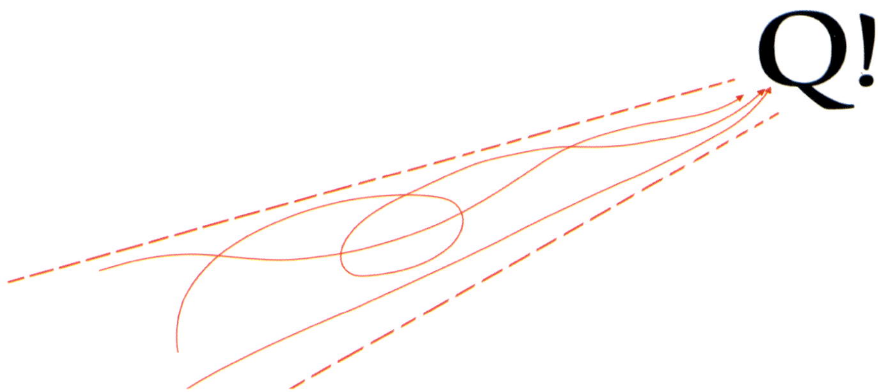

Ein wirksames Qualitätsmanagement ist flexibel und angepasst an die Bedürfnisse aller Beteiligten und an die Anforderungen der Organisation. Es wird regelmäßig auf seine Sinnhaftigkeit überprüft und entsprechend weiterentwickelt. Dieser Grundsatz gilt für die eigentliche Leistungserbringung (die Kernprozesse) genauso wie für alle Führungs- und Unterstützungsprozesse und damit natürlich auch für alle QM-Aktivitäten. Qualitätsmanagement wird von Mitarbeitern häufig als starr und dogmatisch wahrgenommen, dies ist aber nicht in der QM-Philosophie begründet, sondern in der Anwendung. Nicht selten „verselbstständigt" sich der Wunsch nach Standardisierung im Laufe eines QM-Prozesses: Unzählige Details und mehr oder weniger unerhebliche Kleinigkeiten werden in Schriftform gegossen und die Flut der erstellten Regelungen ist kaum mehr überschaubar und steuerbar. Viel Energie fließt in die Erstellung, viel zu wenig in die Bewertung der Wirksamkeit und die Anpassung. Die Folge: Das QM-System wird schwerfällig, erforderliche Änderungen und Anpassungen bleiben aus und sehr schnell entwickelt sich ein Organisationsalltag „neben" dem QM-System. Das Urteil „QM bringt nichts und schon gar nichts für Kundinnen und Kunden – es fördert nur die Bürokratie" wird vorschnell gefällt, ohne den sicherlich aufwendigeren Schritt der kritischen Bewertung der durchgeführten QM-Aktivitäten zu vollziehen.

Zusammenfassend bleibt festzustellen: Ein sinnvolles Qualitätsmanagementsystem ist schlank und flexibel. Es wird aufgebaut und weiterentwickelt unter der aktiven Verantwortung der Leitung und unter Einbeziehung der Mitarbeiter. Der eigentliche Leistungsauftrag und die Bedürfnisse und Anforderungen der Kunden werden dabei nie aus den Augen gelassen bzw. stehen im Mittelpunkt.

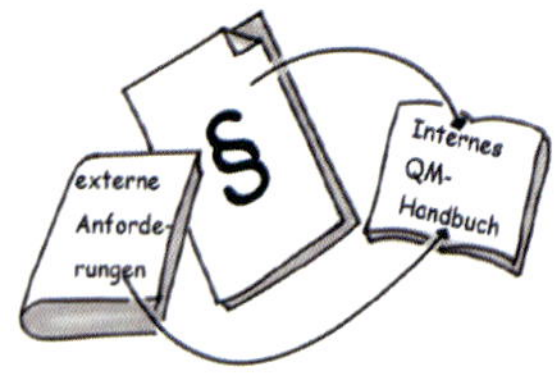

Das Qualitätsmanagement-Handbuch ist Mittel zum Zweck. Es berücksichtigt alle internen und externen sowie ggf. gesetzlichen Anforderungen und sichert damit die professionelle Leistungserbringung (Planung und Umsetzung). Aber auch das Qualitätsmanagement als solches wird mit allen seinen Bestandteilen systematisch und konsequent auf den Prüfstand gestellt und den Erfordernissen der Praxis angepasst (Überprüfung und Anpassung). Wenn es also wirklich gelingt, einen systematischen internen Lernprozess in der Organisation zu etablieren, dann wird es auch nicht schwer fallen, einzelne Normenanforderungen zu erfüllen. Wenn der zentrale Regelkreis des Qualitätsmanagements (PDCA-Zyklus) funktioniert, dann hat dies der Erfahrung nach einen sehr positiven Einfluss auf die Motivation der Mitarbeiter.

Soweit die Theorie. Da sich in der Praxis die Entwicklung eines nachhaltig erfolgreichen Qualitätsmanagement-Systems häufig schwieriger gestaltet, greifen wir wichtige Grundsätze für die die Implementierung von QM im 3. Kapitel noch einmal gesondert auf.

Aus unserer Sicht ist das Gelingen eines QM-Prozesses wesentlich von der Organisationskultur und vom Führungsverhalten abhängig. Ein Qualitätsmanagement-Prozess, der vornehmlich auf das „technische" Abarbeiten von Normenanforderungen ausgerichtet ist, greift viel zu kurz.

Der nachhaltig erfolgreiche Aufbau eines QM-Systems steht und fällt mit dem Engagement der Führung. Dies besagt bereits die ISO 9001 (s. Kap. 1.5). Doch erfolgreiche Veränderungen und Verbesserungen lassen sich nicht einfach anordnen. Qualität erfolgreich zu managen fängt bei der Haltung von Leitungskräften an und baut auf guten Kommunikationsprozessen auf.

Ein erfolgreiches Qualitätsmanagement braucht gute Rahmenbedingungen zum Lernen, einen konstruktiven Umgang mit Emotionen und Konflikten und vor allem viele Möglichkeiten der echten Partizipation.

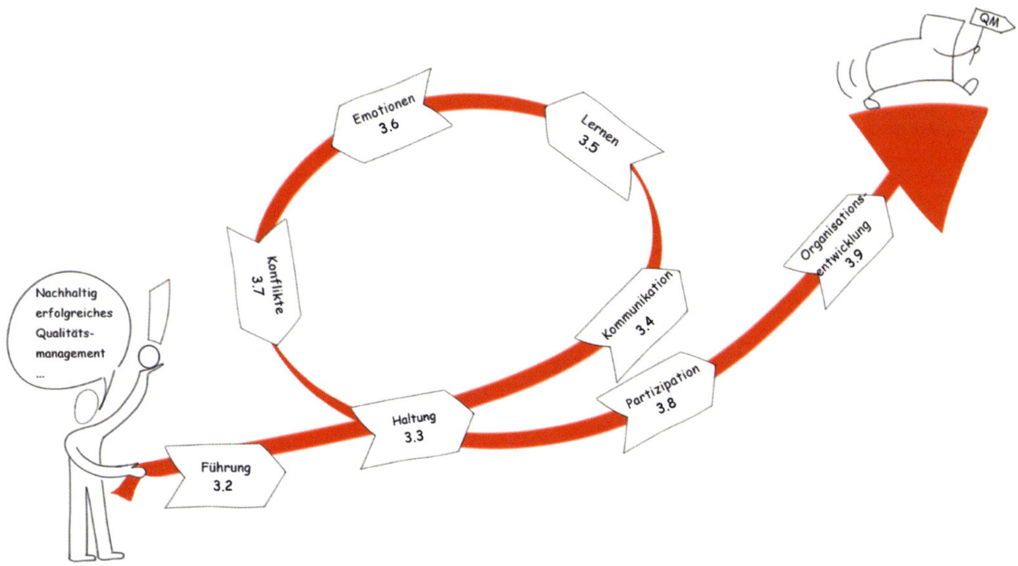

Dies sind durchaus Themen, die auch die ISO 9001 punktuell streift, aber wir möchten ihnen deutlich mehr Bedeutung geben als dies die Norm selbst tut. Wir möchten in Kapitel 3 Qualitätsmanagement stärker mit den Erkenntnissen der Organisationsentwicklung verknüpfen. Um das erste und das dritte Kapitel dieses Buches intensiver miteinander zu verbinden, haben wir zu jedem Anforderungskapitel der Norm Leitfragen zu deren Erfüllung formuliert. Basierend auf den Überlegungen aus Kapitel 3 haben wir diese um Fragestellungen ergänzt, die im Sinne einer nachhaltig erfolgreichen Umsetzung von QM beantwortet werden sollten.

Leitfragen zur nachhaltig erfolgreichen Erfüllung der Anforderungen

Diese Fragestellungen sind rot markiert. Sie gehen über die für eine Zertifizierung relevanten Anforderungen der ISO 9001 hinaus. Am Ende der Leitfragen finden sich Verweise auf die weiterführenden Unterkapitel im 3. Teil dieses Buches.

1.1.2 Grundsätze des QM nach ISO 9001:2015

Die ISO 9001 bezieht sich weiterhin auf die Grundsätze des Qualitätsmanagements, die in der ISO 9000:2015 erläutert werden. Die Grundsätze, die im Folgenden vorgestellt werden, haben sich leicht verändert, es besteht jedoch keine Anforderung, diese in der Originalfassung zu verwenden. Sie sollen eher Gestaltungsleitlinien für einen wirksamen Aufbau des QM-Systems sein und sich in der Qualitätspolitik und im Organisationsalltag wiederfinden.

Kundenorientierung

Qualitätsmanagement ist kein Selbstzweck. Ziel des Qualitätsmanagements ist eine qualitativ hochwertige Leistungserbringung, die Kunden zufriedenstellt bzw. auch sogar begeistert.

Ziel sollte es sein, langfristig das Vertrauen von Kunden zu gewinnen und zu behalten. „Es ist für den Kunden ehrlicher, wenn ihm eine Organisation klar mitteilt, was sie für ihn leisten kann, was der Kunde selbst tun muss und auch was er nicht darf, anstatt ihm zu suggerieren, alles sei möglich, aber nichts machbar“ (s. Haubrock, Öhlschlegl-Haubrock 2006, S. 70; s. Glossar Erläuterung der Begriffe Kunde und Kundenzufriedenheit).

Führung

Qualitätsmanagement gehört zu den wichtigsten strategischen Führungsinstrumenten der Leitung. Ein funktionierendes QM-System kann Leitungskräfte erheblich entlasten. Aber Qualitätsmanagement kann nur dann wirkungsvoll sein, wenn für das System und die damit verbundenen Organisationsziele angemessene Ressourcen bereitgestellt werden und wenn die notwendigen Planungen systematisch unter Einbeziehung der Mitarbeiter erfolgen. Die Leitung muss dafür die erforderlichen strategischen Entscheidungen treffen. Sie muss sich selbst auf die Grundsätze des Qualitätsmanagements verpflichten und das QM-System aktiv unterstützen, mit Informationen bedienen und für Entscheidungsfindungen etc. benutzen.

Einbeziehung von Personen

Der Aufbau eines QM-Systems ist eindeutig ein strategisches und organisatorisches Unterfangen, das von der obersten Leitung (s. Glossar) verantwortet und getragen werden muss. Dennoch bedeutet die Einführung eines QM-Systems eine Anstrengung für die gesamte Organisation über alle Abteilungs- und Hierarchiegrenzen hinweg und betrifft damit alle Mitarbeiter. Deshalb erfordert das Implementieren eines QM-Systems wie der ISO 9001 nicht nur QM-bezogenes Fachwissen, sondern auch Fingerspitzengefühl im Umgang mit den Mitarbeitern. Denn sie sind es, die später vornehmlich mit dem System arbeiten werden. Und sie sind es, die das Neue auch als das Bessere empfinden sollten. Nur in einem Klima, das von Vertrauen und Wertschätzung geprägt ist, stellen Mitarbeiter Wissen und Informationen ohne Argwohn zur Verfügung. Und dieses Expertenwissen und diese Fachinformationen sind für den Aufbau und die Weiterentwicklung des QM-Systems unabdingbar.

Alle Beteiligten, und das können neben Mitarbeitern auch andere Beteiligte wie z.B. interessierte Gruppen sein, sollen sich einbringen und einbringen dürfen, damit das Qualitätsmanagement ganzheitlich umgesetzt werden kann.

Prozessorientierter Ansatz

Mit Prozessorientierung ist eine Betrachtungsweise von Organisationen und Unternehmen gemeint, die das komplette interne Geschehen als Kombination von unterschiedlichen Prozessen auffasst. Oberste Priorität erhalten dabei die Prozesse, die den Daseinszweck der Organisation begründen bzw. die, mit denen die Organisation ihr Geld verdient.

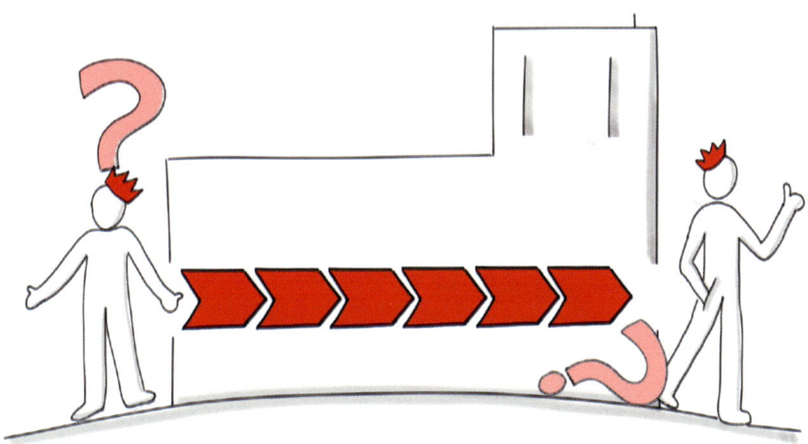

Prozessorientierung beginnt damit, dass eine Organisation ihre zentralen, d.h. für den Kunden relevanten Prozesse (s. Glossar Erläuterung des Begriffes „Prozess“) identifiziert und diese in den Mittelpunkt stellt, d.h. alle anderen Prozesse wie z.B. Führungsprozesse daran ausrichtet. Dabei ist zu beachten, dass Prozesse selten völlig isoliert voneinander ablaufen, sondern sich gegenseitig unterschiedlich stark beeinflussen. Wenn diese Wechselwirkungen erkannt und verstanden werden, können sie auch im Sinne einer qualitativ wertvollen Leistungserbringung gesteuert werden. Zu beachten ist, dass Änderungen in einem Prozess unter Umständen Veränderungen in vielen weiteren Abläufen nach sich ziehen. Viele Fehler lassen sich durch gute Planung vermeiden.

Prozessmanagement ist eine Vorgehensweise, die Übersicht schafft und der wachsenden Komplexität entgegenwirkt. Die Prozesse einer Organisation werden identifiziert, beschrieben und konsequent an den Anforderungen der Kunden ausgerichtet. So kann die Wertschöpfung erhöht und die Kundenzufriedenheit gesteigert werden. Dazu müssen zunächst die Anforderungen ermittelt und dann die Strukturen so verändert werden, dass eine Erfüllung jederzeit möglich ist.

Bezug zu den Kapitel der ISO 9001

Die differenzierte Beschreibung eines Prozesses in einer Prozessbeschreibung soll diesen lenken und steuern, sodass der nachfolgende Kunde (intern wie extern) zufriedengestellt wird. Dennoch lassen sich nicht alle Prozess in gleichem Maße standardisieren bzw. ist dies auch nicht immer „gleich" sinnvoll – s. folgende Abbildung.

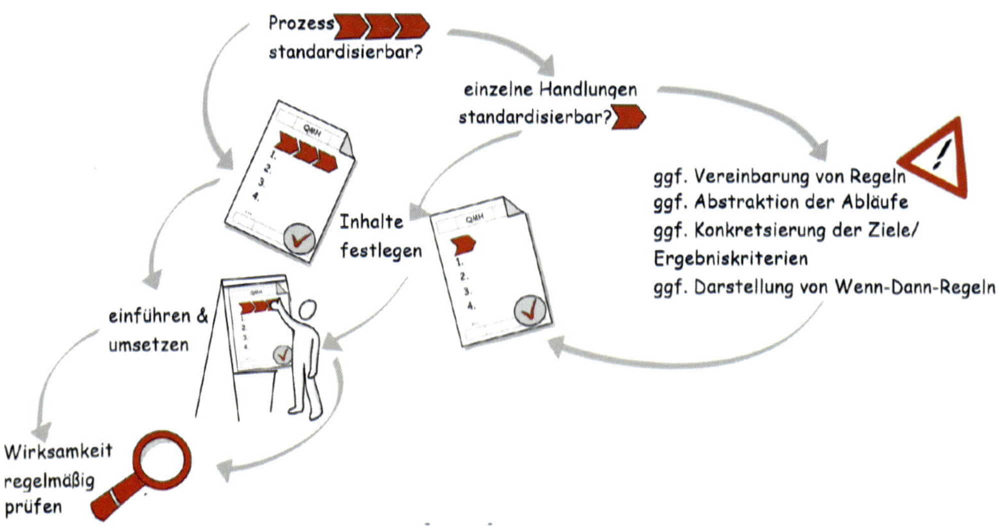

Die Prozessbewertung bezieht sich auf

- die Ziele des Prozesses, wenn möglich auf Ergebniskennzahlen,
- die Erwartungen der internen und externen Kunden,
- Stärken und Verbesserungsmöglichkeiten,
- mögliche Störungen, Fehler und Risiken.

Prozesse sind in ihrer Umsetzung zu überwachen. Hierbei ist zu klären, wer dafür verantwortlich ist. Dies kann in die Aufgaben der zuständigen Leitungskräfte fallen. Es können aber auch einzelne Mitarbeiter für spezielle Prozesse wie z.B. das Beschwerdemanagement als Prozessverantwortliche eingesetzt werden (s. Kap. 1.5.3).

Ansatzpunkte für Prozessverbesserungen leiten sich z.B. ab aus Risikoanalysen, Fehler- und Beschwerdemeldungen, Leistungsevaluationen, internen Audits, Kundenbefragungen und Mitarbeitergesprächen.

Verbesserung

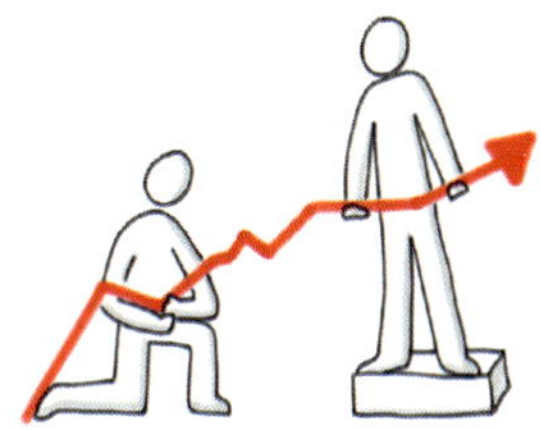

„Wer aufhört, besser sein zu wollen, hat aufgehört, gut zu sein" (Oliver Cromwell). Verbesserung ist ein Grundprinzip menschlichen Lebens. Die Anpassungsfähigkeit an sich immer schneller verändernde Rahmenbedingungen ist heute auch für soziale Organisationen von entscheidender Bedeutung. Verbesserung passiert aber nicht auf „Knopfdruck". Wenn Organisationen sich selbst bzw. ihre Leistungsprozesse/ihre Leistungsqualität verbessern wollen, müssen sie sich damit auseinandersetzen, unter welchen Bedingungen Veränderungsprozesse gelingen und welche Einflussfaktoren dabei von Bedeutung sind (s. Kap. 3).

Faktenbasierte Entscheidungen

Die ISO 9001 basiert auf dem Grundgedanken, dass kluge Entscheidungen durch ein möglichst objektives Analysieren von Ursachen und Wirkungen und den damit zusammenhängenden Zahlen, Daten und Fakten getroffen werden können. Dies ist sicher richtig, aber aus unserer Sicht entsteht erst durch die Betrachtung von harten und weichen Faktoren ein vollständiges Bild. Zumal auch die Ergebnisse der Hirnforschung belegen, dass es keine rein rationalen Entscheidungen gibt: Gefühle sind immer beteiligt und in den meisten Fällen sogar dominant (s. Kap. 3.6). Hinzu kommt, dass Organisationen nicht nach dem Ursache-Wirkungsprinzip funktionieren, sondern als soziale Systeme mit ihren eigenen internen Regelungen und Beziehungen verstanden werden müssen (s. Kap. 3.9).

Beziehungsmanagement

Neben den Kundengruppen gibt es immer verschiedene interessierte Gruppen, die zwar die Leistung der Organisation nicht direkt in Anspruch nehmen, aber durchaus ein Interesse an deren Arbeit/Arbeitsprozessen und/oder Ergebnissen haben (s. Glossar Erläuterung Begriff „interessierte Gruppe"). Zum Teil haben interessierte Gruppen auch einen nicht unerheblichen Einfluss auf die Leistungserbringung (z.B. die Gruppe der Mitarbeiter). Der nachhaltige Erfolg der Organisation wird gestärkt, wenn es gelingt, die Beziehungen zu den interessierten Gruppen positiv zu gestalten.

1.2 Zur Arbeit mit der DIN EN ISO 9001

1.2.1 Die Familie der 9000er Normen

Mit der Normenreihe DIN EN ISO 9000ff. sind Normen geschaffen worden, die branchenübergreifende Grundsätze für Maßnahmen zum Qualitätsmanagement festlegen. Gemeinsam bilden sie einen zusammenhängendes System, das teilweise auch als ISO-Familie bezeichnet wird.

Der lange Name bezieht sich auf die Bedeutungsbereiche, die Normennummer und den Stand der letzten Aktualisierung:

- DIN = Deutsches Institut für Normung
- EN = Europäische Norm
- ISO = International Organisation for Standardisation
- 9001 = Nummer der Norm
- 2015 = Jahr der letzten Revision

Zur ISO Familie gehören folgende Normen:

DIN EN ISO 9000:2015 – Grundlagen und Begriffe
Diese Norm ist als Einführung in das Thema Qualitätsmanagement zu verstehen. Sie beschreibt Grundlagen für QM-Systeme und erläutert Begriffe zum Thema Qualität und Qualitätsmanagement. Die ISO 9000 bietet keine Zertifizierungsgrundlage, sondern stellt eine inhaltliche und begriffliche Basis zur Anwendung der ISO 9001 dar. Insbesondere wenn es um die Interpretation einzelner Normenanforderungen geht, können die Erläuterungen der ISO 9000 zu mehr Klarheit verhelfen. Die Überarbeitung der ISO 9000 erfolgte parallel zur ISO 9001.

DIN EN ISO 9001:2015 – Anforderungen (Zertifizierungsgrundlage)
Die ISO 9001 enthält die zentralen Anforderungen an das QM-System, deren Erfüllung im Rahmen von Audits nachzuweisen ist. Da alle 9000er Normen branchenübergreifende Gültigkeit haben, legt auch die 9001 keine inhaltlichen, fachlichen Anforderungen an das Leistungsangebot fest, sondern konzentriert sich auf Anforderungen an das QM-System.

DIN EN ISO 9004:2009: Leitfaden zur Leistungsverbesserung
Die ISO 9004 wird als Leitfaden für Organisationen empfohlen, die ihr QM-System über die Anforderungen der ISO 9001 hinaus weiterentwickeln möchten. So hat z.B. in der ISO 9004 das Thema Mitarbeiterorientierung eine höhere Bedeutung. Zur Reflexion der Anforderungen ist eine Selbstbewertung vorgesehen.

Die ISO 9004 ist nicht für Zertifizierungszwecke gedacht. Eine Zertifizierung erfolgt ausschließlich auf Basis der ISO 9001.

DIN EN ISO 19011:2011

Im weiteren Sinne gehört zur ISO 9000 Familie auch die DIN EN ISO 19011:2011. Sie dient als Leitfaden für das Auditieren von Managementsystemen.

Weiterentwicklung der Normenfamilie

Wie alles im Qualitätsmanagement steht auch die Norm selbst im Fokus der kontinuierlichen Verbesserung und kommt etwa alle acht Jahre auf den Prüfstand. Die letzte grundlegende Überarbeitung erfolgte im Jahre 2000. Die Veränderungen im Jahr 2008 waren eher von kleinem Ausmaß. Es ist also davon auszugehen, dass die jetzt vorliegende ISO 9001:2015 auch wieder für mindestens weitere acht Jahre Gültigkeit haben wird.

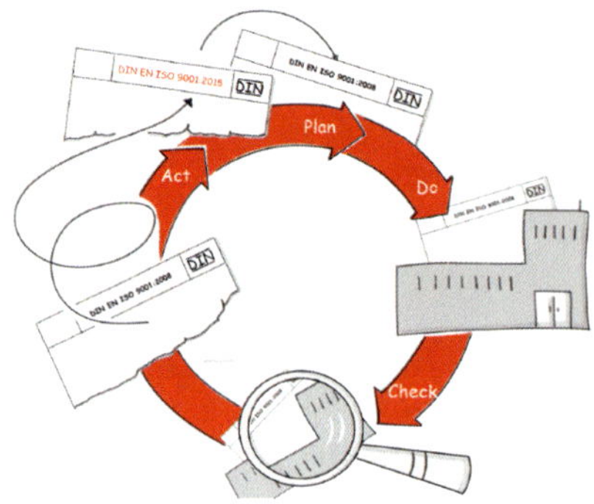

1.2.2 Zum Nutzen der Norm

Ein Qualitätsmanagement auf Basis der DIN ISO 9001 bringt viele Vorteile mit sich, wenn es gelingt, dies nachhaltig erfolgreich in Organisationen zu verankern:

- Die Leitungskräfte beziehen Mitarbeiter aktiv mit ein.
- Mitarbeiter und Leitungskräfte diskutieren gemeinsam ihr Qualitätsverständnis.
- Die Arbeitsabläufe orientieren sich an den zentralen Anforderungen der Kunden.
- Relevante Vorgaben vom Gesetzgeber und andere an der Organisation interessierte Gruppen werden systematisch ermittelt und bewertet.
- Arbeiten werden sinnvoll aufeinander abgestimmt.
- Zentrale Aufgaben werden sorgfältig und systematisch geplant.
- Ziele werden unter Einbeziehung der Mitarbeiter vereinbart.
- Zielplanungen erfolgen in Hinblick auf verfügbare Ressourcen.
- Die Arbeitsabläufe werden durch angemessene und eindeutige Vorgaben gesteuert.
- Mitarbeiter gewinnen insbesondere in schwierigen Situationen an Handlungssicherheit.
- Der Umgang mit dem Wissen der Organisation erfolgt systematisch.
- Dokumente sind dort in aktueller Fassung zugänglich, wo sie benötigt werden.
- Nachweisdokumente werden im erforderlichen Umfang geführt und sind verfügbar.
- Planungen werden ausgewertet und ein Lernen aus Fehlern wird ermöglicht.
- Die vereinbarten Regelungen werden regelmäßig reflektiert und weiterentwickelt.
- Fehler und mögliche Fehlerquellen werden frühzeitig erkannt und vermieden bzw. reduziert.
- Fehler werden als Chancen zum Lernen verstanden.

- Verbesserungsmaßnahmen werden systematisch geplant, überwacht und in Bezug auf ihre Zielerreichung bewertet.
- Leitungskräfte und Mitarbeiter beachten den PDCA-Zyklus für ihre eigene Arbeit.
- …

Der Aufbau eines QM-Systems kostet Geld, Zeit und Energie. Da mag die Frage aufkommen, ob dieses Geld nicht besser direkt in Beratungs-/Betreuungs- oder Pflegeleistungen investiert werden sollte.

Qualität und Leistung stehen aber eben nicht in einem „Entweder-oder-Verhältnis". Investitionen ins Qualitätsmanagement sichern eine hohe Leistungsqualität sowie Mitarbeiter- und Kundenzufriedenheit. Sie helfen Fehler, Beschwerden, Gefahren und Ressourcenverschwendung zu minimieren. Durch eine bessere Qualität der Arbeitsprozesse ist die Organisation erfolgreicher und damit auch nachhaltiger bzw. je nach Arbeitsfeld auch gewinnbringender.

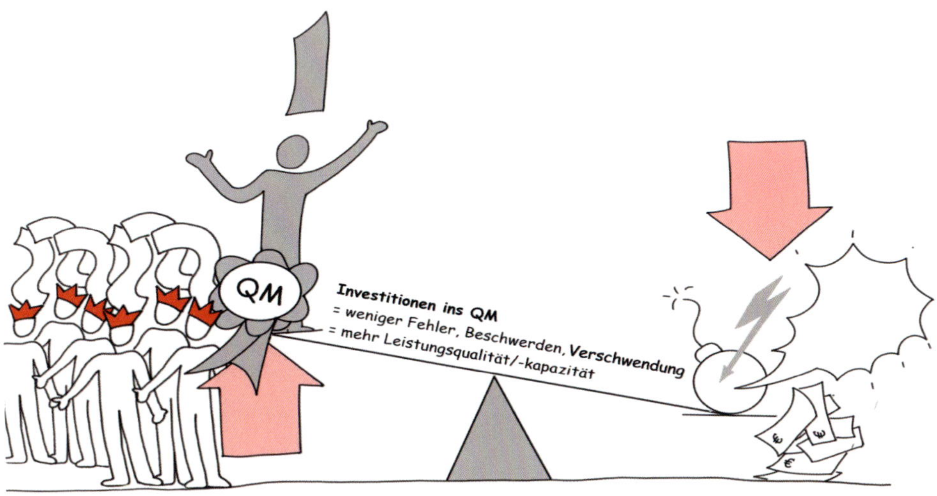

1.2.3 Zur Anwendung der Norm

Wir vergleichen den Aufbau eines QM-Systems gerne mit einer Reise, auf die sich Leitungskräfte und Mitarbeiter gemeinsam begeben mit dem Ziel, die Qualität der Leistung und der Zusammenarbeit nachhaltig erfolgreich zu verbessern.

Es gibt Reisen, nach denen die Teilnehmer zeigen möchten, wo sie überall gewesen sind. Feste Rundreisen sehen einen klaren Tourenplan vor. Denken Sie z.B. an den Jakobsweg: Für diesen gibt es nicht nur einen Pilgerführer, sondern auch einen Pilgerausweis. Der Pilgerausweis bestätigt, dass der Pilger auf traditionelle Weise (zu Fuß, Rad oder Pferd) nach Santiago de Compostella unterwegs ist. Wenn der Pilger mindestens die letzten 100 km zu Fuß oder 200 km per Rad bzw. zu Pferd zurückgelegt hat, erhält er eine Pilgerurkunde.

Dieser Prozess ist einer Auditierung von QM-Systemen nicht unähnlich. Genutzt wird eine Art Wanderführer, der den Pilgern/QM-Verantwortlichen/Mitarbeitern die Navigation von Station zu Station erleichtert. Das Erreichen der Stationen wird im Pilgerausweis bestätigt und am Ende gibt es ein Gesamtzertifikat.

Die Anwendung der ISO 9001 vergleichen wir auch gerne mit einem Navigationssystem.

Natürlich kann man auch ohne Navi von A nach B gelangen. Insbesondere dann, wenn man sich in dem Gelände, sprich im Qualitätsmanagement, gut auskennt. Wenn diese Kenntnisse fehlen, wird es schon schwieriger. Wenn sich dann nicht nur eine einzelne Person auf den Weg macht, sondern gleich eine ganze Reisegruppe, eine Organisation also, kann man nicht mehr „querfeldein laufen“, sondern sollte breitere, bereits erkundete Pfade wählen. Die ISO 9001 hat sich mit ihren Anforderungen über Jahre bewährt. Wer nutzt nicht im Urlaub gerne mal einen Reiseführer mit Tipps zu wichtigen und empfehlenswerten Stationen und vertraut dabei auf die Erfahrungen, die andere vor ihm gemacht haben? Ähnlich ist es mit der ISO 9001. Organisationen müssen in Sachen Qualität nicht alles neu oder selbst

erfinden. Wenn die Anforderungen der Norm angemessen auf den Kontext der Organisation übertragen werden, liefern sie wichtige Anhaltspunkte zur Weiterentwicklung der Leistungsqualität und der Organisation selbst. Aus jahrelanger branchen- und länderübergreifender Qualitätsarbeit wurden in der Norm die Anforderungen zusammengestellt, die ein funktionierendes QM-System ausmachen. Der „QM-Navigator ISO 9001" empfiehlt dem Anwender, sich mit diesen auseinanderzusetzen bzw. an den vorgegebenen Stationen haltzumachen und die damit verbundenen Aufgaben zu lösen.

Vielleicht ist ein erfolgreich absolviertes Zertifizierungsaudit ein vergleichbar bestätigendes und befriedigendes Erlebnis wie die Aushändigung einer Pilgerurkunde ...

Natürlich kann man, soweit kein externer Nachweis erforderlich ist, die Wanderrouten auch frei wählen. Die Nutzung eines Wanderführers wie die DIN ISO 9001 hat aber insbesondere für Organisationen viele Vorteile (s. Kap. 1.2.2). Nachteile werden zuweilen in den vermeintlich vielen Vorgaben gesehen, die die Norm enthält. Zu beachten ist aber, dass die Norm immer wieder dazu aufruft, diese angemessen auf den jeweiligen Kontext zu übertragen. Nicht relevante oder in einem Arbeitsfeld nicht erfüllbare Vorgaben können ausgeschlossen werden (s. Kap. 1.4.3). Für die erfolgreiche Nutzung des „QM-Navigator ISO 9001" ist von entscheidender Bedeutung, dass es gelingt, den Sinn und Nutzen der Anforderungen zu verstehen und allen Beteiligten zu vermitteln. Erst dann kann sich das Grundverständnis durchsetzen, dass die Arbeit mit der Norm keine lästige Qual ist, sondern dass sich die Sicherung von langfristigem Organisationserfolg durch die Nutzung des „QM-Navigators ISO 9001" deutlich verbessert und auch erleichtert wird. Die ISO definiert Themen, mit denen sich Organisationen auseinandersetzen sollten, aber keine ausgearbeiteten Lösungen dafür. In der Wahl der Umsetzungswege zwischen den Stationen gibt es große Freiheit. Das macht die Arbeit mit der Norm so vielfältig. Und sollte man sich zwischendurch mal verirrt haben, so kommt man über die einzelnen Unterkapitel (Anwendungen oder auch „Apps" s. Abb. oben) schnell zurück ins Hauptmenü zu den zentralen Zielsetzungen der Organisation.

1.3 Die ISO 9001:2015

1.3.1 Übersicht über die wesentlichen Änderungen und Neuerungen

Die inhaltlichen Änderungen der Normenrevision sind überschaubar. Insgesamt gewähren sie mehr Spielraum bei der Ausgestaltung des QM-Systems. Auffällig sind die neue Gliederung und das Entfallen von einigen Begrifflichkeiten (z.B. QM-Handbuch, QM-Beauftragte, Vorbeugungsmaßnahmen). Anhang A der ISO 9001:2015 verweist ausdrücklich darauf, dass es keine Anforderung gibt, die in der Norm verwendeten Begrifflichkeiten auch in der Organisation zu verwenden. Wer also gute Erfahrungen macht mit QM-Handbüchern, QM-Beauftragten sowie Vorgabe- und Nachweisdokumenten, sollte dies auch weiterhin tun.

Neue Kapitelreihenfolge

Die ISO 9001:2015 macht von der „High Level Structure“ Gebrauch. Diese Struktur ist als eine Art übergeordnete Gliederung mit einheitlichen Begriffen und einheitlichen Textpassagen geschaffen worden, um die Angleichung verschiedener Managementnormen und damit deren kombinierte Anwendbarkeit zu erleichtern. So hat z.B. die Umweltmanagementnorm DIN EN ISO 14001:2015 den gleichen Aufbau wie die Qualitätsmanagementnorm ISO 9001:2015.

Neu Abschnitt 4: Kontext der Organisation

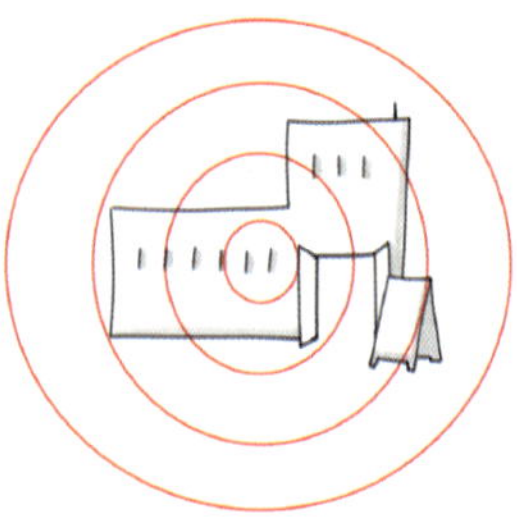

Unter dem Kontext der Organisation werden wirtschaftliche Rahmenbedingungen, Organisationskultur, sozioökonomische Bedingungen und andere interne und externe Einflussfaktoren verstanden. Dadurch, dass die Organisation verpflichtet ist, sich mit diesem Kontext auseinanderzusetzen und das QM-System entsprechend auszurichten, wird der strategische Ansatz der Norm betont und die Positionierung der Organisation am Markt und in der Gesellschaft gefördert (s. Kap. 1.4.1).

Neu Abschnitt 4: Verstehen der interessierten Gruppen

Interessierte Gruppen (s. Glossar) erhalten eine größere Bedeutung. Die Anforderungen der interessierten Gruppen müssen ermittelt, bewertet und entsprechend ihrer Relevanz im QM-System berücksichtigt werden. Die Bewertung der Relevanz liegt allein in der Verantwortung der Organisation (s. Kap. 1.4.2).

Stärkung und Erweiterung des prozessorientierten Ansatzes

Bereits in der ISO 9001:2008 wurde das Thema Prozessorientierung betont. In der alten Version war dies jedoch noch relativ unscharf: So wurden Organisationen beispielsweise aufgefordert, die Abfolge und die Wechselwirkungen von Prozessen festzulegen. In der revidierten Norm gibt es klare Anforderungen an die Prozesse des Qualitätsmanagements, neu sind dabei vor allem:

- Die Festlegung der erforderlichen Eingaben (z.B. Informationen, Vorarbeiten) und sowie der zu erwartenden Ergebnisse (Stärkung der Ressourcenplanung und Ergebnisorientierung),
- die Bestimmung von Leistungsindikatoren und Methoden zur Durchführung und Überwachung.

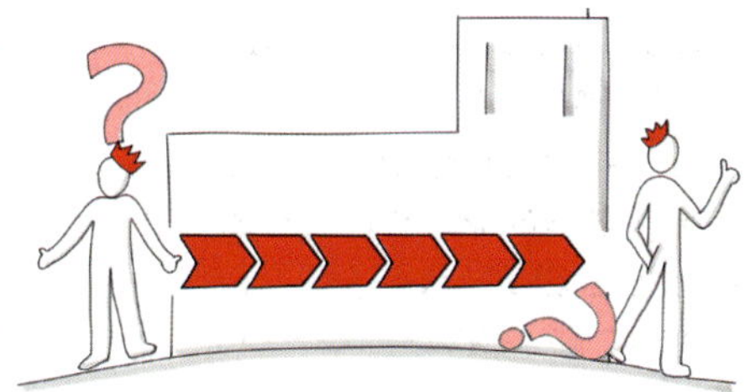

Der Begriff Leistung wird in der ISO 9000 mit „messbares Ergebnis“ definiert, wobei die Anmerkungen besagen, dass sich die Leistung auf quantitative oder qualitative Feststellungen beziehen kann. Kennzahlen sollten also dort zum Einsatz kommen, wo sie zum einen möglich, zum anderen aber auch sinnvoll sind.

Stärkung und Erweiterung der Führungsverantwortung

Mit der Revision der Norm wird Qualitätsmanagement eindeutig zur Chefsache. Die oberste Leitung muss – stärker als bisher gefordert – Verantwortung für das QM-System übernehmen und sich nachweislich dafür engagieren.

Stärkere Beachtung von Risiken

Die Berücksichtigung von Risiken ist in viele Kapitel integriert worden: in den prozessorientierten Ansatz, in die Anforderung an die Führung und in den Planungsabschnitt. Gemeint ist aber kein umfassendes Risikomanagement, z.B. gemäß der ISO 31000. Gefordert wird die Bestimmung von Risiken, die für das QM-System und die zentralen Leistungsprozesse (z.B. patientenbezogene Prozesse in der Gesundheitsversorgung) bestehen, wie z.B. Risiken bei der organisationsinternen Informationenweitergabe oder einer fehlenden Informationserhebung im Erstkontakt. Gleichzeitig sollen aber auch Chancen identifiziert und wenn möglich sinnvoll aufgegriffen werden.

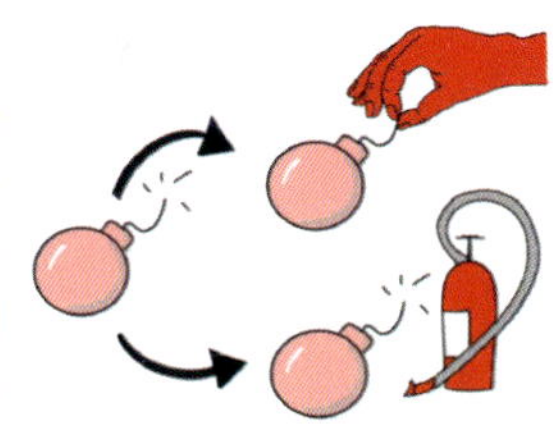

Insgesamt fordert die Norm damit auf, sich in allen Phasen der Planung, Umsetzung und Bewertung mit Risiken auseinanderzusetzen. Verlangt wird, dass Risiken im Verhältnis zu ihrer Auftrittswahrscheinlichkeit und ihrem potenziellen Schaden begegnet wird: Ein großes Risiko fordert entsprechend umfangreiche vorbeugende Maßnahmen, während ein kleines Risiko geringere Aufmerksamkeit erhalten kann (s. Kap. 1.6.1).

Keine explizite Forderung nach einem QM-Beauftragten

Bisher hieß es, die oberste Leitung muss ein Mitglied der Leitung benennen, das die Befugnis hat, das QM-System einzuführen und aufrechtzuerhalten. In der revidierten Fassung wird nur noch von der Verantwortung der obersten Leitung gesprochen. Die Aufgaben, die im Rahmen des Qualitätsmanagements anfallen, werden nicht weniger. Es bleibt der obersten Leitung überlassen, welche davon sie selbst übernimmt, bzw. welche sie an Stabsstellen, Führungskräfte oder Mitarbeiter verteilt. Aus unserer Sicht ist ein QM-Beauftragter mindestens für die operative Umsetzung (z.B. Pflege der Dokumente, Auswertung der Daten etc.) weiterhin unerlässlich (s. Kap. 1.5.3).

Keine explizite Forderung nach einem QM-Handbuch

Das QM-Handbuch taucht als Begrifflichkeit in der Norm nicht mehr auf. Es wird aber weiterhin an verschiedenen Stellen von dokumentierten Informationen (s. Glossar) oder schriftlichen Regelungen gesprochen. Wie bzw. in welcher Form die Organisation diese aufbereitet bzw. darstellt, ist dieser völlig freigestellt. Auch die bislang geforderten sechs schriftlichen Verfahren werden nicht mehr explizit verlangt. Im Glossar haben wir aufgeführt, zu welchen Themen dafür jetzt dokumentierte Informationen bzw. schriftliche Regelungen gefordert werden.

Keine explizite Forderung nach Vorbeugungsmaßnahmen

Auch Vorbeugemaßnahmen sind nicht mehr gesondert notwendig. Ein Grund dafür ist, dass die Prävention von Fehlern und Gefahren Gesamtzweck des QM-Systems ist und die Auseinandersetzung mit Risiken in vielen Anforderungskapiteln verankert wurde.

Neuer Begriff: dokumentierte Informationen

Die Bezeichnung „dokumentierte Information" wird als neuer Sammelbegriff für dokumentierte Verfahren und Aufzeichnungen eingeführt. Für die Praxis hat dies jedoch keine besondere Bedeutung. Der Organisation wird damit eine größere Flexibilität bezüglich Art und Umfang der Dokumentation zugestanden. Andererseits stellt der Detailierungsgrad der Anforderungen der Norm sicher, dass auch weiterhin alle Aspekte einer professionellen Dokumentation berücksichtigt werden müssen (s. Kap. 1.7.5, Glossar).

Erweiterung der Begrifflichkeiten: Produkte & Dienstleistungen
Die Norm soll besser übertragbar auf den Dienstleistungsbereich sein. Ein Signal in diese Richtung ist die Wortwahl: Statt wie bisher von Produkten ist jetzt durchgängig von Produkten und Dienstleistungen die Rede.

Veränderte Begrifflichkeiten: Beschaffung heißt jetzt externe Bereitstellung.
Anstelle von Beschaffung ist jetzt von externen Bereitstellungen die Rede. Lieferanten heißen jetzt externe Anbieter. Das Kapitel über die Art und den Umfang von externen Bereitstellungen umfasst jetzt auch ausgelagerte Prozesse (s. Kap. 1.8.4).

Festlegungen zur Planung und Durchführung von Änderungen am QMS
Änderungen am QM-System müssen auf Basis einer systematischen Planung erfolgen (s. Kap. 1.6.3).

Festlegungen zu Tätigkeiten nach Lieferung/Leistungserbringung

Neu im Fokus der Norm sind Tätigkeiten nach der Lieferung bzw. nach der Leistungserbringung. Sie werden wiederum aus Sicht der damit verbundenen potenziellen Risiken betrachtet. Weiterhin geht es neben Kundenrückmeldungen um die Ermittlung, Bewertung und Einhaltung der gesetzlichen und behördlichen Anforderungen zu diesen Leistungen (s. Kap. 1.8.5 e).

Erweiterung der Ressourcen um das Wissen der Organisation
Das Wissen der Organisation wird als Ressource aufgefasst, die es zu bestimmen und zu schützen gilt. Es wird ein systematischer Umgang mit Wissen gefordert. Zum Wissen der Organisation zählen Informationen, die im Hinblick auf das Erreichen der Organisationsziele von Bedeutung sind. Dazu zählt auch nicht dokumentiertes Wissen, das z.B. aus Erfahrungen gewonnen wird (s. Kap. 1.7.1 e).

Sieben statt acht Grundsätze zum QM

Die QM-Grundsätze wurden überarbeitet und auf sieben Aussagen reduziert. Der systemorientierte Managementansatz wird nicht mehr erwähnt, aber inhaltlich unter dem Grundsatz der „Prozessorientierung" berücksichtigt. Der Grundsatz „Lieferantenbeziehungen zum gegenseitigen Nutzen" heißt jetzt „Beziehungsmanagement" und bezieht sich neben externen Anbietern auch auf andere interessierte Gruppen. Die Gestaltung von guten Beziehungen zu interessierten Gruppen wird als Basis für nachhaltigen Erfolg der Organisation angesehen.

Übersicht zur ISO 10000 Reihe

In den Anhang wurde eine Übersicht zur ISO 10000 Reihe aufgenommen. Diese Normen enthalten Leitlinien etwa zu den Themen Kundenzufriedenheit oder QM-Pläne, die Organisationen bei der Einführung und Umsetzung von Verbesserungsprojekten unterstützen können.

1.3.2 Übersicht über die Anforderungskapitel der Norm

Zuvor haben wir Ihnen in Kapitel 1.2.3 vorgeschlagen, die ISO wie ein Navigationsgerät aufzufassen. In der Folge haben wir für die Anforderungskapitel der Norm kleine Symbole (Icons) gezeichnet, die Sie durch die einzelnen Normenkapitel führen sollen. Die ISO gibt keine Reihenfolge vor, in der diese zu bearbeiten sind. Für den Neuaufbau eines QM-Systems bietet es sich aber an, die in der ISO dargestellte Reihenfolge zu nutzen. Die ersten drei Kapitel der ISO 9001 enthalten keine Anforderungen, die im Rahmen einer Zertifizierung überprüft werden. Hierin geht es um den Anwendungsbereich der Norm und um die Definition von Begriffen. Zertifizierungsrelevant sind die Kapitel 4–10. Die Anhänge A und B haben informativen Charakter. Sie erläutern die neue Struktur der Norm, die verwandte Terminologie und die Grundsätze zum Qualitätsmanagement (s. Kap. 1.1.2).

Die Gliederungsstruktur und die in der ISO verwandten Begriffe müssen im organisationsinternen QM-System nicht analog verwendet werden.

Im Folgenden geben wir einen Überblick über die Inhalte und die Zielsetzung der einzelnen Anforderungskapitel (Apps).

QM-Navigator
Kontext
Führung
Planung
Unterstützung
Betrieb
Bewertung
Verbesserung

Die Anforderungen der ISO 9001:2015 im Überblick

Kontext der Organisation

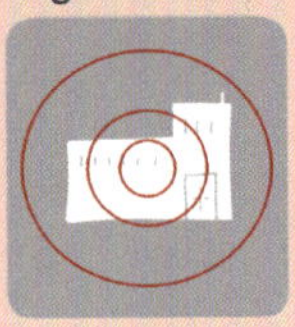

Organisationen müssen die **internen und externen Eckpunkte** bestimmen, die für die langfristige Qualität ihrer Arbeit von Bedeutung sind bzw. Einfluss auf ihre Leistungserbringung haben.
Sie werden aufgefordert, die **Gruppen** zu **ermitteln, die ein Interesse an ihrer Leistung haben** und deren Anforderungen daran zu bewerten. Der Anwendungsbereich des QM-Systems ist schriftlich festzulegen. Das QM-System muss die Anforderungen der ISO 9001 (soweit zutreffend) erfüllen und bezüglich der dafür erforderlichen Prozesse ist Folgendes zu regeln:

- Kriterien für einen ordnungsgemäßen Ablauf,
- Abfolge und Wechselwirkungen,
- Ressourceneinsatz,
- Zuständigkeiten,
- Ergebniskriterien/Leistungsindikatoren,
- Chancen und Risiken sowie angemessene Maßnahmen dazu,
- Kriterien und Methoden der Überwachung sowie ggf. Korrekturmaßnahmen.
- Die Prozesse sind in dem Umfang zu beschreiben und in ihrer Umsetzung zu dokumentieren, der für eine zuverlässige und nachvollziehbare Leistungserbringung erforderlich ist.

Führung

Die oberste Leitung muss aktive Verantwortung für das Qualitätsmanagement übernehmen, in dem sie

- eine **Qualitätspolitik** verfasst und den Mitarbeitern vermittelt,
- dafür sorgt, dass aus der Qualitätspolitik **Qualitätsziele** abgeleitet werden,
- den Mitarbeitern vermittelt, was **Prozessorientierung** und **Kundenorientierung** für die Organisation bedeutet,
- dafür sorgt, dass **Kundenanforderungen** erhoben und erfüllt werden,
- dafür sorgt, dass **Chancen und Risiken** ermittelt und beachtet werden,
- **Mitarbeiter beauftragt** und unterstützt, die für die Wirksamkeit des QMS arbeiten,
- die erforderlichen **Ressourcen** zur Verfügung stellt,
- **Rollen, Verantwortlichkeiten und Befugnisse** eindeutig regelt.

Planung des QM-Systems

Die Organisation muss das **QM-System systematisch planen** und dabei den Kontext der Organisation beachten. **Chancen und Risiken** sind zu ermitteln und mit angemessenen Maßnahmen zu begegnen. Für die Arbeitsbereiche, die Einfluss auf die Leistungsqualität haben, sind **messbare und terminierte Qualitätsziele** schriftlich zu vereinbaren. Qualitätsziele müssen die relevanten Anforderungen berücksichtigen und Einfluss auf die Kundenzufriedenheit haben. Zur Zielerreichung ist ein **Maßnahmenplan** zu führen und bei Bedarf anzupassen. Änderungen am QM-System müssen sorgfältig geplant und systematisch umgesetzt werden.

Unterstützung

Die Organisation muss den Bedarf an

- **personellen Ressourcen,**
- **Infrastruktur** (Gebäude, Ausstattung etc.),
- **Prozessumgebung/Arbeitsumgebung,**
- **Mitteln zur Überwachung und Messung,**
- **organisationsspezifischem Wissen,**

ermitteln und entsprechend zur Verfügung stellen.
Die Organisation muss ebenso die erforderlichen **Kompetenzen** der Mitarbeiter ermitteln und sicherstellen (Fort- und Weiterbildung etc.). Sie muss gewährleisten, dass die Mitarbeiter

- die Qualitätspolitik kennen,
- die Qualitätsziele aktiv unterstützen,
- ein **Bewusstsein** für die Bedeutung des QM-Systems haben.

Die **interne und externe Kommunikation** muss geregelt sein.
Die **QM-Dokumentation** muss alle von der ISO 9001 schriftlich geforderten Informationen enthalten. Die Organisation muss gewährleisten, dass die erforderlichen Dokumente

- eindeutig gekennzeichnet sind,
- auf ihre Angemessenheit überprüft und geeignet sind,
- freigegeben sind,
- da, wo erforderlich, verfügbar sind,
- geschützt sind.

Die Aufbewahrung der Dokumente ist so zu regeln, dass Lesbarkeit und Wiederauffindbarkeit gewährleistet sind.

Betrieb

Die Organisation muss die **Prozesse der Leistungserbringung** systematisch planen, und die Inhalte dieser Planung müssen durch die verantwortliche Leitungskraft freigegeben werden. Die Organisation bzw. die oberste Leitung muss regeln, **wie mit Kunden** über das Leistungsangebot **kommuniziert wird** und wie der Umgang mit Beschwerden ist. Die unterschiedlichen Anforderungen an das Leistungsangebot sind systematisch zu erheben und regelmäßig zu überprüfen. Wenn die Organisation **neue Leistungsangebote** entwickeln will, muss sie dies in einem umfassenden und systematischen Planungsprozess tun. Die Qualität von **von außen zugekaufter Produkte und Dienstleistungen** ist entsprechend ihrem Einfluss auf den Leistungsprozess zu überwachen. Externe Anbieter sind über die geltenden Anforderungen zu informieren. Die Leistungserbringung muss unter beherrschten Bedingungen erfolgen und überwacht werden. Das Vorgehen im Fall von Fehlern bei der Leistungserbringung ist zu klären.

Bewertung der Leistung

Die Organisation muss die erforderlichen Überwachungsaufgaben auf Basis der zuvor definierten Anforderungen bestimmen. Sie ermittelt die **Zufriedenheit der Kunden**, bewertet den **Nutzen des QM**-Systems und evaluiert die Leistungserbringung. Im Rahmen von regelmäßigen **Audits** ist die Erfüllung der Anforderungen systematisch zu überprüfen. Mit Hilfe der **Managementbewertung** muss sich die oberste Leitung einen umfassenden Überblick über die Qualität der Leistungsprozesse und des QM-Systems verschaffen und gewährleisten, dass angemessene Verbesserungsmaßnahmen abgeleitet werden.

Verbesserung

Die Organisation ist aufgefordert nach **Chancen zur Verbesserung** zu suchen, diese zu bewerten und angemessene Maßnahmen dazu einzuleiten. Auf **Fehler und Beschwerden** ist gezielt zu reagieren. Ursachen von Fehlern und Beschwerden müssen analysiert und wenn möglich behoben werden, so dass Wiederholungsfehler verhindert werden. Ein **fortlaufender Verbesserungsprozess** muss erkennbar sein.

1.3.3 Der PDCA-Zyklus und die Anforderungen der Norm

Auch die neue Struktur der ISO folgt dem PDCA-Zyklus. Das Verhalten der Führung ist der eigentliche Motor für den PDCA-Zyklus und steht hier im Mittelpunkt. Weiterhin gehört die Auseinandersetzung mit dem Kontext der Organisation, die Gestaltung des QM-Systems und die Organisation der Unterstützungsleistungen zur Planungsphase. Das ISO-Kapitel Betrieb setzen wir mit der Leistungserbringung gleich. Die Bewertung der Leistung entspricht dem „Check" und das Kapitel Verbesserung dem „Act".

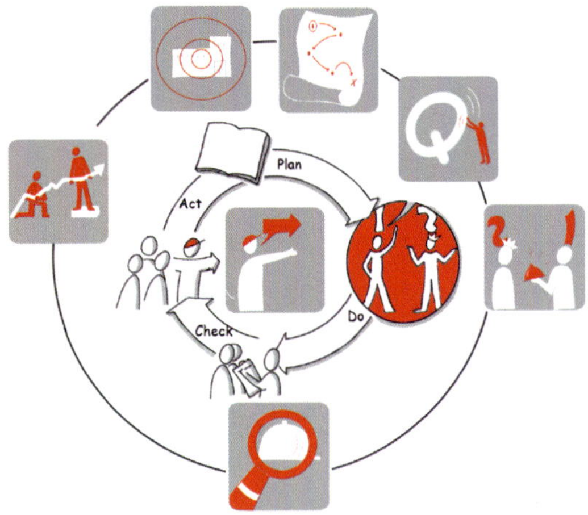

Von zentraler Bedeutung sind die Prozesse der Leistungserbringung (s. Kap. 1.4.4, 1.8). Zunächst müssen die Anforderungen ermittelt werden, die von Kunden und Gesetzgeber bzw. Behörden an die Leistung gestellt werden (s. Kap. 1.4.1, 1.8.2). Die ISO 9001 bezieht an dieser Stelle auch die interessierten Parteien mit ein (s. Kap. 1.4.2).

Dann ist zu klären, welche Ressourcen und sonstigen Eingaben wie z.B. Informationen benötigt werden, damit die Leistungserbringung gemäß den Anforderungen erfolgen kann. Die Ergebnisbewertung orientiert sich an der Zufriedenheit der Kunden und der Erfüllung der weiteren Anforderungen.

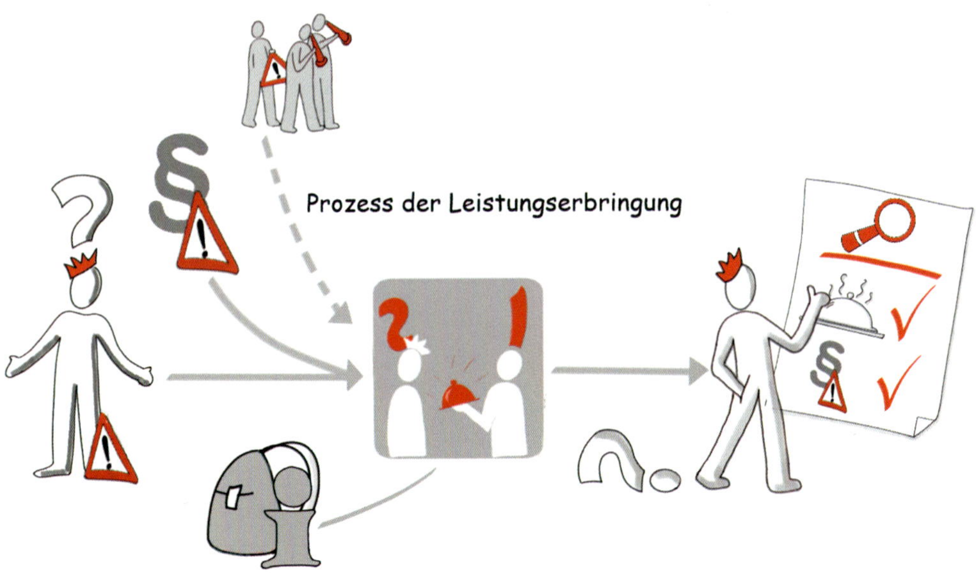

1.3.4 Hinweise zur Handhabung der vorliegenden Interpretation

Gliederung – Nummerierung

Wir orientieren uns an der Gliederung der ISO 9001. Die Anforderungskapitel beginnen mit der gleichen Ziffer wie auch in der Norm. Nur dass in diesem Buch noch die Ziffer eins für das erste Buchkapitel davor gestellt wurde:

1.4 = ISO 9001: 4 Kontext der Organisation
1.5 = ISO 9001: 5 Führung
1.6 = ISO 9001: 6 Planung des QM-Systems
1.7 = ISO 9001: 7 Unterstützung
1.8 = ISO 9001: 8 Betrieb
1.9 = ISO 9001: 9 Bewertung der Leistung
1.10 = ISO 9001: 10 Verbesserung

Dieses Prinzip haben wir bis zur zweiten Gliederungsebene der Norm beibehalten, sodass ein schneller Vergleich mit dem Originaldokument möglich ist.

Gliederung – Inhalte

Der Aufbau der einzelnen Kapitel ist immer gleich.

Zunächst übertragen wir die **Anforderungen** der ISO 9001 auf das Gesundheits- und Sozialwesen. Danach erläutern wir den **Sinn und Nutzen** dieser Anforderungen und stellen **Leitfragen für die Umsetzung** der Anforderungen in der Organisation vor. Diese Leitfragen ergänzen wir, wenn möglich und sinnvoll um Fragestellungen, die besonders die nachhaltig erfolgreiche Umsetzung der Norm im Hinblick auf die in Kapitel 3 vorgestellten Grundsätze betonen. Sie gehen über die Anforderungen der ISO 9001 hinaus.

Kapitel-Gliederung
1. Anforderungen
2. Sinn und Nutzen
3. Leitfragen zur nachhaltig erfolgreichen Erfüllung der Anforderungen
4. Umsetzungsbeispiel

Als vierten und letzten Punkt skizzieren wir zu jedem Forderungskapitel ein **Beispiel aus dem Gesundheits- und Sozialwesen**. Um möglichst viele verschiedene Arbeitsfelder anzusprechen, haben wir uns bei den Beispielregelungen der jeweiligen Hauptkapitel für ein spezifisches Arbeitsfeld entschieden. Frei erfunden haben wir dafür den **Träger „Optimus"**, der verschiedenste Leistungsangebote des Gesundheits- und Sozialwesens vorhält und in allen Organisationen ein dezentrales QM-System auf Basis der ISO 9001 etabliert hat. Die Beispiele stehen für **eine von vielen** Umsetzungsmöglichkeiten. Sie sollen das Verstehen der Norm erleichtern und Anregungen für die Umsetzung bieten. Dafür konzentrieren sie sich auf wesentliche Umsetzungsbausteine, bilden diese aber nicht vollständig in aller Detailliiertheit ab. Jedes Anforderungskapitel der Norm wird anhand eines Geschäftsfeldes von Optimus erläutert. Bislang gibt es bei „Optimus" kein trägerübergreifendes QM-System.

Die Umsetzungsbeispiele in der Übersicht

Kapitel der Norm	*Gewählte Teilbereiche der Organisation für die Beispielregelungen*
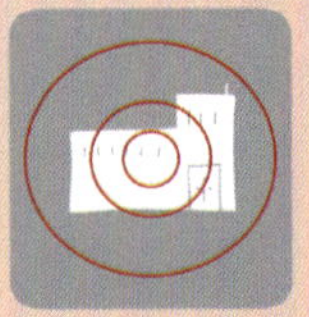	***Optimus Kindertageseinrichtungen*** *Zwei Standorte mit jeweils vier Gruppen,* *Mitarbeiter: 40*
	***Optimus Altenhilfeeinrichtungen*** *Vier Standorte mit 80–120 Betten* *Mitarbeiter: 400* *Zertifiziert nach ISO 9001*
	***Optimus Beratungszentrum*** *Themenfelder: Sucht, Migration, Schulden, Erziehung* *Ein Standort mit zehn Außenstellen* *Mitarbeiter: 60*
	***Optimus Geriatrisches Rehabilitationszentraum*** *Ein Standort mit 100 Behandlungsplätzen* *Mitarbeiter: 190* *Zertifiziert nach ISO 9001 und BAR (Bundesarbeitsgemeinschaft für Rehabilitation)*
	***Optimus Kinder- und Jugendhof*** *Zehn Standorte mit Wohngruppen zwischen sechs und zehn Plätzen* *Mitarbeiter: 150*
	***Optimus Behindertenwerkstatt*** *Ein Standort mit 150 Arbeitsplätzen für behinderte Menschen* *Mitarbeiter: 60* *Zertifiziert nach ISO 9001 und AZAV (Akkreditierungs- und Zulassungsverordnung Arbeitsförderung)*
	***Optimus Familienbildungsstätte*** *Standort: ein Hauptstandort mit zwei Außenstellen* *Mitarbeiter: 15 Hauptamtliche und 30 Honorarkräfte*

1.4 Kontext der Organisation

„Das Geheimnis des außerordentlichen Menschen ist in den meisten Fällen nichts als Konsequenz."
Buddha (560–480 v. Chr.), indischer Religionsstifter

1.4.1 Verstehen der Organisation und ihres Kontextes

Anforderungen der ISO 9001

- ❑ Bestimmung der internen und externen Einflussfaktoren, die für eine erfolgreiche Leistungsbringung von Bedeutung sind.
- ❑ Regelmäßige Überprüfung der dazu vorliegenden Informationen.

Sinn & Nutzen der Anforderungen

Die Auseinandersetzung mit den internen und externen Einflussfaktoren fördert eine bewusste und kritische Betrachtung

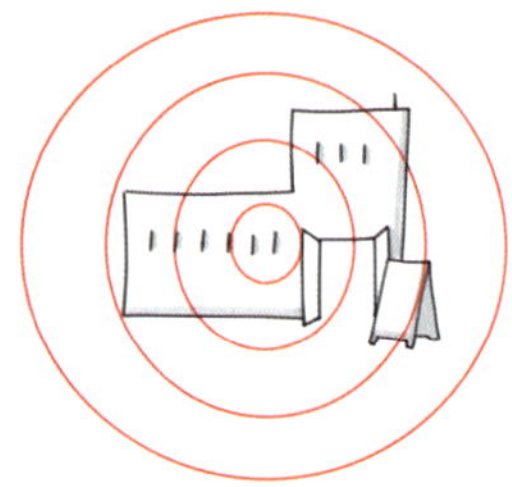

- der Zielsetzungen bzw. des Auftrages der Organisation,
- der wirtschaftlichen und gesetzlichen Rahmenbedingungen,
- regionaler oder nationaler Erfordernisse,
- der Wettbewerber,
- sozialer oder kultureller Aspekte, die die Leistung beeinflussen (könnten),
- neuer fachlicher oder technischer Erkenntnisse,
- der Organisationskultur und der damit verbundenen Werte und mentalen Modelle (unter mentalen Modellen verstehen wir prägende individuelle oder auch organisationsweite Vorstellungen, die auf verallgemeinerten Annahmen beruhen und die uns das Verstehen komplexer Vorgänge erleichtern – s. Kap. 3.3),
- von internen und externen Zukunftsthemen.

Vieles davon mag bekannt, selbstverständlich oder bereits in Konzeptionen niedergeschrieben sein. Dadurch, dass die Norm aber auffordert, die Informationen dazu in regelmäßigen Abständen zu überprüfen, wird sichergestellt, dass keine bedeutenden Einflussfaktoren und Veränderungen übersehen werden. Das Verstehen dieser Einflussfaktoren und ihrer Bedeutung für die Organisation ist die Basis für alle weiteren QM-Maßnahmen. So kann gewährleistet werden, dass ein QM-System aufgebaut wird, das auch wirklich zur Organisation passt und das die Organisation in ihrer strategischen Weiterentwicklung unterstützt.

Leitfragen zur nachhaltig erfolgreichen Erfüllung der Anforderungen:

- ⇨ Unter welchen rechtlichen und wirtschaftlichen Rahmenbedingungen wird die Leistung erbracht?
- ⇨ Gibt es spezielle regionale/nationale Erfordernisse für die Leistungserbringung z.B. aufgrund der Bevölkerungsstruktur?
- ⇨ Gibt es Besonderheiten, die die Trägerschaft der Organisation mit sich bringt z.B. aufgrund der Konfession und/oder eines Leitbilds?
- ⇨ Was zeichnet die Organisationskultur aus?
  Wie hoch ist z.B. die Identifikation mit der Organisation?
  Durch welchen Führungsstil ist die Organisation geprägt?

⇨ Welche Bedeutung haben Wettbewerber?
Welche Wettbewerbsvorteile hat die Organisation und welche Vorteile zeichnen die Konkurrenz aus?

⇨ Welche fachlichen/technischen Entwicklungen gibt es in dem Arbeitsgebiet?

⇨ Welche Zukunftsthemen zeichnen sich ab?

Haltung (s. Kap. 3.3)

⇨ Mit welcher Haltung stehen Leitungskräfte und Mitarbeiter dem Qualitätsmanagement gegenüber?

⇨ Welche Grundannahmen/mentalen Modelle bestimmen die Organisationskultur?

Umsetzungsbeispiel

Die „Optimus Kindertagesstätten" haben bereits vor einigen Jahren eine ausführliche Konzeption entwickelt, die die internen und externen Eckpunkte der Leistungserbringung sehr gut beschreibt. Jährlich findet ein Klausurtag mit allen Mitarbeitern der Tagesstätten statt. Die eine Hälfte des Klausurtages beschäftigt sich mit Themen des Qualitätsmanagements, die andere Hälfte des Tages stellt das Thema Teamentwicklung in den Vordergrund. Für die QM-Themen gibt es eine Checkliste. Auf dieser Checkliste wird u.a. Änderungsbedarf an der Konzeption erfragt. Die Ergebnisse des Teamtages werden auf der Checkliste dokumentiert und fließen in die Vorbereitungen zur Managementbewertung ein. Im Abstand von ca. fünf Jahren führen die „Optimus Kindertagesstätten" eine ausführliche Analyse ihrer Zielgruppen und der Wettbewerber durch. Interne Themen werden u.a. im Rahmen von Mitarbeiterbefragungen, die etwa alle zwei bis drei Jahre durchgeführt werden, erfasst. Die Ergebnisse dieser Erhebungen und Analysen führen bei Bedarf zur Weiterentwicklung der Konzeption.

1.4.2 Verstehen der Erfordernisse und Erwartungen interessierter Gruppen

Anforderungen der ISO 9001

❑ Ermittlung, welche weiteren Gruppen Interesse an der Leistung haben oder die Leistung beeinflussen bzw. beeinflussen könnten

❑ Ermittlung, welche konkreten Erwartungen die interessierten Gruppen haben

❑ Bewertung der Erwartungen in Bezug auf ihren Einfluss auf die Leistungserbringung

❑ Regelmäßige Überprüfung der dazu vorliegenden Informationen

Sinn & Nutzen der Anforderungen

Die Norm fordert Organisationen auf, sich einen Überblick über alle interessierten Gruppen zu verschaffen. Dazu zählen je nach Arbeitsfeld oder Standort neben Kunden auch Mitarbeiter, Kooperationspartner, Kostenträger, kommunale Institutionen oder Nachbarn der Organisation. Im ersten Schritt sind alle interessierten Parteien zu ermitteln. Daran schließt sich die Frage an, welche dieser Parteien eine Bedeutung für den Erfolg des QM-Systems haben. Im zweiten Schritt geht es darum herauszufinden, welche Anforderungen diese relevanten interessierten Parteien an die Organisation haben und welche dieser Anforderungen für den Erfolg des QMS wiederum bedeutsam sind. Die Norm fordert ausdrücklich nicht, dass die Anforderungen der interessierten Gruppen vollständig zu berücksichtigen sind. Die Organisation wird aber aufgefordert, sich mit diesen Anforderungen auseinanderzusetzen, um sie zu verstehen und um ihren Einfluss auf die eigene Leistungserbringung sorgfältig abzuschätzen. Einer der Grundsätze zum Qualitätsmanagement (s. Kap. 1.1.2) lautet „Beziehungsmanagement". Dieses beinhaltet u.a., zu den interessierten Gruppen gute Beziehungen zu pflegen. Es kann also sein, dass sich eine Organisation bewusst gegen die Erfüllung diverser Anforderungen von interessierten Gruppen entscheidet oder dies aufgrund interner oder externer Beschränkungen tun muss, dies aber den Gruppen gegenüber nachvollziehbar begründet oder bei Themen, die interessierten Gruppen besonders wichtig sind, das Finden von Kompromissen unterstützt. Transparenz über und Verständnis für die gegenseitigen Erwartungen sind die Voraussetzung für ein partnerschaftliches, faires und erfolgreiches Miteinander.

Leitfragen zur nachhaltig erfolgreichen Erfüllung der Anforderungen:

- ⇨ Welche Personen, Gruppen, Organisationen oder Institutionen haben ein Interesse an der Organisation und ihren Angeboten/Leistungen?
- ⇨ Welche Gruppen haben Einfluss auf den Erfolg der Organisation? Wie groß ist ihr Einfluss? Kann es durch den Einfluss von interessierten Gruppen zu Beschränkungen kommen?
- ⇨ Was genau möchten die Gruppen? Was sind ihre Erwartungen, Wünsche oder Ziele?
- ⇨ Welche Bedeutung hat die Erfüllung dieser Anforderungen für den Erfolg der Organisation?
- ⇨ Welche dieser Anforderungen muss die Organisation im Rahmen ihres Leistungsauftrages erfüllen?
- ⇨ Welche Anforderungen will sie darüber hinaus erfüllen?
- ⇨ Wie geht sie mit interessierten Gruppen um, deren Anforderungen die Organisation nicht erfüllen kann oder will?
- ⇨ Auch die Mitarbeiter stellen eine Gruppe der interessierten Parteien dar. Welche allgemeinen und speziellen Anforderungen bringen sie mit und wie wird damit umgegangen?

Emotionen (s. Kap. 3.6)

⇨ Wie stehen Mitarbeiter dem Qualitätsmanagement bzw. den Veränderungsprozessen in der Organisation gegenüber?
Was könnten Gründe für eine ablehnende Positionierung sein?
Inwiefern werden Bedürfnisse der Mitarbeiter und Widerstände ernst genommen?

Konflikte (s. Kap. 3.7)

⇨ Wie wird bislang mit Konflikten in der Organisation umgegangen?
Wie könnte der Umgang mit Konflikten auch im Sinne von Kostenreduzierung verbessert werden?

Partizipation (s. Kap. 3.8)

⇨ Welche Beteiligungsmöglichkeiten haben die Mitarbeiter?
Wie offensiv werden sie dazu eingeladen?
Wie wird ein offener Dialog mit den Mitarbeitern gefördert?

Umsetzungsbeispiel

In den „Optimus Kindertagesstätten" hat sich eine Arbeitsgruppe aus einem Trägervertreter, der Kita-Leitung, zwei Gruppenleitungen von je einem Standort, einem Vertreter aus der Mitarbeitervertretung und vier Gruppenmitarbeitern sowie einigen Elternvertretern zusammengesetzt. Bei zwei Abendtreffen wurde zunächst an einer Pinnwand anhand von Moderationskarten eine Übersicht der interessierten Gruppen zusammengestellt und überlegt, welche Erwartungen diese interessierten Gruppen mit sich bringen und wie gut diese Anforderungen bereits jetzt erfüllt werden bzw. wo es Spannungsfelder gibt. Es wurden gemeinsam Lösungsansätze entwickelt. Die Ergebnisse der Arbeitsgruppe sind in einer Fotodokumentation zusammengestellt und im Leitungsteam weiter diskutiert worden. Ein wichtiges Thema war eine erforderliche Lösung der Parkplatzsituation in den üblichen Bring- und Abholzeiten, da der Unmut der Nachbarn diesbezüglich sehr hoch ist. Bei diesen Abenden wurde auch deutlich, dass sich einige Mitarbeiter durch das Qualitätsmanagement bevormundet und eingeengt fühlten. Das Leitungsteam hat sich entschlossen, in den kommenden Monaten hierzu einen Fortbildungstag für Trägervertreter, Leitungskräfte und Mitarbeiter (ca. 25 Personen) mit einem externen Referenten durchzuführen. Dabei sollen zum einen die Kritik der Mitarbeiter weiter diskutiert werden, aber auch relevante Anforderungen des QM-Systems nochmals erläutert werden, damit so Verbesserungsmöglichkeiten für die aktuellen Kritikpunkte gefunden werden können.

1.4.3 Festlegung des Anwendungsbereiches des QMS

Anforderungen der ISO 9001

- ❑ Schriftliche Festlegung des Geltungsbereiches des Qualitätsmanagement-Systems unter Beachtung
  - der internen und externen Eckpunkte der Leistungserbringung,
  - der relevanten Anforderungen der interessierten Parteien,
  - des Leistungsangebotes und der dafür erforderlichen Prozesse.
- ❑ Erfüllung aller Anforderungen der Norm, die auf die Organisation zutreffen
- ❑ Schriftliche Begründung, falls Anforderungen der Norm für die Organisation nicht zutreffen

Sinn & Nutzen

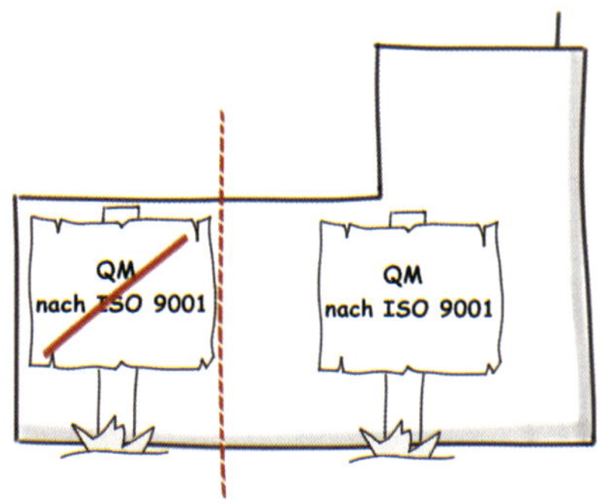

Die Organisation wird aufgefordert, klar und eindeutig zu regeln, für welche Arbeitsfelder das QM-System Bedeutung hat. Für kleinere Organisationen stellt sich diese Frage ggf. nicht, weil es entweder nur einen oder wenige verschiedene Arbeitsbereiche gibt. Bei Organisationen mit vielen verschiedenen Arbeitsbereichen ist die Beantwortung dieser Frage durchaus von Bedeutung. So kann z.B. ein großer Träger sich mit seinen Altenhilfeeinrichtungen der Zertifizierung nach ISO 9001 stellen, während sich das QM-System in seinen Kitas und Beratungsdiensten zwar auch an der ISO orientiert, aber noch nicht alle Normenanforderungen bearbeitet wurden und eine Zertifizierung aktuell nicht angestrebt wird.

Die ISO 9001 ermöglicht es den Organisationen, ihr QM-System passgenau auf ihre Anforderungen und Prozesse zuzuschneiden. Falls Anforderungen der ISO 9001 auf Organisationen nicht zutreffen, können diese nach schriftlicher Begründung ausgeklammert werden. Dies mag etwa auf eine Beratungsstelle zutreffen, die alle Leistungen selbst erbringt und keine externen Anbieter benötigt. In diesem Fall wäre das Anforderungskapitel 8.4 der ISO 9001 (Externe Bereitstellung) nicht zu berücksichtigen. Das „Nicht-zutreffend-Erklären" von Anforderungen ist nur dann möglich, wenn die Leistungsqualität und der kontinuierliche Verbesserungsprozess der Organisation davon nicht beeinträchtigt werden. Es wird also nie möglich sein, die Themen wie z.B. interne Audits oder Chancen und Risiken auszuklammern.

In der alten Norm wurde für das „Nicht-zutreffend-Erklären" der Begriff Ausschluss verwandt. Die neue Norm fokussiert hier sehr stark ein strategisches Vorgehen der Organisation: Diese soll sich zunächst mit ihrem Leistungsangebot und den dafür erforderlichen Prozessen, dem Kontext und den interessierten Gruppen auseinandersetzen und dann sowohl den Anwendungsbereich des QMS als auch die Grenzen des Systems festlegen.

Leitfragen zur Erfüllung der Anforderungen:

⇨ Sollen alle Arbeitsfelder/Arbeitsbereiche in das QM-System einbezogen werden?

⇨ Welche Arbeitsfelder/Arbeitsbereiche müssen ein QM-System/QM-Maßnahmen nachweisen?

⇨ In welchen Arbeitsfeldern/Arbeitsbereichen wäre ein QM-System zur nachweislichen Erfüllung der Anforderungen hilfreich?

⇨ Gibt es einzelne Anforderungen der Norm, die in der Organisation nicht angewendet werden können?

⇨ Ist gewährleistet, dass durch die Nichtbeachtung dieser Anforderungen keine Qualitätseinbußen auftreten können?

Umsetzungsbeispiel

Das QM-System der „Optimus Kindertagesstätten" bezieht sich auf beide Einrichtungen/Standorte und alle damit verbundenen Prozesse. Dies ist sowohl in den Benutzerhinweisen zum QM-Handbuch als auch in der Qualitätspolitik schriftlich dargestellt. Es werden alle Anforderungen der ISO 9001 für zutreffend erklärt.

1.4.4 QM-System und dessen Prozesse

Anforderungen der ISO 9001

❑ Aufbau eines QM-Systems auf Basis der Anforderungen der ISO 9001

❑ Schriftliche Darstellung der für das QM-System erforderlichen Prozesse mit Angaben
  - zu notwendigen Ressourcen wie z.B. Verbrauchsmaterialien, personellen Ressourcen oder Informationen aus vorausgegangenen Prozessen,
  - zur Verfügbarkeit der notwendigen Ressourcen,
  - zu einer sinnvollen Abfolge dieser Prozesse,
  - zu Wechselwirkungen mit anderen Prozessen,
  - zu Kriterien und Methoden, die für einen ordnungsgemäßen Ablauf wichtig sind,
  - zu Zuständigkeiten,
  - erwarteten Ergebnissen/Ergebniskriterien/Leistungsindikatoren,
  - Chancen und Risiken, die mit dem Prozess verbunden sind,
  - vereinbarten Vorbeugemaßnahmen,
  - zu Kriterien und Methoden der Überwachung und Bewertung,
  - zu ggf. erforderlichen Einleitung von Korrekturmaßnahmen,

  - zu den Möglichkeiten der Weiterentwicklung der Prozesse und des QM-Systems.
- ❑ Beschreibung der Prozesse in dem Umfang, der für eine zuverlässige Leistungserbringung erforderlich ist
- ❑ Aufbewahrung der Prozessbeschreibungen und entsprechender Aufzeichnungen, die eine ordnungsgemäße Umsetzung belegen

Sinn & Nutzen

Die Anforderungen der Norm unterstützen Organisationen beim Aufbau eines kunden- und prozessorientierten QM-Systems. Die zentralen Prozesse sind in dem Umfang zu beschreiben, wie es für eine zuverlässige Leistungserbringung auf gleichbleibendem Qualitätsniveau erforderlich ist. Die Prozessbeschreibungen müssen gewährleisten, dass die definierten internen und externen Anforderungen nachvollziehbar erfüllt werden können. Gleichzeitig wird durch die Prozessbeschreibungen ein zielorientiertes Vorgehen unterstützt und organisationsinternes Wissen gesichert.

Zu Beginn des Prozessmanagements geht es darum, die relevanten Prozesse für die Leistungserbringung und das Qualitätsmanagement sowie die Wechselwirkung zwischen diesen Prozessen zu erkennen. Visuell kann dies mit Hilfe einer Prozesslandkarte dargestellt werden. Die Prozesslandkarte schafft ein Gesamtbild der identifizierten Prozesse und teilt diese in der Regel in drei Kategorien auf: Führungs-, Kern- und Unterstützungsprozesse. Zur Entwicklung der Prozesslandkarte ist die Arbeit mit Moderationskarten hilfreich, dann können die Prozesse umsortiert und passend zugeordnet werden. Es ist sinnvoll, sich je nach Größe der Organisation auf zehn bis 15 Prozesse zu beschränken. Ggf. kann durch die Beschreibung von Teilprozessen eine Differenzierung erfolgen. Bei den Kernprozessen ist es besonders wichtig, sich nicht an einzelnen Abteilungen zu orientieren, sondern den Prozess entsprechend der einzelnen Phasen darzustellen, die für den Kunden von Bedeutung sind.

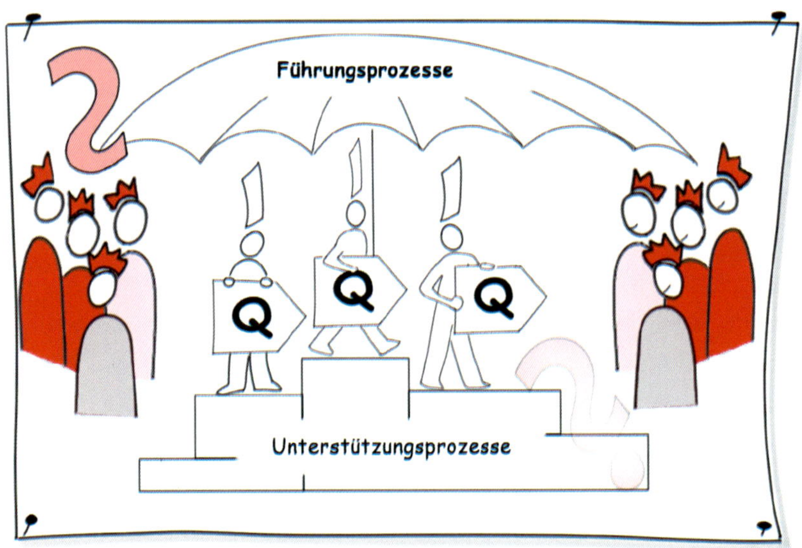

Bei der Beschreibung eines Prozesses sind folgende Aspekte zu berücksichtigen:

1. Anforderungen von Kunden, Gesetzgebern, Träger und anderen interessierten Parteien ermitteln und bewerten,

2. Ziel(e) des Prozesses benennen, wenn möglich konkrete Ergebniskriterien definieren,

3. einzelne Prozessschritte/Tätigkeiten ermitteln und in ihrer logischen Abfolge beschreiben; auf Anfang und Ende/Auslöser und Ergebnis achten,

4. erforderliche Ressourcen und sonstige Eingaben wie z.B. Informationen un Vorarbeiten ermitteln und deren Bereitstellung sicherstellen/überprüfen,

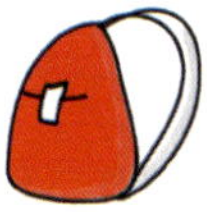

5. erforderliche Vorgabe- und Nachweisdokumente darstellen,

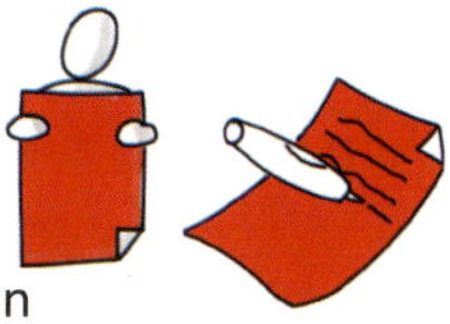

6. Querverweise zu weiterführenden oder unterstützenden Prozessen einfügen und Schnittstellen zwischen sich beeinflussenden Prozessen klären,

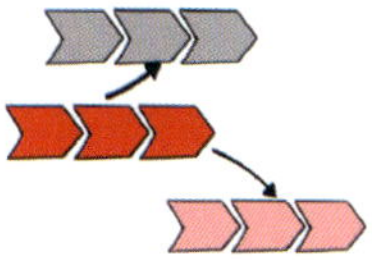

7. Verantwortliche/Beteiligte benennen; Aufgaben, Kompetenzen und Verantwortungsbereiche müssen genau aufeinander abgestimmt sein (V = Verantwortung),

8. auf Fachlichkeit, Logik und Verständlichkeit prüfen,

9. Chancen und Risiken ermitteln, bewerten und ggf. aufgreifen,

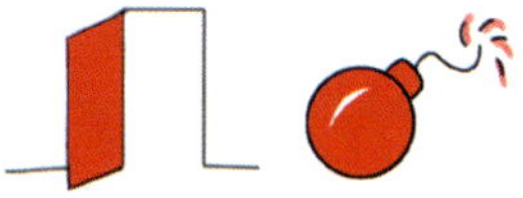

10. Angaben in der Vorlage „Prozessbeschreibung xy“ (Dokumentenvorlage) vervollständigen (s. Kap. 1.7.5),

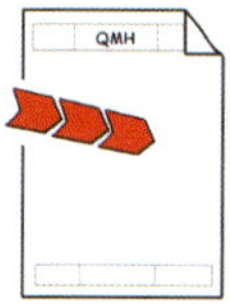

11. Prozessbeschreibung freigeben (entsprechend der internen Regelung zur Lenkung von Dokumenten).

Leitfragen zur nachhaltig erfolgreichen Erfüllung der Anforderungen:

- ⇨ Zu welchen Anforderungen der ISO sind schriftliche Regelungen erforderlich bzw. sinnvoll (s. Kap. 1.8.5)?
- ⇨ Welche Prozesse sind in der Organisation für den Erfolg der Arbeit von zentraler Bedeutung?
- ⇨ Welche Prozesse sind aus Kundensicht besonders wichtig?
- ⇨ Was ist erforderlich/was wird benötigt, damit diese Prozesse erfolgreich ablaufen können?
- ⇨ Welche Reihenfolge ist für die einzelnen Prozessschritte wichtig?
- ⇨ Was muss inhaltlich im Prozess/in den Prozessschritten passieren, damit diese erfolgreich ablaufen?
- ⇨ Wann ist der Prozess/der Prozessschritt erfolgreich?
  Gibt es sinnvolle Kriterien zur Beurteilung des Ergebnisses, wenn möglich zur Messung?
- ⇨ Wer ist für den Prozess/die Prozessschritte zuständig?
- ⇨ Welche Fehler können im Prozess auftreten?
  Welche Stolperfallen/Risiken und Hindernisse sind denkbar?
- ⇨ Wie können die identifizierten Gefahren/Fehlerquellen minimiert werden?
- ⇨ Welche Chancen bringt der Prozess mit sich?
  Wie können diese Potenziale erschlossen werden?
- ⇨ Wie wird die Umsetzung der Prozesse überwacht?
  Welche Konsequenzen erfolgen aus den Ergebnissen der Überwachung?
- ⇨ Wie werden Impulse zur Weiterentwicklung der Prozesse identifiziert und erforderliche Schritte eingeleitet?
- ⇨ Welche Inhalte/Kriterien müssen für eine zuverlässige Umsetzung der Prozesse schriftlich festgehalten werden (s. Kap. 1.7.5)?

Haltung (s. Kap. 3.3)

- ⇨ Welches sind die gestaltenden Kräfte im QM-System der Organisation?
  Herrscht Vertrauen oder Misstrauen vor?
- ⇨ Ermöglicht der Differenzierungsgrad der Regelungen Handlungspielräume für zufriedenstellende Arbeit?

Kommunikation (s. Kap. 3.4)

- ⇨ Wie wird Mitarbeitern der Sinn und Nutzen der schriftlichen Regelungen vermittelt?
  Wie stehen die Mitarbeiter dem QM-Handbuch bzw. den schriftlichen Regelungen gegenüber?

Partizipation (s. Kap. 3.8)

- ⇨ Wie werden Mitarbeiter bei der Erstellung der schriftlichen Regelungen beteiligt?
  Wie offensiv werden sie dazu eingeladen?
  Was könnte Mitarbeiter an der Mitwirkung hindern?

Umsetzungsbeispiele

Die „Optimus Kindertagesstätten" haben bereits vor Jahren eine Prozesslandkarte an einer Pinnwand entwickelt, abfotografiert und im QM-Handbuch abgelegt. Die Einrichtung hat bewusst darauf verzichtet, diese noch einmal mit einen Grafikprogramm nachzubearbeiten, da hier die „Handschriften" aller Mitarbeiter erkennbar sind und diese sich so besser mit dem Ergebnis identifizieren können. Zu allen Prozessen der Landkarte finden sich Regelungen im QM-Handbuch wieder. Die Prozessbeschreibungen machen Aussagen zu den Zuständigkeiten. Darüber hinaus gibt es ein Organigramm und Stellenbeschreibungen. In den Prozessbeschreibungen werden die wesentlichen Aufgaben beschrieben und Schnittstellen/Wechselwirkungen zu anderen Prozessen durch Querverweise deutlich gemacht.

Im Rahmen der Vorbereitung auf die neue Norm hat die Kita eine Anregung einer Auditorin aufgenommen. Mit Hilfe der Schildkröten-Methode (oder Turtle-Modell, s. Kap. 2.3.3), die die Einrichtung auf ihren Bedarf hin etwas angepasst hat, erarbeitet die Kita nun für alle Prozesse ein neues Deckblatt.

1.5 Führung

„Werte kann man nicht lehren, sondern nur vorleben."
Viktor Frankl (1905–1997), österreichischer Psychiater und Autor

1.5.1 Führung und Verpflichtung, Kundenorientierung

Anforderungen der ISO 9001

❑ Klares Bekenntnis der obersten Leitung zum Qualitätsmanagement, d.h.

- persönliches Engagement für das QM-System,
- Formulierung einer angemessenen Qualitätspolitik (auch im Hinblick auf den Kontext der Organisation),
- Gewährleistung, dass angemessene Qualitätsziele aus der Qualitätspolitik abgeleitet werden,
- Gewährleistung, dass Prozessorientierung in der Organisation verstanden und gelebt wird,
- Gewährleistung, dass Risiken und Chancen identifiziert, bewertet und wenn möglich und sinnvoll aufgegriffen werden,
- verständliche Vermittlung der Bedeutung der Erfüllung der identifizierten und relevanten Anforderungen (s. Kap. 1.8.2),
- Sicherstellung, dass Ziele eingehalten und Anforderungen überwacht werden,
- Unterstützung und Stärkung der mittleren Leitungsebene,
- Beauftragung und Unterstützung von Mitarbeitern, die für die Wirksamkeit des QM-Systems arbeiten,
- Unterstützung der Weiterentwicklung der Prozesse der Einrichtung.

❑ Gewährleistung, dass Kundenorientierung im Alltag gelebt wird durch ...

- Diskussion der Bedeutung von Kundenorientierung in der Organisation,
- Erhebung, Bewertung und Erfüllung der Anforderungen der Kunden (s. Kap. 1.8.2),
- Erhebung und Erfüllung der gesetzlichen Anforderungen (s. Kap. 1.8.2),
- regelmäßige Überprüfung der ermittelten Anforderungen,
- Ermittlung und Beachtung von Chancen und Risiken (s. Kap. 1.6.1),
- Ermittlung und Beachtung von Möglichkeiten zur Erhöhung der Kundenzufriedenheit.

Sinn & Nutzen der Anforderungen
Qualitätsmanagement kann nur wirksam sein, wenn die oberste Leitung ganz klar hinter dem ausgewählten System steht und die entsprechenden Aktivitäten engagiert und glaubhaft unterstützt. Mit der Revision der ISO 9001 wurde das darin geforderte QM-System noch stärker zu einem echten Führungsinstrument. Die Konsequenz, die der PDCA-Zyklus grundsätzlich fordert (s. Kap. 1.1.1), wird hier auf die oberste Leistung übertragen. Die oberste Leitung kann Aufgaben an Mitarbeiter übertragen, aber sie behält ganz klar die strategische Verantwortung für die Ergebnisse. Es fällt insbesondere in den Verantwortungsbereich der obersten Leitung, dafür zu sorgen, dass Kundenorientierung in der Organisation gelebt wird. Die Norm macht keine Aussagen „wie" sie dies tun muss. Dies sollte entsprechend den Anforderungen einzelner Arbeitsfelder und den internen Erfordernissen der Organisation beantwortet werden.

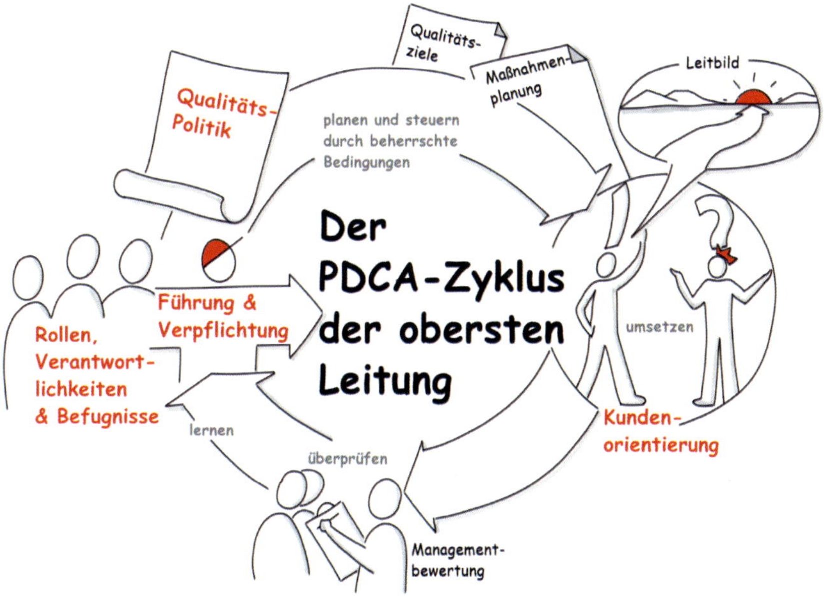

Leitfragen zur nachhaltig erfolgreichen Erfüllung der Anforderungen:

- ⇨ Welche Rolle übernimmt die oberste Leitung im QM-System?
- ⇨ Wie engagiert sie sich für das QM-System?
- ⇨ Welche Strategie verfolgt sie mit dem QM-System?
- ⇨ Welche Qualitätsziele wurden vereinbart? Wer war daran beteiligt?
- ⇨ Wie überwacht die oberste Leitung die Zielerreichung?
- ⇨ Wie unterstützt die oberste Leitung die mittleren Leitungskräfte bei der Umsetzung des QMS?
- ⇨ Welche weiteren Mitarbeiter sind mit QM-Aufgaben betraut?
  Wie sind diese für ihre Arbeit qualifiziert?
  Was sind ihre Aufgaben und über welche Ressourcen verfügen sie zur Erledigung der Aufgaben?

⇨ Wie werden die Mitarbeiter in das QM-System eingebunden?
Welche Bedeutung hat das QM-System für die Mitarbeiter?
Welchen Sinn und Nutzen sehen die Mitarbeiter im Qualitätsmanagement?
Welche Anforderungen sind aus Sicht der Mitarbeiter von besonderer Bedeutung?

⇨ Wie wird der Grundsatz der Prozessorientierung in der Organisation gelebt?

⇨ Welche Bedeutung hat die Weiterentwicklung des QM-Systems für die oberste Leitung?
Wie treibt die oberste Leitung die Weiterentwicklung des QM-Systems voran?

⇨ Wie stellt die oberste Leitung sicher, dass
- die Anforderungen der Kunden erhoben, bewertet und ermittelt werden?
- die gesetzlichen Anforderungen ermittelt und erfüllt werden?
- die Angaben regelmäßig überprüft werden?
- Chancen und Risiken ermittelt und beachtet werden?
- die Erhaltung und Verbesserung der Kundenzufriedenheit ein wichtiges Thema in der Organisation ist?

⇨ An welchen Stellen/durch welche Beispiele kann die Organisation belegen, dass die Orientierung an den Wünschen der Kunden für sie besonders wichtig ist?

⇨ Bei welchen Prozessen/bei welchen Prozessschritten möchte die Organisation selbst gerne die Kundenorientierung noch verbessern?

⇨ Wie werden Möglichkeiten zur Verbesserung der Kundenzufriedenheit ermittelt, bewertet und aufgegriffen?

⇨ Welche Verbesserungsmaßnahmen hat es in den vergangenen Jahren gegeben und was haben diese gebracht?

Führung (s. Kap. 3.2)

⇨ Wie achtsam ist die oberste Leitung im Hinblick auf die Interessen von Mitarbeitern?

Kommunikation (s. Kap. 3.4)

⇨ Wie werden Leitungskräfte für das Qualitätsmanagement qualifiziert?

Umsetzungsbeispiel

Die Einrichtungsleitung der vier „Optimus Altenhilfeeinrichtungen" hat zusammen mit dem verantwortlichen Trägervertreter ein Vorwort zum QM-Handbuch geschrieben. Darin beschreiben beide, warum ihnen persönlich das Qualitätsmanagement wichtig ist und was sie selbst für die nachhaltig erfolgreiche Umsetzung tun wollen. Sie bitten die Mitarbeiter darin um aktive Unterstützung und konstruktive Kritik. Der QM-Prozess auf Basis der ISO 9001 in den „Optimus Altenhilfeeinrichtungen" wurde vor fünf Jahren gestartet. Damals haben fünf eintägige Auftaktveranstaltungen stattgefunden, an der knapp 200 der 400 Mitarbeiter teilgenommen haben.

Seitdem führt die Einrichtungsleitung zusammen mit der QM-Beauftragten drei bis viermal jährlich einen ganztätigen Impulstag zum QM durch: einmal insbesondere für die neuen Mitarbeiter und zwei- bis dreimal zu verschiedenen Aspekten des QM, z.B. zum Fehlermanagement. Für die vier Altenhilfeeinrichtungen wurde eine QM-Beauftragte mit 25 Stunden von ihren Arbeiten in der Pflege freigestellt. Rückblickend betrachtet war dies in den ersten zwei Jahren zu knapp bemessen. Inzwischen, da das QM-System „steht" und die Erstzertifizierung erfolgt ist, wird es als ausreichend bewertet (s. Ergebnis der letzten Managementbewertung). Qualitätsmanagement ist zu einem festen Tagesordnungspunkt in jeder Dienstbesprechung geworden. Der verantwortliche Trägervertreter führt die Managementbewertung zusammen mit der Einrichtungsleitung, den vier Pflegedienstleitungen und der QMB durch.

Die anzuwendenden gesetzlichen und behördlichen Anforderungen wurden in einer Übersicht zusammengetragen, die Vollständigkeit und Aktualität dieser Übersicht wird im Vorfeld der Managementbewertung durch die verantwortlichen Leitungskräfte überprüft.

Auch zum Thema Kundenorientierung hat es immer wieder Fortbildungsangebote gegeben (im Jahr zuvor: Angehörigengespräche; dieses Jahr: Selbstbestimmung in Altenhilfeeinrichtungen). Etwa alle drei Jahre wird eine Bewohner- und Angehörigenbefragung durchgeführt. Angehörige erhalten einen Fragebogen zugesendet und mit ca. 20 Prozent der Bewohner werden Interviews geführt. Ein Ergebnis der letzten Durchführung im vergangenen Jahr war der Wunsch, dass wieder vor Ort in den Einrichtungen gekocht wird. Hierzu wurde eine Arbeitsgruppe mit dem Trägervertreter, der Einrichtungsleitung, der übergreifenden Hauswirtschaftsleitung und den Pflegedienstleitungen eingesetzt. Die Erfüllung des Wunsches nach dezentraler Speisenversorgung gestaltet sich angesichts der wirtschaftlichen und personellen Rahmenbedingungen aktuell schwierig. Ein abschließendes Ergebnis liegt aber noch nicht vor. Im kommenden Jahr ist für die Leitungskräfte aller „Optimus"-Einrichtungen ein Führungskräftetraining geplant.

1.5.2 Qualitätspolitik

Anforderungen der ISO 9001

❑ Erstellung einer schriftlichen Qualitätspolitik
  - die angemessen ist in Bezug auf den Kontext der Organisation,
  - die die strategische Weiterentwicklung der Organisation unterstützt,
  - aus der überprüfbare Qualitätsziele abgeleitet werden,
  - in der sich die Organisation zur Erfüllung der relevanten Anforderungen verpflichtet (s. Kap. 1.4.2, 1.8.2),
  - in der sich die Organisation zur kontinuierlichen Verbesserung verpflichtet,
  - die von den Mitarbeitern verstanden wird,
  - die von interessierten Parteien eingesehen werden kann.

Sinn & Nutzen der Anforderungen

In Organisationen des Gesundheits- und Sozialwesens hat sich seit vielen Jahren die Arbeit mit Leitbildern etabliert. Das Leitbild steht für das Zielbild aller Mitarbeiter und Leitungskräfte, an dessen voller Entfaltung alle aktiv, konzentriert und kreativ mitwirken wollen:

- Wo wollen wir hin?
- Was ist uns wichtig?
- Was verbindet uns?
- Was gibt uns Motivation für die Leistungserbringung und für die Weiterentwicklung unserer Arbeit?

Im günstigsten Fall brennen die Mitarbeiter für eine gemeinsame Idee, für die es sich zu arbeiten lohnt. Dabei darf dieses organisationsspezifische Zielbild durchaus überzeichnet sein und einen Idealzustand skizzieren, der realistisch betrachtet schwer erreichbar scheint. Aber alle Beteiligten sind sich einig, dass es sich lohnt, sich auf den Weg zu machen. Soweit die Theorie. Leider gewinnt man in der Praxis immer wieder den Eindruck, dass das dem Leitbild innewohnende Potenzial zur Orientierung nicht oder nur kaum genutzt wird. Austauschbare Inhalte, abgehobene Zukunftsperspektiven und geringer Realitätsbezug sind das Ergebnis.

Das Leitbild formuliert Ziele auf der höchsten Ebene und enthält maßgebliche Vorgaben für die Organisation und somit auch für das Qualitätsmanagement. Diese Zielvorgaben sind durch die nachfolgenden Ebenen immer weiter zu konkretisieren. Es gibt z.B. die eher visionäre Zielebene des Leitbildes (Wo wollen wir hin?), die eher strategische Ebene der Qualitätspolitik (Wie wollen wir den Weg dahin gestalten?), die messbare Ebene der Qualitätsziele (Was wollen wir in diesem Jahr erreichen?), die konzeptionelle Zielebene (Was genau bieten wir an und warum?), die organisatorische/prozessbezogene Ebene (Wer macht wann was und wie?), die Ebene von Arbeitsanweisungen und Standards (Wie genau ist vorzugehen? Was ist dabei zu beachten?) und die personelle Ebene der Mitarbeiter- und Teamziele (Was ist unser/Was ist mein persönlicher Beitrag zur kontinuierlichen Verbesserung?).

Während das Leitbild/Zielbild eine eher langfristige Perspektive hat, fordert die Politik mittelfristige strategische Überlegungen zur Annäherung an das Leitbild. Das Wort Politik ist gleichzusetzen mit Strategie, d.h., es geht vor allem um den Weg zur Zielerreichung:

- Wie wollen wir den Weg in die Zukunft gestalten?
- Wie wollen wir dem Wunschbild/Leitbild ein Stück näher kommen?
- Welches „Tempo“ erscheint uns dabei angemessen/realistisch?

- Welchen Einsatz erfordert dieser Weg von uns?
  Müssen wir ggf. Prioritäten setzen und andere Ziele zurückstellen?
- Welche Ressourcen benötigen wir für den Weg?
- Welche Unterstützung benötigen wir/Welche Unterstützung „leisten" wir uns?

Die hier geforderten strategischen Ziele können zunächst zeit- und situationsunabhängig formuliert werden. „SMARTe" Zieldefinitionen (spezifisch, messbar, akzeptiert, realisierbar, terminiert), sind vor allem bei den (Jahres-)Qualitätszielen von Bedeutung (s. Kap. 1.6.2).

Die skizzierten Ebenen sind im Arbeitsalltag nicht immer trennscharf. Leitbild und Qualitätspolitik können auch zusammenfassend dargestellt werden. Entscheidend ist aber, dass die oberste Leitung die Qualitätspolitik als ein wichtiges strategisches Instrument zur Zielplanung auffasst und nutzt.

Zu beachten ist, dass die Qualitätspolitik über Aushänge alleine in der Regel nicht vermittelt werden kann. Ob die Mitarbeiter die Q-Politik verstanden haben, muss die Führung durch Feedback-Schleifen (Mitarbeitergespräche, Audits, Befragungen ...) sicherstellen.

Leitfragen zur nachhaltig erfolgreichen Erfüllung der Anforderungen:

- ⇨ Wie interpretiert die oberste Leitung den Begriff Angemessenheit für das QM-System der Organisation?
  Was ist aus ihrer Sicht an QM-Aktivitäten angemessen und was nicht?
- ⇨ Welche Inhalte sind in der Qualitätspolitik verankert?
- ⇨ Welche Qualitätsziele hat die Organisation formuliert?
  Wie konkret sind diese? Wie werden Termine zur Zielerreichung gesetzt?
  Wie werden die Maßnahmen zur Zielerreichung geplant und überprüft?
- ⇨ Wie vermittelt die oberste Leitung den Mitarbeitern die Qualitätspolitik, sodass diese sie wirklich verstehen und an der Umsetzung mitwirken können?
- ⇨ Was ist diesbezüglich bei den Mitarbeitern angekommen?
  Warum ist aus Sicht der Mitarbeiter Qualitätsmanagement wichtig?
  Welche Grundsätze gelten für das QM-System der Organisation?
- ⇨ Wie wird die Qualitätspolitik gegenüber interessierten Parteien kommuniziert?

Kommunikation (s. Kap. 3.4)

- ⇨ Wie werden QM-Fragen in der Organisation kommuniziert?
  Wie erfolgt ein Austausch über unterschiedliche Sichtweisen?

Partizipation (s. Kap. 3.8)

- ⇨ Wie werden Mitarbeiter in strategische Überlegungen zum QM einbezogen?

Umsetzungsbeispiel

Die erste Qualitätspolitik ist vor drei Jahren für die „Optimus Altenhilfeinrichtungen" zusammen durch den Trägervertreter, die übergreifende Einrichtungsleitung und die vier Pflegedienstleitungen verfasst worden. Der schriftlich ausgearbeiteten Qualitätspolitik wurde ein Bild von einer Wanderung vorangestellt (s. Kap. 2.3.3). In dieses Bild waren die Etappenziele (Jahresziele) eingetragen. Es hat einige Etappenziele gegeben, die von dem Träger vorgegeben waren (z.B. Spezialisierung im Bereich der Demenzerkrankungen) und andere, die gemeinsam mit den Mitarbeitern aufgestellt wurden (z.B. Vereinfachung des Systems der Pflegeplanung). Das Bild enthielt ebenfalls strategische Aussagen (z.B. ein Rucksack für die Ressourcen wie Freistellung einer QM-Beauftragten oder das Schulungsbudget). Dieses Bild wurde den Mitarbeitern auf einer Mitarbeiterversammlung in jeder Organisation vorgestellt und sie wurden ausdrücklich mit Hilfe von verschiedenen Moderationsmethoden um kritische Kommentare und Ideen zur Weiterentwicklung gebeten. Die lebhafte Diskussion in diesen beiden Besprechungen zeigte das große Interesse der Mitarbeiter an dem Thema. Die Qualitätspolitik wurde ausformuliert und zusammen mit dem Foto des Plakates im QM-Handbuch abgelegt.

1.5.3 Rollen, Verantwortlichkeiten und Befugnisse

Anforderungen der ISO 9001

- ❑ Klärung von Zuständigkeiten und Verantwortungsbereichen insbesondere für
  - das QM-System auf Basis der ISO 9001,
  - die Erreichung der Prozessziele,
  - die Information der obersten Leitung über den Status des QM-Systems, über Änderungsbedarf und Verbesserungsmöglichkeiten,
  - gelebte Kundenorientierung,
  - die Funktionsfähigkeit des QM-Systems im Fall von Änderungen.
- ❑ Bekanntmachung von Zuständigkeiten und Verantwortungsbereichen

Sinn & Nutzen der Anforderungen

Eindeutige Zuständigkeiten und klare Verantwortungsbereiche gehören zu den Grundanforderungen des Qualitätsmanagements. Dabei ist es wichtig, dass diese im Sinne der Leitgedanken „Prozess- und Kundenorientierung" getroffen und umgesetzt werden. In Organisationen des Gesundheits- und Sozialwesens haben sich zur Klärung von Zuständigkeiten und Verantwortungsbereichen Organigramme und Aufgaben- bzw. Stellenbeschreibungen bewährt.

In diesem Kapitel verlangt die Norm darüber hinaus, dass insbesondere die Aufgaben des Qualitätsmanagements eindeutig geregelt sind. Eine explizite Forderung nach einem Beauftragten der obersten Leitung gibt es nicht mehr. Da die QM-Aufgaben aber nicht weniger werden, ist die Beauftragung von einem oder mehreren Mitarbeitern, zumindest wenn es sich nicht um sehr kleine Organisationen handelt, weiterhin unabdingbar. Durch die Positionierung eines eigenen QM-Beauftragten erhält das Thema Qualitätsmanagement eine hervorgehobene Bedeutung und wird in der Organisation für alle sichtbar. Durch die Qualifizierung eines QM-Beauftragten wird eine spezifische methodische Kompetenz in der Organisation verankert. QM-Beauftragte haben in der Regel eine größere Nähe zu den Mitarbeitern als Geschäftsführungen und mehr bzw. andere Möglichkeiten der Kommunikation und somit der Schaffung von Akzeptanz für das Qualitätsmanagement. Die Funktion von QM-Beauftragten ermöglicht die Bündelung von einzelnen QM-Initiativen in verschiedenen Arbeitsfeldern. Die Schaffung einer eigenständigen Funktion soll dazu führen, dass das QM kontinuierlich und langfristig in den Organisationsalltag implementiert und weiterentwickelt wird. Wichtig dabei ist, dass ein QM-Beauftragter die Verantwortung für einzelne Aufgaben übernehmen kann, die Gesamtverantwortung für das QMS aber immer bei der obersten Leitung bleibt.

Leitfragen zur nachhaltig erfolgreichen Erfüllung der Anforderungen:

- ⇨ Wie sind Zuständigkeiten, Verantwortungsbereiche in der Organisation geregelt?
- ⇨ Wer ist verantwortlich dafür, dass das QM-System die Anforderungen der ISO 9001 erfüllt?
- ⇨ Wer verfügt über die entsprechenden Normenkenntnisse?
- ⇨ Wer ist verantwortlich dafür, dass die Prozesse so durchgeführt werden, dass die geplanten Ergebnisse erreicht werden?
- ⇨ Wer informiert die oberste Leitung über den Status des QM-Systems, über Verbesserungsmöglichkeiten und Änderungserfordernisse?
- ⇨ Wer ist verantwortlich dafür, dass Kundenorientierung in der Organisation eine wichtige Bedeutung hat/zunehmende Bedeutung erhält?
- ⇨ Wer pflegt das QM-System? Wer sorgt für dafür das die Dokumente gekennzeichnet werden? Wer wertet das Beschwerdemanagement aus? ...
- ⇨ Wer stellt sicher, dass das QM-System auch dann funktioniert, wenn Änderungen daran geplant und umgesetzt werden?
- ⇨ Wie werden die Zuständigkeiten und Verantwortungsbereiche in der Organisation kommuniziert?

Kommunikation (s. Kap. 3.4)

- ⇨ Wie werden QM-Verantwortliche für ihre Aufgaben qualifiziert und QM-Fragen in der Organisation kommuniziert?

Umsetzungsbeispiel

Die vier Altenhilfeeinrichtungen von „Optimus" haben bereits vor Jahren gemeinsame Stellenbeschreibungen entwickelt. Diese werden im Rahmen der internen Audits überprüft und bei Bedarf angepasst. Es gibt ein Trägerorganigramm und jeweils eines mit Fotos der Mitarbeiter und Leitungskräfte, das in jeder Altenhilfeeinrichtung im Eingangsbereich aushängt. Für jede Altenhilfeeinrichtung gibt es einen Stellenplan, der vom Träger geführt wird. Alle vier Altenhilfeeinrichtungen haben eine gemeinsame QM-Beauftragte, die insgesamt 25 Stunden pro Woche für diese Aufgaben freigestellt ist. Sie wird in ihrer Arbeit sehr stark von den Pflegedienstleitungen der Einrichtungen unterstützt. Die QM-Beauftragte verfügt über eine Aufgabenbeschreibung, die im Sinne von Transparenz auch im QM-Handbuch für alle Mitarbeiter einsehbar abgelegt ist. Die QM-Beauftragte hat vor vier Jahren die Ausbildung zum QM-Beauftragten und internen Auditor mit Prüfung erfolgreich abgeschlossen. Sie ist in den fachlichen Austausch mit den anderen QM-Beauftragten des Trägers eingebunden.

Die „Optimus Altenhilfeeinrichtungen" haben von Anfang an für alle Prozessbeschreibungen Prozessverantwortliche eingesetzt, sodass inzwischen ca. jeder dritte Mitarbeiter einen Prozess/ein Thema hat, für den/das er im Besonderen verantwortlich ist. Prozessverantwortlich zu sein bedeutet bei den „Optimus Altenhilfeeinrichtungen":

- *Kollegen über den Prozess und seine Bedeutung informieren,*
- *aufmerksam sein hinsichtlich Kritik und Veränderungsbedarf am Prozess,*
- *darauf achten, dass die Prozessbeschreibung und die dazugehörenden Dokumente aktuell sind,*
- *Kollegen über Änderungen in der Prozessbeschreibung zu informieren.*

Die Leitungskräfte sind dafür verantwortlich, dass die vorgesehenen Ergebnisse durch die Prozesse erreicht werden. Der Trägervertreter hat sich selbst intensiv mit den Anforderungen der Norm auseinandergesetzt und nutzt QM zunehmend zur Steuerung seines Geschäftsfeldes. Dies zeigt sich z.B. daran, er immer genau über die Maßnahmenpläne der vier Altenhilfeeinrichtungen informiert ist.

1.6 Planung des Qualitätsmanagementsystems

„Wir können den Wind nicht ändern, aber die Segel anders setzen.“
Aristoteles (384–322 v. Chr.), Mathematiker und Philosoph

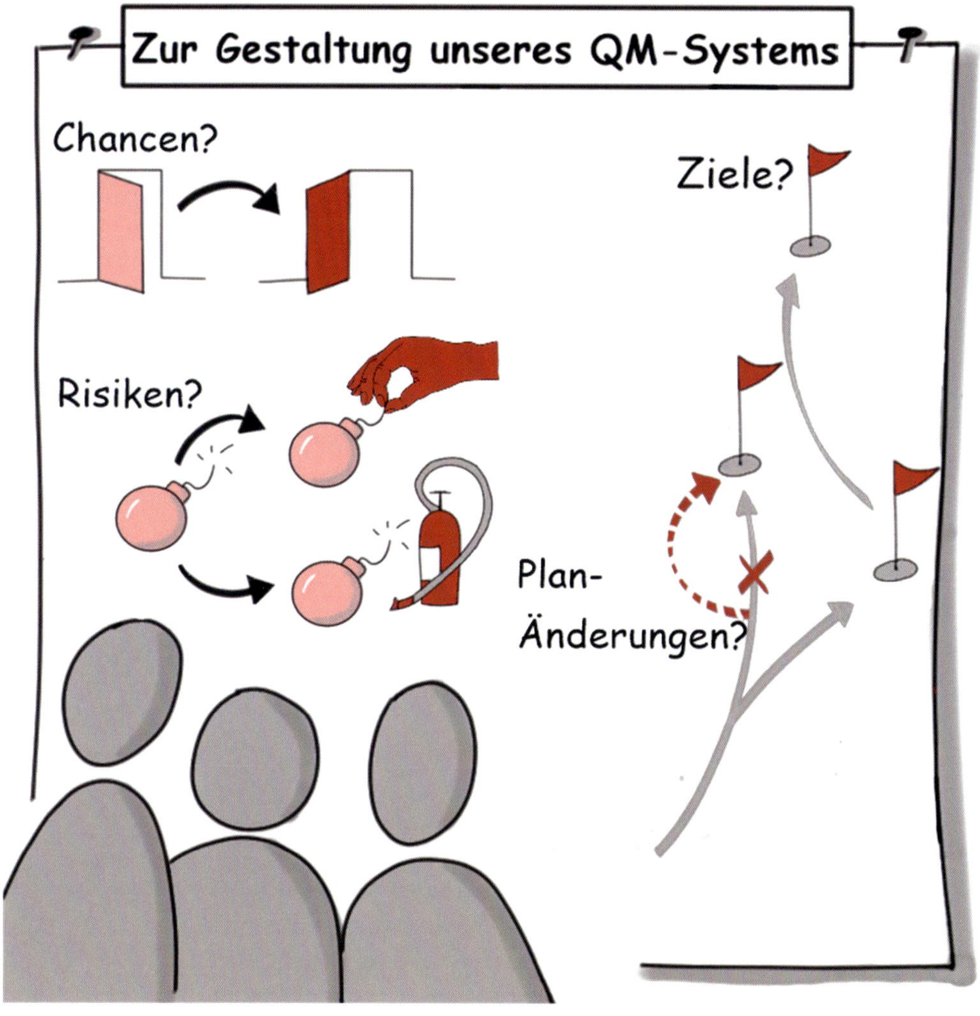

1.6.1 Maßnahmen zum Umgang mit Chancen und Risiken

Anforderungen der ISO 9001

- ❑ Planung und Gestaltung des QM-Systems unter Beachtung
  - der internen und externen Eckpunkte der Leistungserbringung (s. Kap. 1.4.1),
  - der relevanten Anforderungen der interessierten Parteien (s. Kap. 1.4.2),
  - der mit der Leistungserbringung verbundenen Chancen und Risiken.
- ❑ Planung von Maßnahmen, um Chancen zu nutzen und Risiken zu minimieren
  - Beachtung insbesondere von Risiken mit hohem Einfluss auf die Leistungsqualität,
  - Integration der Maßnahmen in das QM-System,
  - Bewertung der Wirksamkeit der durchgeführten Maßnahmen.
- ❑ Vermeidung/Minimierung von unerwünschten Ergebnissen
- ❑ Nutzung von Chancen und Sicherstellung einer kontinuierlichen Verbesserung

Sinn & Nutzen der Anforderungen

Die Erbringung von qualitativ hochwertigen und wiederholbaren Dienstleistungen ist das zentrale Ziel aller Qualitätsmanagementaktivitäten. Damit gehört der Schutz vor Fehlern und Risiken zu den Kernaufgaben. Gefordert wird von der ISO 9001 kein formelles Risikomanagement wie es z.B. in der Norm ISO 31000 beschrieben ist. Ganz analog zum PDCA-Zyklus sind zunächst Risiken und Gefahren zu identifizieren, entsprechende Gegenmaßnahmen zu planen und umzusetzen und diese in Bezug auf die Wirksamkeit zu bewerten, sodass auch hier ein Prozess der fortlaufenden Verbesserung sichtbar wird. Wichtig ist auch, dass nicht jegliches Risiko aufgegriffen werden muss, sondern insbesondere die Risiken angemessene Aufmerksamkeit erfahren müssen, die einen großen Einfluss auf die Kernprozesse der Organisation haben.

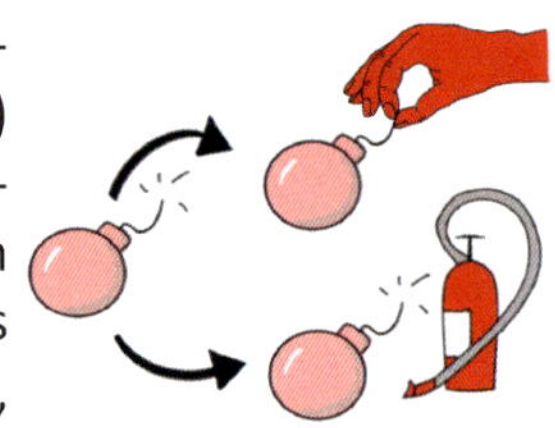

Die ISO 9001 fordert die Organisationen auf Risiken auf der strategischen (Kontext der Organisation und interessierten Parteien) und auf der Prozessebene (Führungs-, Kern- und Unterstützungsprozesse) zu identifizieren. Als erstes sollte jede Organisation allerdings für sich bestimmen, was sie in dieser Hinsicht bereits erfolgreich umsetzt (vom betriebswirtschaftlichen Controlling, über Hygienebegehungen bis zur klientenbezogenen Risikoeinschätzung in Fallbesprechungen). Erst danach können Betrachtungslücken gezielt durch passende Methoden geschlossen werden.

Risikomanagement ist nicht Krisenmanagement. Risikomanagement bedeutet, aktiv zu werden, wenn noch kein Problem vorhanden ist, es aber entstehen könnte.

Risikopotenziale existieren bereits vor Beginn einer Aufgabe/eines Prozesses. Da sie sich verändern können (z.B. veränderte Anforderungen, Rahmenbedingungen oder personelle Ressourcen), müssen sie periodisch immer wieder betrachtet werden.

Folgende Methoden haben sich für die Risikoidentifikation bewährt:

- Dokumentenanalyse (Vollständigkeit? Eindeutigkeit? ...),
- Brainstorming mit Mitarbeitern aller beteiligten Bereiche und Ebenen,
- Reflexion von Risikokategorien (Führungs- und Organisationsrisiken, technische Risiken, finanzielle Risiken ...),
- Experteninterviews,
- SWOT-Analysen (Strengths, Weaknesses, Opportunities, Threats) (s. Kap. 2.3.3),
- ABC-Analysen (hohes Risiko – mittleres Risiko – geringes Risiko),
- Portfolio-Auswertungen (Wahrscheinlichkeit eines Schadens – Bedeutung für den Kunden),
- Schildkröten-Methode (Turtle-Modell s. Kap. 2.3.3),
- Fehler-Möglichkeits- und Einflussanalyse (FMEA s. Kap. 2.3.3),
- risikoorientierte Prozessaudits,
- Auswertungen zum Fehler- und Beschwerdemanagement sowie Auswertung von Befragungsergebnissen.

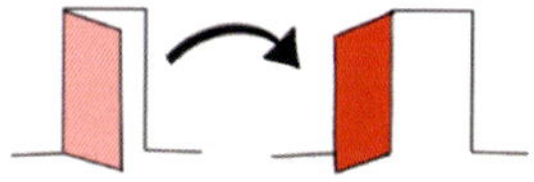

Der Begriff Risiko wird meistens als die Gefahr negativer Auswirkungen definiert. Aber auch positive Auswirkungen sind möglich. Diese positiven Auswirkungen, meistens als Chance bezeichnet, greift die ISO gezielt mit auf, um die Prozesse der Weiterentwicklung durch die Betrachtung beider Seiten zu unterstützen.

Welche Chancen und Risiken identifiziert werden, hängt wesentlich von dem Arbeitsfeld, der Größe der Organisation und deren Kontext ab. Jede Risikobetrachtung muss als offene Liste betrachtet werden, die bei Veränderungen zu aktualisieren ist.

Leitfragen zur nachhaltig erfolgreichen Erfüllung der Anforderungen:

⇨ Welche Methoden gibt es in der Organisation bereits zur Identifikation von Risiken?

⇨ Welche Chancen wurden für die Kernprozesse der Organisation ermittelt? Wie wurden diese bewertet und welche davon wurden aufgegriffen bzw. genutzt?

⇨ Welche Risiken wurden für die Kernprozesse ermittelt? Welche Pannen/Probleme könnten auftreten? Wie wurden diese Risiken analysiert und bewertet? Welche Risiken haben einen großen Einfluss auf das Ergebnis der Arbeit?

Welche Maßnahmen wurden zur Minimierung von Risiken eingeleitet? Mit welchem Ergebnis?

⇨ Wie werden Risiken und Gegenmaßnahmen kommuniziert, sodass alle Beteiligten ausreichend informiert sind?

Konflikte (s. Kap. 3.7)

⇨ Was sind häufige Konfliktthemen in der Organisation
  - zwischen Mitarbeitern und Kunden
  - zwischen Mitarbeitern und zwischen Mitarbeitern und Leitungskräften?

⇨ Wie und wann werden Konflikte erkannt?

⇨ Wie wird mit diesen Konflikten umgegangen?

⇨ Wie könnte der Umgang mit diesen Konfliktthemen verbessert werden?

Umsetzungsbeispiel

In dem „Optimus Beratungszentrum" wurden für alle Kernprozesse (Schulden, Sucht, Migration und Erziehung) und die zentralen Führungsprozesse (Personalakquise, Personalentwicklung, Interne Kommunikation, Qualitätsmanagement und Arbeitsschutz) SWOT-Analysen, also Stärke-Schwächen-Analysen, durchgeführt (s. Kap. 2).

Die Ergebnisse wurden zunächst in einem Fotoprotokoll zusammengefasst und je nach Art/Thema, entweder

- *im Maßnahmenplan als Verbesserungsmaßnahme aufgegriffen (z.B. Fortbildungen zur Minimierung von Schwächen),*
- *in die Prozessbeschreibungen aufgenommen (z.B. ergänzende Informationen oder Arbeitsschritte zur Vermeidung von potentiellen Fehlern).*

Der Maßnahmenplan wird fortlaufend vom QMB überwacht und die Prozessbeschreibungen werden im Rahmen der regelmäßigen Audits überprüft.

Die prozessbezogenen Stärke-Schwächen-Analysen sollen ca. alle drei Jahre wiederholt werden. Dieser Zeitraum wurde als ausreichend erachtet, da die Rahmenbedingungen in diesen Arbeitsfeldern als relativ stabil angesehen werden.

Vor zwei Jahren fand eine mehrtägige Fortbildung zum Thema Umgang mit Konflikten in der Beratungsarbeit und im Team statt, an der ca. ein Drittel aller Mitarbeiter teilgenommen haben. Seitdem werden auch Konflikte und Konfliktpotenzial als Risiken aufgegriffen und viel offensiver thematisiert. Ziel im kommenden Jahr ist es, dieses Seminar für die anderen Mitarbeiter noch ein zweites Mal durchzuführen.

1.6.2 Qualitätsziele und Planung zu deren Erreichung

Anforderungen der ISO 9001

- ❑ Schriftliche Darstellung von Qualitätszielen, die
  - aus der Q-Politik abgeleitet werden,
  - messbar sind,
  - relevante Anforderungen berücksichtigen (s. Kap. 1.4.2, 1.8.2),
  - Bedeutung haben für die Leistungsqualität/Leistungsprozesse,
  - Einfluss haben auf die Kundenzufriedenheit,
  - mit den Mitarbeitern besprochen werden,
  - überwacht werden,
  - bei Bedarf angepasst werden.
- ❑ Erstellung eines Maßnahmenplanes, aus dem mindestens Folgendes hervorgeht:
  - Was ist zu tun?
  - Wer ist verantwortlich?
  - Welche Ressourcen sind erforderlich?
  - Bis wann sind die Maßnahmen zu erledigen?
  - Wie wird die Umsetzung bewertet?

Sinn & Nutzen der Anforderungen

Durch die Vorgabe, konkrete und messbare Ziele zu formulieren, fordert die Norm die Organisationen auf, Prioritäten zu setzen, Kräfte zu bündeln und konzentriert einzusetzen. Durch die Festlegung von eindeutigen Zielen wird es leichter, den Ressourcenbedarf abzuschätzen und die Ziele auf ihre Realisierbarkeit hin zu prüfen. Der Leitgedanke dahinter ist, dass aus vielen Wunschzielen („Es wäre so schön, wenn …“ „Wir sollten/müssten eigentlich mal …“) abgestimmte konkrete und akzeptierte Ziele werden, an deren Erreichung alle Beteiligten konzentriert mitarbeiten. So wird es auch leichter, Erfolge zu feiern – dies ist essentiell wichtig, um die Motivation im Gesamtprozess aufrechtzuhalten.

Qualitätsziele sind für diejenigen Arbeitsbereiche zu definieren, die Einfluss auf die Qualität der Leistungserbringung haben. Es müssen auch immer Qualitätsziele formuliert werden, die Einfluss auf die Kundenzufriedenheit haben, d.h., ausschließlich verwaltungstechnische und organisatorische Ziele würden diese Vorgabe nicht berücksichtigen. Bei den Zielen ist darauf zu achten, dass diese SMART formuliert werden, d.h.:

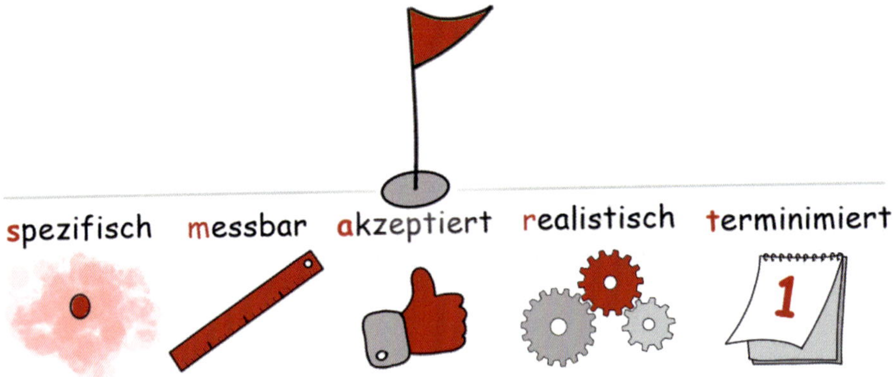

Die Qualitätsziele müssen im Einklang mit der Qualitätspolitik stehen. Um die übergeordneten Ziele verständlich zu machen, sollten die arbeitsfeldbezogenen Ziele unter Einbeziehung der Mitarbeiter formuliert werden.

Ein Maßnahmenplan dient dazu, den Überblick zu behalten.
Mit ihm kann man

- Verbesserungsmaßnahmen systematisch steuern,
- Ressourceneinsatz abwägen,
- Verbindlichkeit herstellen,
- Prioritäten setzen,
- Umsetzung überprüfen und bewerten.

Wichtig ist, dass klar ist, wer den Maßnahmenplan überwacht und pflegt.
Je nachdem, was in der Organisation besser zu führen ist, können einer oder mehrere Maßnahmenpläne aufgestellt werden werden.

Leitfragen zur nachhaltig erfolgreichen Erfüllung der Anforderungen:

⇨ Welche Ziele hat sich die Organisation für das laufende/kommende Jahr vorgenommen?
⇨ Welche Ziele gibt es für die Teams bzw. die einzelnen Arbeitsbereiche?
⇨ Gibt es Wechselwirkungen zwischen den verschiedenen Zielen? Wenn ja, welche und mit welcher Bedeutung?
⇨ Welchen Einfluss haben diese Ziele auf die Kundenzufriedenheit?
⇨ Wie konkret sind diese Ziele?
⇨ Wie werden Mitarbeiter über die Qualitätsziele informiert?
⇨ Wie wird der Weg zur Zielerreichung geplant bzw. überwacht?

Partizipation (s. Kap. 3.8)

⇨ Wie werden Mitarbeiter in die Zielfindung einbezogen?

⇨ Wie akzeptiert sind die Qualitätsziele bei den Mitarbeitern?

Umsetzungsbeispiel

Vor drei Jahren wurde in dem „Optimus Beratungszentrum" damit begonnen, Qualitätsziele für das jeweils kommende Kalenderjahr zu formulieren. Im ersten Jahr haben sich Leitungskräfte und Mitarbeiter damit noch recht schwer getan. Inzwischen empfinden alle die Anforderung als Hilfestellung, da sie bedeutet, sich auf einige Aspekte zu konzentrieren und damit auch sich zu beschränken. Vorher hatte man den Eindruck, „alles ist irgendwie möglich", dennoch wurde vieles aus nicht transparenten Gründen nicht realisiert. Inzwischen wird über die Auswahl von Qualitätszielen zwar intensiv diskutiert, aber die Wahrscheinlichkeit, dass diese Ziele erreicht werden, ist deutlich höher geworden. Aktuell hat das Beratungszentrum u.a. folgende Qualitätsziele definiert:

- *Einführung einer EDV-gestützten, arbeitsfeldübergreifenden Dokumentationssoftware,*
- *Erweiterung der Sprechzeiten auf zwei Abende in der Woche bis 21 Uhr.*

Im Herbst jeden Jahres werden in den Dienstbesprechungen der einzelnen Beratungsfelder Ideen bzw. Notwendigkeiten für Qualitätsziele gesammelt. In einem zweiten Schritt wird der Aufwand abgeschätzt, der für die Zielerreichung erforderlich ist. Danach wird über Prioritäten gesprochen, die aufgrund von internen oder externen Erfordernissen gesetzt werden sollten. Erst wenn all diese Informationen zusammengestellt wurden, werden mit Blick auf die zur Verfügung stehenden Ressourcen Entscheidungen getroffen – nach Möglichkeit dem Votum im Team entsprechend. Sollte es aus Leitungssicht Ziele geben, die nicht zur Diskussion stehen, wird dies gleich zu Beginn des Prozesses mitgeteilt und nachvollziehbar begründet. Ziele, die das gesamte Beratungszentrum betreffen, werden im Leitungsteam abgestimmt. Die vereinbarten Ziele werden im QM-Handbuch abgelegt. Die Teamleitungen der jeweiligen Beratungsfelder führen einen Maßnahmenplan für ihren Arbeitsbereich. Ein übergreifender Maßnahmenplan für die gesamte Beratungsstelle wird von der QMB geführt.

1.6.3 Planung von Änderungen

Anforderungen der ISO 9001

❑ Sorgfältige Planung und systematische Umsetzung von ggf. erforderlichen Änderungen am QM-System unter Beachtung
  - der eigentlichen Zielsetzung der Änderungen,
  - möglicher Konsequenzen der Änderungen,
  - der Funktionsfähigkeit des QM-Systems,
  - der Verfügbarkeit der erforderlichen Ressourcen,
  - des Anpassungsbedarfes bei Verantwortungsbereichen und Befugnissen.

Sinn & Nutzen der Anforderungen

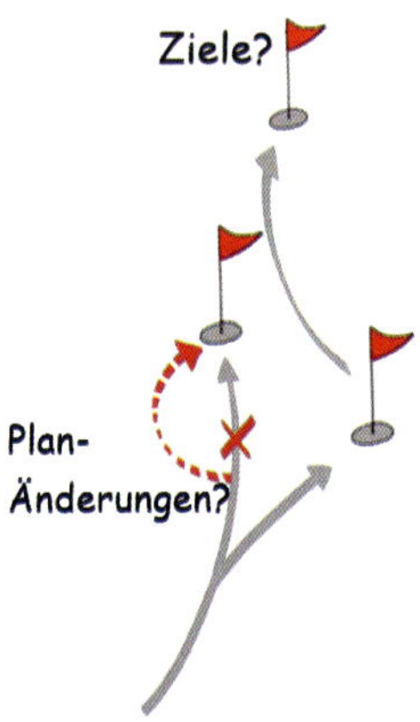

Ein Grundgedanke des Qualitätsmanagements ist, dass gute Leistungen mit einer guten Planung beginnen. Aber auch ein noch so gut geplantes QM-System wird von Zeit zu Zeit verändert oder angepasst werden müssen. Gemeint sind hier Änderungen wie z.B. ein neues System zur Leistungsdokumentation, eine Umstellung des Handbuches von Papier auf EDV oder auch die Zusammenlegung von zwei Arbeitsbereichen. Zielsetzung ist, dass das QM-System auch während einer Veränderungsphase funktioniert und eine zuverlässige Leistungserbringung nicht gefährdet ist. Um dies zu gewährleisten, ist es wichtig, Änderungen und Änderungsbedarf frühzeitig zu erkennen und hinsichtlich seiner Auswirkungen zu bewerten. Nur so können angemessene Maßnahmen geplant werden, die negative Auswirkungen zuverlässig verhindern.

Leitfragen zur nachhaltig erfolgreichen Erfüllung der Anforderungen:

- Welchen Änderungsbedarf gab es in der letzten Zeit am QM-System? Wie ist die Organisation damit umgegangen?
- Welcher Änderungsbedarf besteht aktuell am QM-System? Welche Änderungen sind geplant und wie sollen sie umgesetzt werden?
- Inwieweit werden Erkenntnisse und Methoden des Projektmanagements bei der Umsetzung von Änderungen berücksichtigt?

Partizipation (s. Kap. 3.8)

⇨ Wie werden Mitarbeiter in die Ermittlung von Änderungsbedarfen und deren Umsetzung einbezogen?

Umsetzungsbeispiel

In den vergangenen Jahren befand sich das QM-System des „Optimus Beratungszentrums" im Aufbau. Erst seit ca. einem Jahr kann man von einem stabilen QM-System sprechen. In dieser Zeit hat es keine wesentlichen Veränderungen gegeben. Für das kommende Jahr gibt es aber die Überlegung, Teile des QM-Systems zentral über den Träger und für alle Arbeitsfelder von „Optimus" gemeinsam zu steuern. Dies würde für das Beratungszentrum bedeuten, dass das Papierhandbuch auf eine Softwareversion umgestellt wird. Auch einige Führungsprozesse würden sich durch die zentrale Steuerung verändern. Aktuell hat der Träger eine Projektgruppe eingesetzt, die zunächst eine Aufstellung der Vor- und Nachteile bzw. der Chancen und Risiken vornimmt. Falls die Projektgruppe sich zusammen mit dem Träger für die Umstellung entscheidet, soll dies im Rahmen eines eigenständigen Projektes umgesetzt werden.

1.7 Unterstützung

***„Zuerst wähle eine klare, eine realisierbare Idee – ein Ziel.
Als zweites versehe dich mit den Mitteln, die zur Erreichung dieses Zieles notwendig sind – Wissen, Geld, Rohstoffe und Methoden.
Im dritten Schritt setze alle Deine Mittel im Hinblick auf das zu erreichende Ziel ein.“***

Aristoteles (384–322 v. Chr.), Mathematiker und Philosoph

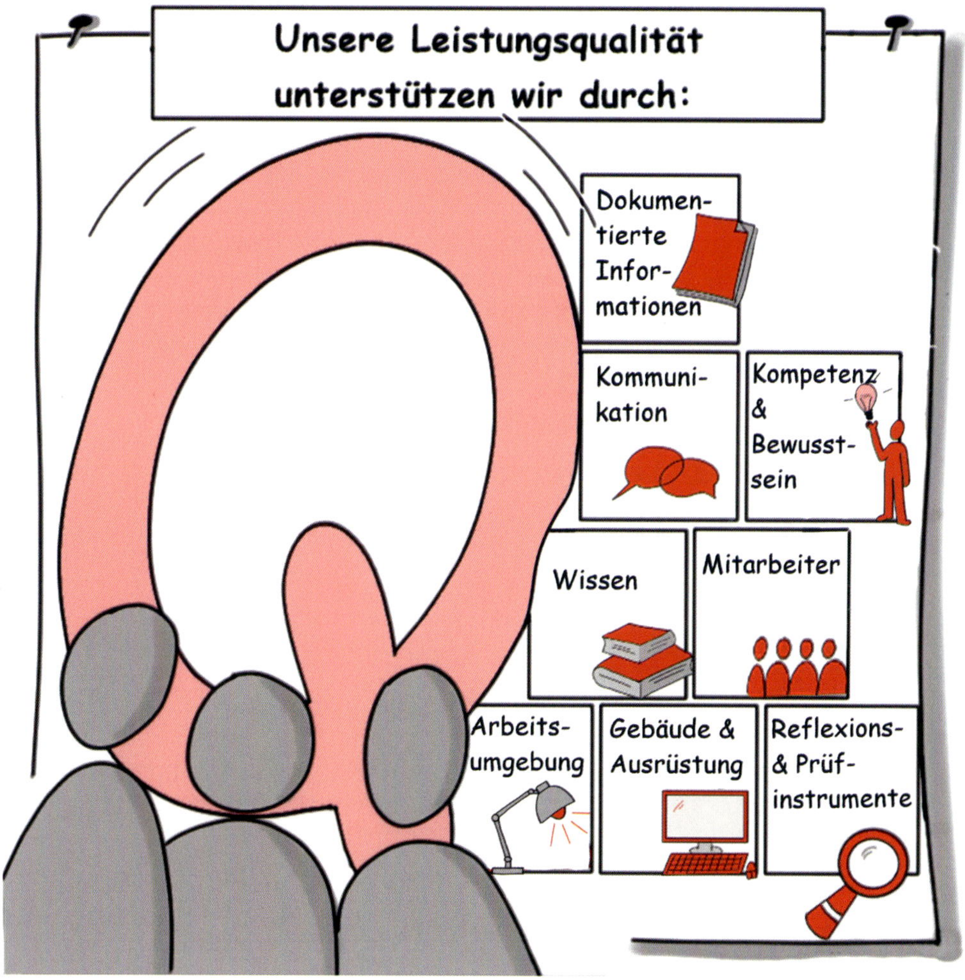

1.7.1 Bereitstellung von Ressourcen

Anforderungen der ISO 9001

- ❑ Ermittlung und Bereitstellung der erforderlichen Ressourcen für das QM-System unter Beachtung
  - des Potenzials interner Ressourcen (z.B. Kapazitäten, Qualifikationen),
  - der Einschränkungen/Grenzen interner Ressourcen,
  - der Anforderungen an den Zukauf von externen Ressourcen.

Sinn & Nutzen der Anforderungen

Die Organisation muss systematisch überlegen, welche Rahmenbedingungen für eine Leistungserbringung im Sinne des eigenen Leistungsversprechens erforderlich sind. Die ISO 9001 macht keine Vorgaben an das Qualitätsniveau selbst, sondern bezieht sich immer auf die Anforderungen der Kunden, des Gesetzgebers und der Behörden. Dabei geht es aber immer auch um das eigene Leistungsversprechen. Wenn eine Organisation mit einer bestimmten Spezialisierung bzw. einem Zusatzangebot wirbt, muss sie auch in der Lage sein, die entsprechenden Erwartungen der Kunden und ggf. des Kostenträgers/Gesetzgebers, die mit dieser Werbung einhergehen, zu erfüllen.

Die ISO 9001 unterscheidet fünf Gruppen von Ressourcen:

a. Personelle Ressourcen
b. Infrastruktur
c. Prozessumgebung/Arbeitsumgebung
d. Überwachungs- und Messmittel
e. Wissen

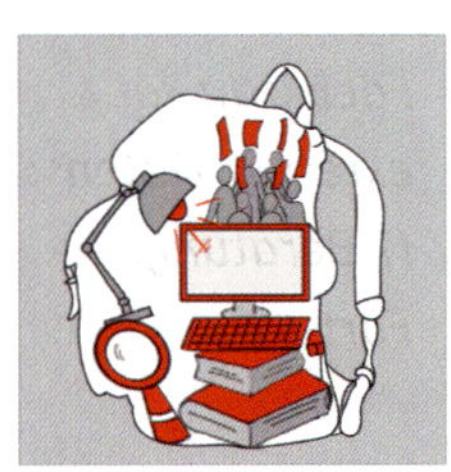

Diese Ressourcen können aus der Organisation selbst kommen oder von externen Anbietern zugekauft werden. Die Norm fordert dazu auf, kritisch zu hinterfragen, welcher Bereich gut mit eigenen Mitteln abgedeckt werden kann und wo die Grenzen der eigenen Mittel liegen. Wenn Ressourcen extern zugekauft werden müssen, sind die Anforderungen sorgfältig mit dem Anbieter abzustimmen (s. Kap. 1.8.4).

Leitfragen zur nachhaltig erfolgreichen Erfüllung der Anforderungen:

⇨ Welche Ressourcen benötigt die Organisation für die Leistungserbringung und die Qualitätsentwicklung?

⇨ Wie bzw. in welchem Umfang stehen diese zur Verfügung?

⇨ Wie schätzt die Organisation das Potenzial interner Ressourcen ein?
Wo sind Grenzen? Welche Aufgaben können nicht mit internen Ressourcen bewältigt werden?

⇨ Welche Ressourcen (Produkte und Dienstleistungen) müssen extern zugekauft werden?
Welche Kriterien sind dabei von Bedeutung?

Partizipation (s. Kap. 3.8)

⇨ Wie beurteilen die Mitarbeiter den Ressourcenbedarf und -einsatz?
Wo sehen Mitarbeiter Potenziale und Grenzen interner Ressourcen?
Wie wird die Meinung von Mitarbeitern aufgegriffen bzw. berücksichtigt?

Umsetzungsbeispiel

Der Bedarf an Ressourcen für die Kernprozesse des „Optimus Rehabilitationszentrums" ist in der Einrichtungs- und Rehakonzeption (Stichworte Ausstattung, Personal und Qualitätsmanagement) ausführlich beschrieben. Die Konzeption wird mindestens einmal in drei Jahren gründlich überprüft und bei Bedarf weiterentwickelt. Der Ressourceneinsatz für das QM-System wird im Rahmen der jährlichen Managementbewertung reflektiert. Dort wird auch entschieden, welche Ressourcen für neue Qualitätsziele eingesetzt werden müssen bzw. können.
Zugekauft werden z.Zt. folgende Ressourcen mit Einfluss auf das QM-System bzw. auf die Leistungsqualität:

- *Verpflegungsleistungen,*
- *Reinigungsleistungen,*
- *Pflege- und Hygieneartikel,*
- *Medikamente,*
- *Medizinprodukte,*
- *Fachkraft für Arbeitssicherheit,*
- *externer Datenschutzbeauftragter,*
- *IT-Beratung,*
- *Fort- und Weiterbildungsmaßnahmen bzw. externe Dozenten.*

a. Personen

Anforderungen der ISO 9001

- ❑ Angemessene Qualifikation der Mitarbeiter, d.h.
  - sie haben die erforderlichen Fähigkeiten und Kompetenzen, um die Leistung gemäß den Anforderungen von Kunden, Gesetzen und Behörden zu erbringen,
  - sie sind in der Lage, das QM-System wirksam umzusetzen.

Sinn & Nutzen der Anforderungen

Die Organisation muss gewährleisten, dass entsprechend dem Leistungsangebot und den damit verbundenen Anforderungen ausreichend qualifizierte Mitarbeiter zur Verfügung stehen. Die eingestellten Mitarbeiter müssen das QM-System der Organisation kennen und anwenden können.

Leitfragen zur nachhaltig erfolgreichen Erfüllung der Anforderungen:

⇨ Welche Qualifikationen sind gemäß den Anforderungen an die Leistungserbringung erforderlich?

⇨ Über welche Qualifikationen verfügen die Mitarbeiter?

⇨ Wie werden Mitarbeiter in das QM-System eingeführt?

Kommunikation (s. Kap. 3.4)

⇨ Wie beurteilen Mitarbeiter den Sinn und Nutzen des QM-Systems?

Partizipation (s. Kap. 3.8)

⇨ Wie beurteilen Mitarbeiter das eigene Qualifikationsniveau bzw. das des Teams?
Wo sehen sie Stärken und wo Schwächen?

Umsetzungsbeispiel

Das „Optimus-Rehabilitationszentrum" führt einen aktuellen Stellenplan und verfügt über eine Prozessbeschreibung zur Akquise und Einstellung neuer Mitarbeiter. Die vorliegenden Stellenbeschreibungen werden als Anforderungsprofil für die Bewerberauswahl genutzt. Es gibt ein geregeltes Verfahren zur Einarbeitung neuer Mitarbeiter, innerhalb dessen die Mitarbeiter auch mit dem QM-System vertraut gemacht werden. Die im Rahmen der Einarbeitung vermittelten Inhalte werden auf einer Checkliste dokumentiert und vom Einarbeitungsmitarbeiter sowie neuen Mitarbeiter abgezeichnet.

b. Infrastruktur

Anforderungen der ISO 9001

- ❑ Ermittlung und Bereitstellung der erforderlichen Infrastruktur, d.h.
  - Gebäude und Räumlichkeiten,
  - technische Ausstattung (einschließlich Hard- und Software),
  - Fahrzeuge (wenn notwendig),
  - Informations- und Kommunikationstechnik.

Sinn & Nutzen der Anforderungen

Der Begriff Infrastruktur umfasst hierbei Immobilien, Mobiliar, Fahrzeuge und Ausstattungsgegenstände, die zur Leistungserbringung benötigt werden, also auch Büroeinrichtungen, EDV-Ausstattungen und Arbeitsmaterial (wie z.B. Pflegehilfsmittel). Die Räumlichkeiten, die Ausstattung und die Arbeitsmittel müssen für die Leistungserbringung entsprechend den Anforderungen geeignet sein und in regelmäßigen Abständen auf Funktionalität und Sicherheit geprüft werden. Neben der Abwehr von Gefahren ist dabei auch die Instandhaltung von Bedeutung.

Leitfragen zur Erfüllung der Anforderungen:

- ⇨ Welche Infrastruktur ist zur Leistungserbringung erforderlich?
- ⇨ Wie wird diese ermittelt?
- ⇨ Wie wird die Sicherheit bzw. die ordnungsgemäße Handhabung gewährleistet?
- ⇨ Wie werden erforderliche Instandhaltungsmaßnahmen ermittelt und eingeleitet?

Umsetzungsbeispiel

Für das „Optimus Rehabilitationszentrum" liegen mehrere Raum- und Ausstattungspläne vor. Insbesondere die Ausstattung der Therapieräume und die Räume der medizinischen Versorgung sind detailliert beschrieben. Verantwortlich dafür sind die Pflegedienst- und die Therapieleitung. Veränderte Bedarfe können jederzeit mit diesen abgestimmt werden, bei Bedarf stimmt die Pflegedienst- und Therapieleitung sich im Leitungsteam mit den anderen beteiligten Arbeitsfeldern (z.B. Medizin) ab. Für die Ausstattung der Räumlichkeiten mit den entsprechenden Verbrauchsmaterialien liegen Checklisten vor, für die Kontrolle und Vervollständigung sind einzelne Mitarbeiter benannt. In den Teams (Medizin, Therapie und Pflege) gibt es jeweils eine Verantwortungsmatrix, die einzelne Aufgaben auflistet, die an Mitarbeiter vergeben sind.

Für die Sicherheit und die Instandhaltung des Gebäudes, der Räumlichkeiten und der Ausstattungsgegenstände ist ein Haustechniker eingestellt. Er führt viermal jährlich zusammen mit den verantwortlichen Leitungskräften Sicherheitsbegehungen mit Hilfe einer eigens für das „Optimus Rehabilitationszentrum" entwickelten Checkliste durch. Im Verantwortungsbereich des Haustechnikers liegt auch der Fuhrpark (zwei Fahrzeuge).
Kurzfristig erforderliche Reparaturen in der Organisation werden durch ein Reparaturbuch gesteuert, das in der Verwaltung ausliegt und in dem alle Mitarbeiter Einträge vornehmen können. Der Haustechniker führt einen Wartungs- und Prüfplan, in dem sowohl die intern durch ihn selbst durchgeführten Wartungen und Prüfungen verzeichnet sind als auch die, die an externe Firmen vergeben sind (z.B. Heizungsanlage). Der Plan macht Aussagen dazu, was überwacht werden muss, wer ganz konkret dafür verantwortlich ist, wie oft die Überwachung erfolgen muss und in welcher Form Nachweise über die Durchführung geführt werden.
Die medizinisch-technische Ausstattung des „Optimus Rehabilitationszentrums" entspricht dem heutigen Stand des medizinischen Fortschrittes, damit unter Berücksichtigung des Versorgungsauftrages möglichst alle wissenschaftlich anerkannten Behandlungsmethoden in Diagnostik und Therapie angewendet werden können. Für die ordnungsgemäße Handhabung und Instandhaltung der Medizinprodukte ist ein Mitarbeiter geschult und beauftragt. Ein Medizinproduktebuch wird entsprechend den Vorgaben geführt.

c. Umgebung zur Durchführung von Prozessen

Anforderungen der ISO 9001

- ❑ Sicherstellung einer geeigneten Arbeitsumgebung, d.h.
  - hygienische Anforderungen werden eingehalten,
  - physikalische, umweltbezogene und anderen Faktoren (z.B. Licht, Ergonomie) unterstützen eine qualitativ gute Leistungserbringung,
  - physikalische, umweltbezogene und anderen Faktoren schützen Kunden und Mitarbeiter vor Gefahren,
  - soziale und psychologische Einflussfaktoren werden berücksichtigt.

Sinn & Nutzen der Anforderungen

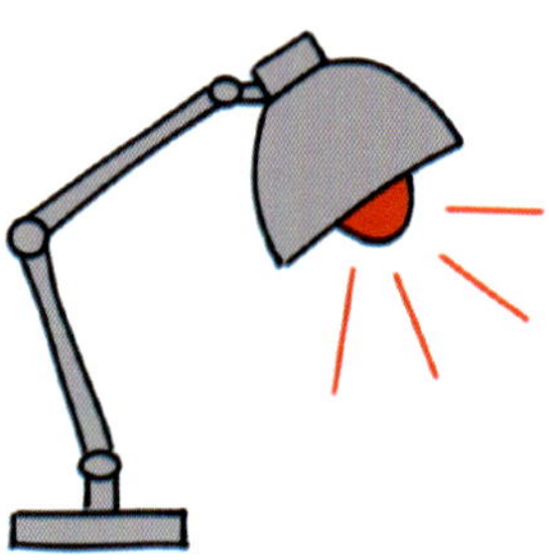

Der Begriff Prozessumgebung/Arbeitsumgebung umfasst physikalische (Temperatur, Beleuchtung, Hygiene, Lärm ...), soziale und psychologische Faktoren (Anerkennung, Wertschätzung, kreative Entfaltung, Leistungsdruck ...).
Die bestehende Arbeitsumgebung muss regelmäßig auf Einhaltung der gesetzlichen Vorgaben und im Hinblick auf Verbesserungsbedarfe für Kunden und Mitarbeiter überprüft werden.

Ähnlich wie bei den meisten Themen der Norm geht es hier darum, zunächst die Anforderungen zu ermitteln und zusätzlich die Gefährdungen für Kunden und Mitarbeiter zu bewerten. Auch bei diesem Thema ist die konsequente Verfolgung des PDCA-Zyklus von Bedeutung.

Leitfragen zur nachhaltig erfolgreichen Erfüllung der Anforderungen:

⇨ Welche Anforderungen stellen Kunden und Mitarbeiter an die Arbeitsumgebung?

⇨ Welche gesetzlichen Anforderungen sind relevant (Arbeitsschutzgesetz, Mutterschutzgesetz, Unfallverhütungsvorschriften ...)?

⇨ Welche fachlichen Anforderungen werden an die Arbeitsumgebung gestellt?

⇨ Welche Hygiene-Anforderungen sind zu erfüllen?

⇨ Welche Gefährdungen wurden auf Basis von Gefährdungsbeurteilungen unter Einbeziehung der Beteiligten und entsprechend geschulter Mitarbeiter (Fachkraft für Arbeitssicherheit/Sicherheitsbeauftragter) ermittelt?

⇨ Durch welche physikalischen und umweltbezogenen Faktoren wird der Prozess der Leistungserbringung beeinflusst?
Wie werden diese Faktoren, wenn möglich, im Sinne einer guten Leistungserbringung beeinflusst?

⇨ Welche sozialen und psychologischen Einflussfaktoren spielen bei der Leistungserbringung eine Rolle? Wie wird damit umgegangen?

⇨ Wie werden Kunden und Mitarbeiter vor Gefahren geschützt?

⇨ Welche Schutzziele werden angestrebt und welche Maßnahmen wurden eingeleitet?

⇨ Welche handlungsanleitenden Informationen benötigen die Mitarbeiter zur sicheren Bewältigung des Arbeitsalltages?

⇨ Wie muss die Arbeitsumgebung gestaltet sein, um die ermittelten Anforderungen zu erfüllen?

⇨ Wer ist für die Umsetzung verantwortlich und wie wird diese überwacht und reflektiert?

Emotionen (s. Kap. 3.6)

⇨ Wie werden Bedürfnisse von Mitarbeitern aufgenommen?

⇨ Wie wird mit Widerständen von Mitarbeitern gegenüber Veränderungsprozessen umgegangen?

Konflikte (s. Kap. 3.7)

⇨ Wie ist der Umgang mit Konflikten in der Organisation
- zwischen Mitarbeitern und Kunden
- zwischen Mitarbeitern und Leitungskräften und unter Mitarbeitern?

⇨ Wie werden Konfliktsignale wahrgenommen?

⇨ Welche Möglichkeiten gibt es, den Umgang mit Konflikten zu verbessern?

⇨ Welche Möglichkeiten der Deeskalation sind vorgesehen?

Partizipation (s. Kap. 3.8)

⇨ Welche Bedeutung hat das Thema Partizipation in der Organisation aus Sicht der Leitungskräfte und aus Sicht der Mitarbeiter?

Umsetzungsbeispiel

Ein wichtiges Thema im „Optimus Rehabilitationszentrum" ist die Hygiene, da diese in allen Arbeitsfeldern (Medizin, Therapie und Pflege) von Bedeutung ist. Alle Maßnahmen zur Hygiene werden durch die Hygienefachkraft koordiniert und überwacht. Neue Mitarbeiter werden im Rahmen der Einarbeitung in die erforderlichen Hygienemaßnahmen eingeführt und darüber hinaus finden regelmäßig entsprechende Schulungen statt. Zusammen mit den Mitarbeitern des Rehabilitationszentrums wurde ein Hygieneplan entwickelt. Für die Umsetzung des Hygieneplans sind alle Mitarbeiter verantwortlich. Die Einhaltung der Anweisungen wird intern durch die Hygienefachkraft und extern durch die zuständigen Behörden überwacht. Über die internen Begehungen werden Aufzeichnungen geführt. Darüber hinaus führen die Hygienebeauftragten bei Bedarf, z.B. im Fall einer akuten Erkrankung eines oder mehrerer Patienten, Infektionskontrollen durch, um die weitere Ausbreitung zu verhindern. Die Ergebnisse aus den Begehungen und den Infektionskontrollen werden von der internen Hygienekommission bewertet und dienen ihr als Grundlage für Verbesserungsmaßnahmen. Darüber hinaus ist das „Optimus Rehabilitationszentrum" Mitglied im regionalen MRSA-Netzwerk (Methicillin resistenter Staphylococcus aureus ≈ Krankhausbakterium) und setzt die dort empfohlenen Anforderungen um. Da ca. 95 Prozent der Patienten direkt aus anderen Krankenhäusern kommen und somit Risikopatienten für MRSA-Besiedlungen sind, wird bei allen Patienten immer ein MRSA-Screening durchgeführt. Bei positivem Befund werden die Patienten isoliert, um eine Ansteckung von Mitpatienten zu verhindern.

Eine weitere, wichtige Rolle spielt die Hygiene in allen Bereichen, in denen mit Lebensmitteln gearbeitet wird. Das „Optimus Rehabilitationszentrum" hat ein externes Unternehmen mit den Verpflegungsleistungen beauftragt, trägt aber durch regelmäßige Kontrollen Sorge dafür, dass im Umgang mit Lebensmitteln, von der Anlieferung bis hin zur Ausgabe an die Patienten, alle gesetzlichen Vorgaben, insbesondere die Anforderungen des HACCP (Hazard Analysis of Critical Control Points)-Konzeptes, eingehalten werden.

Die Reinigung des Rehabilitationszentrums ist ebenfalls an eine externe Firma vergeben und umfassend vertraglich vereinbart. Verantwortlicher Ansprechpartner für die externe Reinigungsfirma und das Cateringunternehmen ist die Verwaltungsleitung.

Der Arbeitsschutzausschuss koordiniert alle wichtigen Angelegenheiten des innerbetrieblichen Arbeits- und Gesundheitsschutzes und entwickelt Sicherheitsstandards und Schulungsprogramme zur Prävention von Arbeitsunfällen und Berufserkrankungen. Der Ausschuss tagt mindestens viermal im Jahr. Er wertet die Ergebnisse der regelmäßigen Gefährdungsbeurteilungen, die in Zusammenarbeit mit einer externen Fachkraft für Arbeitsschutz durchgeführt werden, aus und leitet Verbesserungsmaßnahmen ein. Das Brandschutzkonzept für das „Optimus Rehabilitationszentrum" regelt die Gefahrenabwehr sowie die Prävention von Bränden.

Die Zufriedenheit der Mitarbeiter, insbesondere ihre persönlichen Belastungen und Entwicklungsmöglichkeiten, werden in jährlichen Mitarbeiter-Jahresgesprächen thematisiert. Anlaufstelle für Konflikte ist die Mitarbeitervertretung. Diese wurde im zurückliegenden Jahr im Umgang mit mediativen Techniken geschult.
Gemeinsam mit allen Leitungskräften wurden Führungsgrundsätze erarbeitet. Die Reflexion dieser Grundsätze erfolgt in der jährlichen Leitungsklausur.

d. Ressourcen zur Überwachung und Messung

Anforderungen der ISO 9001

- ❑ Ermittlung der erforderlichen Messungen und Überwachungen zur Sicherung der Leistungsqualität.
  Wenn Messergebnisse aufgrund von Anforderungen von Gesetzen, Behörden, Kunden und Interessenspartnern rückverfolgbar (nachvollziehbar) sein müssen, wird sichergestellt, dass
  - die Messmittel nachweislich kalibriert oder verifiziert werden,
  - der Kalibrierstatus erkennbar ist,
  - die Messmittel vor Verstellungen oder Beschädigungen geschützt sind.
- ❑ Bereitstellung der notwendigen Ressourcen
  - die gewährleisten, dass Überwachungs- und Messergebnisse gültig und verlässlich sind,
  - deren Eignung fortlaufend und nachweislich sichergestellt wird.

Sinn & Nutzen der Anforderungen

Im Originaltext der Norm heißt es nicht: Die Organisation muss Überwachungen und Messungen durchführen, sondern: „Wenn Überwachungen und Messungen eingesetzt werden, dann ...". Damit wird verhindert, dass unnötige Messungen nur der Norm wegen durchgeführt werden müssen. In den Begriffsdefinitionen der Norm wird Messung übersetzt mit „Prozess zum Bestimmen eines Wertes" und Überwachung mit „Bestimmung eines Zustandes eines Systems, eines Prozesses oder einer Tätigkeit". Es gibt sicherlich viele soziale Arbeitsfelder, in denen Messungen nicht zuletzt deshalb schwierig sind, weil es über die Erfassung der sozialdemographischen Daten hinaus kaum aussagekräftige Kennzahlen für die Wirkung sozialer Arbeit gibt. Von Überwachungstätigkeiten wird sich aber auch die klassische Sozialarbeit kaum freisprechen können, da diese – in welcher Form auch immer – zur Sicherung eines gleichbleibenden

Qualitätsniveaus zwingend erforderlich sind. In diesem Zusammenhang wird in der Regel von Leistungsevaluationen gesprochen. So werden z.B. im Rahmen eines Abschlussgespräches der Beratungsprozess und die Zielerreichung reflektiert.

Dieser Abschnitt der Norm hat für medizinische oder pflegerische tätige Organisationen eine deutlich höhere Bedeutung als für Einrichtungen mit beratend pädagogischen Schwerpunkten. Zu beachten ist aber, dass auch standardiserte Erhebungsbögen z.B. zur Einschätzung eines Sturzrisikos oder einer Suizidgefährdung als Messinstrumente aufgefasst werden. Sie müssen im Hinblick auf Gültigkeit, Verlässlichkeit, Eindeutigkeit, Vollständigkeit und Aktualität/Weiterentwicklung überwacht werden.

Leitfragen zur Erfüllung der Anforderungen:

⇨ Welche Messungen werden zur Überwachung der Leistungsqualität durchgeführt?
⇨ Welche Instrumente sind dafür erforderlich?
⇨ Welche weiteren Erhebungs- oder Messinstrumente kommen zum Einsatz?
⇨ Welche Anforderungen bestehen an diese Messungen/Überwachungen?
⇨ Wie wird ein ordnungsgemäßer Einsatz dieser Instrumente gewährleistet?

Umsetzungsbeispiel

Durch die Umsetzung des Medizinproduktegesetzes garantiert das „Optimus Rehabilitationszentrum" seinen Patienten höchstmögliche Sicherheit bei der Anwendung von Medizingeräten. So werden für medizinisch-technische Geräte und Anlagen regelmäßige sicherheitstechnische Kontrollen und Funktionsüberprüfungen u.a. gemäß den Vorschriften der Berufsgenossenschaften, den Unfall-Verhütungs-Vorschriften oder der Röntgen-Verordnung durchgeführt. Um die richtige Handhabung von Medizingeräten zu gewährleisten, werden darüber hinaus Anwender sorgfältig eingewiesen und geschult.

Das Rehabilitationszentrum achtet darauf, dass die Anforderungen des HACCP-Konzeptes durch das Cateringunternehmen erfüllt werden (z.B. Temperaturkontrollen bei der Speisenausgabe). Die Schnittstellen zwischen Cateringunternehmen und internen Mitarbeitern sind in einer Verantwortungsmatrix beschrieben. Diese regelt z.B. wer für die Temperaturkontrollen bei der Speiseausgabe zuständig ist.

Standardisierte Testverfahren oder Erhebungsinstrumente, die im „Optimus Rehabilitationszentrum" zum Einsatz kommen, werden als mitgeltende Dokumente externer Herkunft gelenkt. Dazu zählen z.B. Demenztest wie der Mini-Mental-Status-Test (MMST). Es sind Mitarbeiter beauftragt, die die Aktualität und den Einsatz der Verfahren überwachen.

e. Wissen der Organisation

Anforderungen der ISO 9001

- ❑ Ermittlung des erforderlichen Wissens für die Leistungserbringung
- ❑ Gewährleistung, dass Mitarbeitern dieses Wissen vermittelt wird bzw. dass sie Zugang dazu haben
- ❑ Vermeidung von Wissensverlusten durch ausscheidende Mitarbeiter
- ❑ Reflexion des Wissensstandes in Bezug auf zukünftige Erfordernisse
- ❑ Erwerb bzw. Vermittlung von notwendigem Zusatzwissen
- ❑ Nutzung von internen und externen Quellen zur Wissenserweiterung (z.B. internes Erfahrungswissen oder Fort- und Weiterbildungen)

Sinn & Nutzen der Anforderungen

Unter „Wissen“ wird die Gesamtheit der Kenntnisse und Fähigkeiten verstanden, die Personen zur Lösung von Problemen einsetzen. Wissen basiert auf Daten und Informationen, ist im Gegensatz zu diesen aber immer an Personen gebunden (vgl. http://wirtschaftslexikon.gabler.de/Archiv/75634/wissen-v4.html). Die ISO 9000 spricht von Informationen, die für die Leistungserbringung entsprechend der Qualitätsziele erforderlich sind und ausgetauscht werden müssen.

Die Norm fordert zunächst dazu auf, das erforderliche Wissen zu ermitteln, d.h. es ist zu erheben, welche Fakten, Theorien und Regeln für die Leistungserbringung und das QM-System erforderlich sind und wie deren Wahrheit bzw. Gültigkeit sichergestellt wird. Die zweite Anforderung bezieht sich darauf sicherzustellen, dass die Mitarbeiter der Organisation über dieses Wissen verfügen können und der Wissensstand regelmäßig reflektiert wird. Da, wie in der Definition oben beschrieben, Wissen im Gegensatz zu Daten und Informationen immer an Personen gebunden ist, ist die Frage zu klären, wie Wissensverluste durch Ausscheiden von Mitarbeitern verhindert werden. Wissen kann in Form von dokumentierten/schriftlichen Informationen (z.B. im QM-Handbuch) festgehalten werden. Wichtig ist zu beachten, dass es aber gerade auch um den Umgang mit nicht dokumentiertem Wissen geht (z.B. Erfahrungen). Die ISO fordert keine schriftliche Regelung zum Umgang mit dem organisationsbezogenen Wissen wohl aber einen systematischen Umgang damit.

Leitfragen zur nachhaltig erfolgreichen Erfüllung der Anforderungen:

- ⇨ Welches Wissen ist für eine qualitativ wertvolle Leistungserbringung erforderlich?
- ⇨ Wie wird gewährleistet, dass Mitarbeiter über diese Wissen verfügen können?
- ⇨ Wird das erforderliche Wissen gesichert?

- ⇨ Wie wird der Informationsfluss in der Einrichtung reflektiert?
- ⇨ Wie wird der aktuelle Wissensstand in der Organisation reflektiert? Welche Rückschlüsse und ggf. Konsequenzen werden daraus gezogen?
- ⇨ Wie wird ein Wissensverlust durch ausscheidende Mitarbeiter vermieden?
- ⇨ Welche Veränderungen sind für die Organisation in den kommenden Jahren von Bedeutung?
- ⇨ Welches neue Wissen ist dafür erforderlich?
- ⇨ Wie kann es erworben werden?

Kommunikation (s. Kap. 3.4)

- ⇨ Wie werden Mitarbeiter und Leitungskräfte für ihre Aufgaben qualifiziert?

Lernen (s. Kap. 3.5)

- ⇨ Wie werden Lernprozesse in der Organisation ermöglicht und unterstützt?

Umsetzungsbeispiel

Das QM-System des „Optimus Rehabilitationszentrums“ dient der Wissensermittlung und -sicherung. Zunächst wurden die zentralen Prozesse identifiziert und inhaltliche Qualitätskriterien definiert. In den daraus resultierenden Konzepten, Prozessbeschreibungen und Arbeitsanweisungen wurde das interne Know-how verankert, nicht zuletzt um zu gewährleisten, dass die Leistungsqualität personenunabhängig auf hohem Niveau erbracht wird. Die Mitarbeiter arbeiten nach einheitlichen und fachgerechten Standards, auf deren aktuellste Version sie jederzeit über das Intranet des Rehabilitationszentrums zugreifen können. Das QM-System und das darin hinterlegte Wissen werden regelmäßig auf den Prüfstand gestellt und weiterentwickelt. Im Rahmen der internen Audits werden in regelmäßigen Abständen Informationsflussanalysen durchgeführt:

Prozess	Benötigtes Wissen	Quelle	Form	Aktuelle Qualität	Wissenslücken	Verbesserungsbedarf

Mitarbeiter werden im Rahmen der Einarbeitung systematisch eingewiesen.

Ein weiterer wichtiger Baustein des Wissensmanagements im „Optimus Rehabilitationszentrum“ ist das Thema Personalentwicklung bzw. Fort- und Weiterbildung (s. Kap. 1.7.2). Das System der internen Kommunikation (Dienstbesprechungen) gewährleistet einen Austausch über das Erfahrungswissen der Mitarbeiter (s. Kap. 1.7.4).

1.7.2 Kompetenz

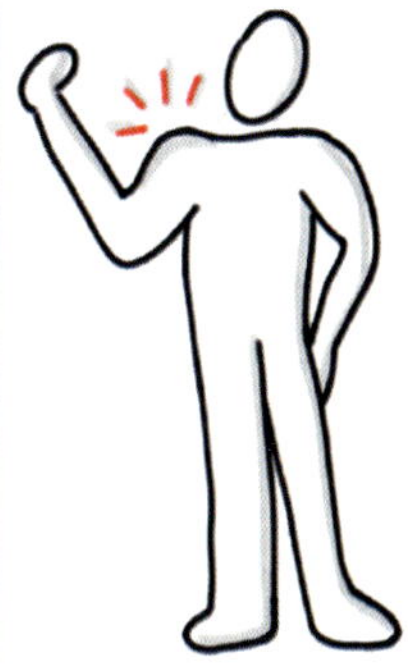

Anforderungen der ISO 9001

- ☐ Ermittlung und Sicherstellung der erforderlichen Kompetenzen der Mitarbeiter, d.h.:
  - die Mitarbeiter verfügen über eine angemessene Ausbildung, Schulung und Erfahrung,
  - erforderliche Nachqualifikationen werden umgesetzt und in Bezug auf ihre Wirksamkeit bewertet,
  - Nachweise über die Qualifikation der Mitarbeiter werden aufbewahrt.

Sinn & Nutzen der Anforderungen

Die ISO 9001 definiert den Begriff Kompetenz mit der Fähigkeit, Wissen und Fertigkeiten anzuwenden, um beabsichtigte Ergebnisse zu erzielen. Der zuvor erläuterte Abschnitt „Wissen" beschäftigte sich damit zu ermitteln, welches Wissen die Mitarbeiter für die Leistungserbringung und das QM-System benötigen. In diesem Abschnitt geht es darum sicherzustellen, dass die Mitarbeiter auch die Fähigkeit haben, das Wissen im Sinne der Organisation erfolgreich anzuwenden. Diese Anforderung betrifft daher die folgenden Führungsprozesse der Organisation:

- Akquise neuer Mitarbeiter: Durch ein systematisches Verfahren zur Anwerbung und Einstellung neuer Mitarbeiter werden Grundqualifikationen sichergestellt.
- Einarbeitung: Im Rahmen der Einarbeitung wird sichergestellt, dass das erforderliche organisationsinterne Wissen vermittelt wird und erfolgreich angewendet werden kann.
- Interne Kommunikation: Ein geregelter interner fachlicher Austausch unterstützt die Kompetenzen der Mitarbeiter.
- Fort- und Weiterbildung: Durch eine systematische Bedarfsermittlung können Qualifikationslücken erkannt werden. Eine gezielte Auswahl von angemessenen internen und/oder externen Maßnahmen hilft, diese Lücken zu schließen. Im Sinne des PDCA-Zyklus muss reflektiert und bewertet werden, ob dies gelungen ist, d.h.: Konnte das neu erworbene Wissen in den Arbeitsalltag übertragen werden und wie fällt die rückblickende Beurteilung dieser Fort- und Weiterbildungsmaßnahmen aus? Eine solche Beurteilung ist leichter, wenn mit den Mitarbeitern vor der Maßnahme ganz klare Ziele vereinbart wurden, die durch die Fort- und Weiterbildungsmaßnahmen erreicht werden sollen.

Leitfragen zur nachhaltig erfolgreichen Erfüllung der Anforderungen:

⇨ Welche Kompetenzen sind für die Leistungserbringung erforderlich?

⇨ Welche Kompetenzen sind zur Erreichung neuer Qualitätsziele erforderlich?

⇨ Inwieweit verfügen die Mitarbeiter bereits über diese Kompetenzen?

⇨ Welchen Fort- und Weiterbildungsbedarf gibt es in der Organisation?

⇨ Wie wird dieser bewertet und welche Konsequenzen erfolgen daraus? Unter welchen Voraussetzungen wird Fortbildungsbedarf durch interne Kräfte abgedeckt, wann wird auf externe Anbieter zurückgegriffen?

⇨ Wie wird die Wirksamkeit von Qualifikationsmaßnahmen bewertet?

⇨ Wie kann die Qualifikation der Mitarbeiter nachgewiesen werden?

Kommunikation (s. Kap. 3.4)

⇨ Wie werden QM-Verantwortliche, Leitungskräfte und Mitarbeiter zum Qualitätsmanagement geschult?

Lernen (s. Kap. 3.5)

⇨ Wie werden interne Lernsituationen so gestaltet, dass sie den Lernprozess aktiv unterstützen?

⇨ Auf welche Kriterien wird bei der Auswahl von externen Fort- und Weiterbildungsmaßnahmen bzw. externen Dozenten/Trainern geachtet?

Umsetzungsbeispiel

Die Personalakquise und Personalentwicklung im „Optimus Rehabilitations-Zentrum" ist auf eine durchgängig hohe Qualifikation der Mitarbeiter in allen Berufsgruppen ausgerichtet. Die Personalverwaltung führt dazu einen aktuellen Stellenplan und eine Qualifikationsübersicht. In dem Stellenplan wird gewährleistet, dass die in den Rahmenempfehlungen angestrebten Fachkraftquoten in den einzelnen Berufsgruppen erreicht oder übertroffen werden.

Die Qualifikationsübersicht enthält neben einer Übersicht der Grundqualifikationen, die Mitarbeiter vorweisen konnten, auch Angaben zu den Weiterbildungen, die diese absolviert haben. Bei der Besetzung neuer Stellen wird als Anforderungsprofil die Stellenbeschreibung der zu besetzenden Stelle herangezogen. Die Einarbeitung erfolgt systematisch auf Basis einer Checkliste mit den in diesem Zeitraum zu vermittelnden Inhalten. In den jährlichen Mitarbeitergesprächen werden die vorhandenen und erforderlichen Kompetenzen der Mitarbeiter wertschätzend reflektiert.

Der Fort- und Weiterbildungsbedarf wird mindestens einmal jährlich, in der Regel im November, im Leitungsteam ermittelt und bewertet.

Der Verwaltungsleiter bereitet dafür folgende Informationen auf:

- *Pflichtschulungen aufgrund gesetzlicher Vorgaben (z.B. Hygienethemen),*
- *Anforderungen der Weiterbildungsordnung für Ärzte,*
- *aktuelle Qualifikationsübersicht der Mitarbeiter,*
- *Qualifikationsbedarf, der aufgrund*
  - *von ausgeschiedenen Mitarbeitern entstanden ist/entstehen wird,*
  - *von neuen Qualitätszielen oder neuen Leistungsangeboten entstanden ist/vermutlich entstehen wird,*
  - *von neuen fachlichen Erkenntnissen entstanden ist,*
- *Qualifikationsbedarf zum Qualitätsmanagement oder zum Thema Kundenorientierung,*
- *Qualifikationsbedarf zu Führungsthemen oder Sozialkompetenzen der Mitarbeiter,*
- *Qualifikationsbedarf, der im Rahmen von Mitarbeiter-Jahresgesprächen ermittelt wurde,*
- *sonstige Fort- und Weiterbildungsbedarfe oder Wünsche, die von Mitarbeitern an die Verwaltung oder an Leitungskräfte herangetragen wurden.*

Der erhobene Bedarf wird dokumentiert und im Leitungsteam im Hinblick auf Nutzen und Dringlichkeit, Erfolgswahrscheinlichkeit, wirtschaftliche Ressourcen, Auswertung vorangegangener Maßnahmen etc. bewertet. Erst nach einer umfassenden Sammlung und Bewertung für alle Hierarchieebenen und für mindestens diejenigen Arbeitsgebiete, die Einfluss auf die Leistungserbringung haben, erfolgt eine Entscheidungsfindung und die Auswahl angemessener Maßnahmen. Dieses Vorgehen ist in einer Prozessbeschreibung klar geregelt.
Bereits in der Phase der Auswahl und Planung der Maßnahmen werden Überlegungen zur Transfersicherung angestellt, d.h. zur Gewährleistung, dass das neu erworbene Wissen/die neu erworbenen Fähigkeiten in der Praxis zur Anwendung kommen. Da die Transfersicherung entscheidend für den nachhaltigen Erfolg einer Fort- und Weiterbildungsmaßnahme ist, werden entsprechende Anforderungen in den Ausschreibungen und Konzeptionen von Fortbildungsinstituten oder Honorardozenten beachtet und bei der Auswahl berücksichtigt. Ergänzend werden Mitarbeiter nach Möglichkeit gezielt mit einer Aufgabe oder einer Fragestellung in die Fort- und Weiterbildungsmaßnahme gesendet. Dies wird auf dem Fort- und Weiterbildungsbogen dokumentiert, der abschließend auch der Bewertung der Wirksamkeit dient. Das „Optimus Rehabilitationszentrum" hat die Erfahrung gemacht, dass dieser Planungsprozess zwar aufwendig ist, aber den Nutzen und die Wertschöpfung von Fort- und Weiterbildungsmaßnahmen sehr erhöht und daher auch wirtschaftlich lohnenswert ist.

1.7.3 Bewusstsein

Anforderungen der ISO 9001

- ❑ Gewährleistung, dass die Mitarbeiter
  - die Qualitätspolitik und für sie relevanten Qualitätsziele kennen und verstehen,
  - wissen, welchen Beitrag sie zur Zielerreichung leisten können/müssen,
  - sich bewusst sind, welche Konsequenzen die Nichteinhaltung der Anforderungen des QM-Systems für die Organisation bedeuten kann.

Sinn & Nutzen der Anforderungen

Die ISO 9000 bietet den Nutzern keine Definition für den Begriff „Bewusstsein". Der Duden beschreibt den Begriff u.a. als Zustand, in dem man sich einer Sache bewusst ist bzw. deutliches Wissen von etwas hat.

Ziel der Norm ist es, dass die Mitarbeiter und Leitungskräfte das Qualitätsmanagement bejahen und die Umsetzung aktiv unterstützen. Sie sollten davon überzeugt sein, dass ein prozess- und kundenorientiertes Qualitätsmanagement für den Erfolg der Organisation enorm wichtig ist und wissen, was sie konkret dafür tun können bzw. müssen.

Leitfragen zur nachhaltig erfolgreichen Erfüllung der Anforderungen:

- ⇨ Wie wurde Mitarbeitern die Qualitätspolitik vermittelt?
- ⇨ Was davon haben Mitarbeiter wirklich verstanden?
- ⇨ Welche Bedeutung haben die Qualitätsziele für die Mitarbeiter?
- ⇨ Welche Mitwirkungsmöglichkeiten sehen die Mitarbeiter im Qualitätsmanagement?
- ⇨ Was bedeutet den Mitarbeitern das QM-System? Wie beurteilen sie den Sinn und Nutzen?
- ⇨ Wie gehen Führungskräfte vor, wenn Sie merken, dass Vorgaben von Mitarbeitern nicht verstanden oder nicht beachtet werden?

Führung (s. Kap. 3.2)

- ⇨ Wie werden die grundlegenden Ziele des Qualitätsmanagements (Kundenorientierung, konsequente Umsetzung des PDCA-Zyklus, Lernen aus Fehlern ...) von den Führungskräften vorgelebt?

Haltung (s. Kap. 3.3)

- ⇨ Welche mentalen Modelle prägen die Organisationskultur?
- ⇨ Was bedeutet das Thema Kundenorientierung für die Mitarbeiter?
- ⇨ Wie stark sind die Mitarbeiter mit den Qualitätszielen der Einrichtung identifiziert?

⇨ Welche Einstellungen und Überzeugungen kennzeichnen Mitarbeiter, Teams und Leitungskräfte zum Thema Veränderungen?

Kommunikation (s. Kap. 3.4)

⇨ Wie werden zentrale Fragen der Mitarbeiter zum Sinn und Nutzen des Qualitätsmanagements in der Organisation diskutiert?

⇨ Was wird dafür getan, um Mitarbeiter in den QM-Prozess mitzunehmen?

Emotionen (s. Kap. 3.6)

⇨ Wie agieren die Leitungskräfte, wenn Mitarbeiter Vorgaben des Qualitätsmanagements ablehnen oder ignorieren?

Organisationsentwicklung (s. Kap. 3.9)

⇨ Über welche Kenntnisse verfügen die QM-Verantwortlichen zum Thema Changemanagement und Organisationsentwicklung?

⇨ Wie gut gelingt es, neben den technischen Ablaufprozessen auch Beziehungsprozesse achtsam zu gestalten?

Umsetzungsbeispiel

Rückblickend betrachtet hat man die Dimension des Themas „Bewusstsein" im „Optimus Rehabilitationszentrum" unterschätzt. Zu Beginn des Prozesses vor sieben Jahren gab es eine aktive Projektgruppe, die sehr intensiv gearbeitet und viele Dokumente für das Handbuch erstellt hat. Aus Kostengründen und eben auch, weil man zunächst nicht alle Chancen und Möglichkeiten eines breit angelegten QM-Prozesses im Blick hatte, wurden in diesen Prozess nur wenige Mitarbeiter einbezogen. Es dauerte fast drei Jahre, bis sich die Erkenntnis durchsetzte, dass die Mitarbeiter zwar nicht alle Regelungen selbst entwickeln müssen, dass es aber unabdingbar ist, dass sie die Ziele der Qualitätsentwicklung und deren Sinn wirklich verstehen. Anstehende Veränderungen dürfen nicht als bedrohlich aufgefasst werden, sondern Mitarbeiter müssen das Gefühl haben, dass diese für sie handhabbar sind und sie auch in einem gewissen Maße den Veränderungsprozess mit steuern können. Als sich diese Erkenntnis im Leitungsteam nach und nach durchsetzte, entschied man sich dafür, im Grunde mit dem Qualitätsmanagement nochmals neu zu starten. Dabei wurde das in den ersten Jahren entwickelte Regelwerk nicht verworfen, aber mit Hilfe einer externen Beraterin wurde ein breit angelegter Dialogprozess in der Klinik gestartet. Ziel war es, dass alle Bedenken und Kritikpunkte offen diskutiert werden konnten und die Zielsetzungen des Qualitätsmanagements grundlegend besprochen wurden:

- *Wann ist ein Rehabilitationszentrum erfolgreich?*
- *Wie kann dieser Erfolg erreicht werden?*
- *Was erwarten die Patienten und Vertragspartner von uns?*
- *Wie können wir diese Anforderungen erfüllen?
Was brauchen wir dafür?*

- *Wie viel Standardisierung in den Abläufen ist für die Ziele des „Optimus Rehabilitationszentrums" wichtig?*
  Wie viele Gestaltungsspielräume sind für die Mitarbeiter von Bedeutung?
- *Wie viel Kontrolle brauchen wir?*
  Welche Bedeutung hat Vertrauen im alltäglichen Miteinander innerhalb der Teams und zwischen Mitarbeitern und Leitungskräften?

Als diese Fragen diskutiert und geklärt waren, setzten sich die Teams erneut mit dem bereits erstellten Regelwerk auseinander – dieses Mal aber mit einem anderen Bewusstsein.

1.7.4 Kommunikation

Anforderungen der ISO 9001

❑ Regelung der internen und externen Kommunikation zur Leistungserbringung und zum QM-System, d.h. es ist zu klären,
  - welche Themen/Informationen,
  - zu welchem Zeitpunkt mit welchen Personen/Teams/Organisationen,
  - in welchem Rahmen/welcher Form besprochen werden müssen.

Sinn & Nutzen der Anforderungen

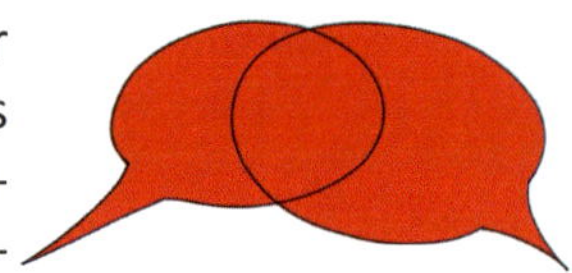

Hier geht es zunächst schlicht darum, eindeutig zu klären, über welche Inhalte ein Austausch an Informationen stattfinden muss und wer dazu wie oft bzw. wann mit wem spricht. Wenn Organisationen anfangen, eine Übersicht bezüglich ihrer Besprechungsstruktur zu erarbeiten, führt dies nicht selten dazu, dass bestehende Besprechungssysteme noch einmal kritisch hinterfragt und bewertet werden. Sind alle Arbeitsbereiche wirklich gut eingebunden bzw. vertreten? Kann ggf. auf Besprechungen verzichtet werden? Können Themen zusammengelegt werden?

Leitfragen zur nachhaltig erfolgreichen Erfüllung der Anforderungen:

⇨ Welche Regelungen zur internen Kommunikation gibt es in der Organisation?

⇨ Wie klar und eindeutig sind diese für die Mitarbeiter?

⇨ Wie wird gewährleistet, dass alle Beteiligten über die erforderlichen Informationen verfügen?

⇨ An welchen Stellen hakt der Informationsfluss häufiger?
Was wird dagegen unternommen?

Kommunikation (s. Kap. 3.4)

⇨ Wie zufrieden sind Mitarbeiter mit der inhaltlichen Qualität der bestehenden Besprechungen?

⇨ Wie zufrieden sind die Mitarbeiter insgesamt mit dem Informationsaustausch?

Umsetzungsbeispiel

Im „Optimus Rehabilitationszentrum“ gibt es eine Kommunikationsmatrix, in der der Name der Besprechung aufgeführt wird sowie die zentralen Themen, die Häufigkeit und die Dauer, die Leitung der Besprechung und die Teilnehmer. In allen Besprechungen werden Ergebnisprotokolle geführt. Nichtanwesende Teilnehmer sind verpflichtet, die Protokolle der zurückliegenden Sitzungen zu lesen. Seit ca. einem Jahr wird verstärkt mit Fotoprotokollen gearbeitet, d.h., die Vereinbarungen werden am Flipchart festgehalten, fotografiert und als PDF-Dokumente mit den erforderlichen Lenkungsangaben im Intranet abgelegt.

Ein wichtiger Aspekt der internen Kommunikation sind die Mitarbeiter-Jahresgespräche, die jeder Vorgesetzte mit seinen Mitarbeitern auf Basis einer eigens dazu erarbeiteten Checkliste führt. Alle Leitungskräfte wurden zum Führen dieser Gespräche gezielt geschult. Die Akzeptanz der Mitarbeiter-Jahresgespräche ist sehr hoch, dies wurde im Rahmen der letzten Managementbewertung auch durch die Mitarbeitervertretung bestätigt.

1.7.5 Dokumentierte Informationen

Anforderungen der ISO 9001

- ❑ Vorhaltung von dokumentierten (schriftlichen und/oder bildlichen) Informationen
  - zu allen von der ISO 9001 geforderten Themen (s. Glossar),
  - zu allen von der Organisation für das QM-System als notwendig erachteten Kriterien/Aspekten.
- ❑ Bestimmung des Umfangs der Darstellung in Abhängigkeit von
  - der Größe der Organisation und der Art der Leistung,
  - der Komplexität der Leistungsprozesse,
  - der Kompetenz der Mitarbeiter.

Sinn & Nutzen der Anforderungen

Dokumentierte Information ist der neue Oberbegriff für Dokumente (Vorgabedokumente) und Aufzeichnungen (Nachweisdokumente). Diese Begriffe werden in der Norm so nicht mehr verwandt, kommen aber indirekt weiter vor. Anstelle von Vorgabedokumenten heißt es jetzt oft „dokumentierte Informationen aufrechterhalten“, und Aufzeichnungen verstecken sich hinter der Formulierung „dokumentierte Informationen aufbewahren“. Aus unserer Sicht haben sich die Begriffe Vorgabe- und Nachweisdokumente aber durchaus bewährt, da sie die unterschiedliche Intention der beiden Dokumentengruppen, die wiederum andere Anforderungen an die Lenkung erfordern, verdeutlichen.

Dokumente/Vorgabedokumente:
Vorgabedokumente (z.B. Prozessbeschreibungen oder Blanko-Formulare) beinhalten Hinweise, nach denen der Anwender vorgehen muss. Sie haben damit Anweisungscharakter und weisen in die Zukunft. Revisionen sind grundsätzlich möglich.

Aufzeichnungen/Nachweisdokumente:
Aufzeichnungen sind Nachweisdokumente (z.B. ausgefüllte Formulare), mit denen Vorgänge und Ergebnisse belegt werden können. Sie haben Nachweischarakter und beschreiben ab dem Moment der Erstellung die Vergangenheit. Eine inhaltliche Änderung im Nachhinein würde ein Verfälschen der Wirklichkeit bedeuten.

Im Glossar haben wir unter dem Begriff „Dokumentierte Informationen" aufgelistet, zu welchen Themen die Norm dokumentierte Informationen verlangt. Üblicherweise werden diese in einem QM-Handbuch (Papier- oder EDV-Format) zusammengestellt. Da dieses nicht mehr explizit gefordert wird, kann die Organisation auch andere für sie sinnvollere Formen wählen. Aus unserer Sicht hat sich das QM-Handbuch bewährt. Es hat gewissermaßen die Funktion eines Benutzerhandbuches für die Organisation/das Arbeitsfeld und gibt Mitarbeitern, wenn es gut gemacht ist, ein Mehr an Struktur und Orientierung. Nur wenn die erforderlichen dokumentierten Informationen/Regelungen schnell gefunden werden, und damit auch in schwierigen Situationen ein sicheres professionelles Handeln unterstützen, verhelfen sie zu einer nachhaltigen Reduktion von Risiken.

Die Dokumentenpyramide verdeutlicht die Bedeutung der Dokumente und ihren Differenzierungsgrad, der von oben nach unten zunimmt. Wichtig ist die Anmerkung in der Norm, dass der Umfang dokumentierter Informationen von den Erfordernissen der Organisation abhängt.

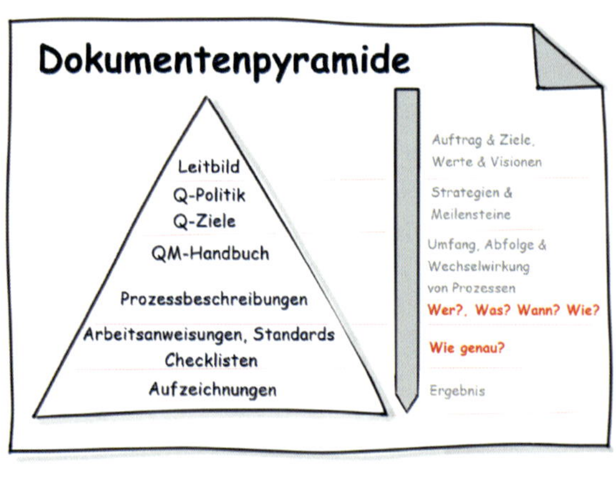

Weiterhin wichtig ist, dass der Sockel der Pyramide für die Aufzeichnungen, also für Nachweisedokumente steht. Dokumentation ist kein Selbstzweck, sondern soll der Wertschöpfung dienen. Mitarbeiter sollten erfahren können, dass Dokumentation sinnstiftend für ihre Arbeit ist. Vorgabedokumente geben Sicherheit und Orientierung. Nachweisdokumente belegen das eigene Tun und schaffen Reflexionsmöglichkeiten. Häufig sind Mitarbeiter überrascht, auf wie wenig Dokumente sie eigentlich verzichten möchten, weil diese sich doch im Alltag bewährt haben. Wenn man derartige Fragen zu Beginn eines QM-Prozesses stellt, und den Mitarbeitern echte Möglichkeiten zur Verschlankung der Doku-mentation offeriert, ist die Bereitschaft zur Mitarbeit in der Regel hoch.

Leitfragen zur Erfüllung der Anforderungen:

⇨ In welcher Form werden die geforderten Informationen für die Mitarbeiter aufbereitet?

⇨ Welche Darstellungsform ist für die Mitarbeiter geeignet?
Wie wird die aktuelle Darstellungsform des QM-Handbuches/ der schriftlichen Regelungen von den Mitarbeitern bewertet?

⇨ Wie sind die Prozesse beschrieben?
Ist Übersichtlichkeit und schnelle Orientierung gewährleistet?
Werden alle zentralen Aspekte der Leistungserbringung angemessen dargestellt?
Wird die Kompetenz der Mitarbeiter berücksichtigt?

Umsetzungsbeispiel

Das „Optimus Rehabilitationszentrum" wird auch nach der Revision der ISO 9001 an seinem QM-Handbuch festhalten. Dieses liegt seit etwa zwei Jahren ausschließlich in digitaler Form vor und ist über das Intranet für die Mitarbeiter jederzeit verfügbar. Bei der Handbuchgliederung hat man sich schon damals nicht an der ISO 9001 orientiert, sondern einen für die Organisation passenderen Aufbau gewählt. Mit der Umstellung auf die neue Norm wird der QM-Beauftragte eine neue Cross-Referenz zur ISO 9001:2015 erstellen, damit auf den ersten Blick deutlich wird, welche Anforderungen der Norm sich wo im internen QM-Handbuch wiederfinden.

a. Erstellen und Aktualisieren

Anforderungen der ISO 9001

❑ Gewährleistung, dass dokumentierte Informationen (Vorgabe- und Nachweisdokumente)
  - angemessen gekennzeichnet sind (Titel/Nummer, Änderungsstand/ Versionsnummer),
  - in einem geeigneten Format erstellt werden (Sprache, Darstellungsform, Papier/pdf. ...),
  - in Bezug auf ihre Angemessenheit überprüft werden,
  - freigegeben werden (Vorgabedokumente).

Sinn & Nutzen der Anforderungen

Auch wenn die ISO 9001:2015 keine explizite Verfahrensbeschreibung mehr zur Erstellung von Dokumenten fordert, so würden wir doch empfehlen, folgende Aspekte schriftlich zu regeln:

- Auflistung der verbindlichen Vorgabedokumente,
- Form der Kennzeichnung, die Eindeutigkeit und Aktualität gewährleistet/sicherstellt,
- Prüfung von neuen Vorgabedokumenten in Bezug auf Fachlichkeit und Angemessenheit,
- nachvollziehbare Regelung der Dokumentenfreigabe,
- Auflistung der zu führenden Nachweisdokumente,
- Vorgaben zur Kennzeichnung der Nachweisdokumente.

Es liegt im Ermessen der Organisation, die für sie angemessene Form der Dokumentation für das QM-System festzulegen.

Nicht selten verführt der Start eines QM-Prozesses dazu, Unmengen von Dokumenten zu erstellen. Der Wunsch nach Standardisierung von diesem und jenem greift um sich – ohne, dass es dazu Anforderungen im Rahmen der Norm gibt. Nach einiger Zeit merkt man, dass es wohl „zu viel des Guten“ war, Mitarbeiter fühlen sich durch zu viel Standardisierung in ihrer Professionalität eingeengt und ignorieren die Regelungen. Die Menge an Dokumenten können nur noch völlig überlastete QM-Beauftragte überblicken, und einzelne Änderungen sind kaum mehr steuerbar. Leider wird dieses Ergebnis vorschnell dem QM als solchem angelastet, das eigentlich „immer auf einen Papierkrieg“ hinauslaufe. Dies muss aber überhaupt nicht so sein, vorausgesetzt, man setzt sich sorgfältig und kritisch mit den Anforderungen der Norm auseinander und erstellt übersichtliche und angemessene Regelungen unter Beachtung folgender Kriterien:

- Kurz, knapp, aber präzise beschreiben,
- auf Logik und Übersichtlichkeit achten,
- Dopplungen konsequent vermeiden,
- Querverweise auf andere Regelungen nutzen,
- wohldosiert Kürzel verwenden z.B.
    - V = Verantwortung
    - D = Durchführung
    - E = Entscheidung
    - M = Mitwirkung
    - I = Information
- grafische Darstellungen wie z.B. Flussdiagramme verwenden,
- EDV-gestützte Handbücher mit Hyperlinks und Suchfunktionen ausstatten oder entsprechende Software für QM-Handbücher verwenden.

Leitfragen zur nachhaltig erfolgreichen Erfüllung der Anforderungen:

- ⇨ Wie wird der Bedarf von schriftlichen Regelungen ermittelt?
- ⇨ Wie ist eine eindeutige Kennzeichnung von Vorgabe- und Nachweisdokumenten geregelt?
- ⇨ Wie konsequent wird diese umgesetzt?
- ⇨ Wer prüft neue Regelungen und wer gibt diese frei?
- ⇨ Wer achtet auf die Aktualität der eingesetzten Regelungen?
- ⇨ Welche Vorgaben gibt es zur Dokumentation?
- ⇨ Welche Dokumente (Vorgabe- und Nachweisdokumente) erachten die Mitarbeiter als besonders hilfreich für ihre Arbeit?
- ⇨ Welche internen Dokumente erachten die Mitarbeiter als überflüssig/komplex/kompliziert?
- ⇨ Wie wird die Qualität der Dokumentation eingeschätzt?
- ⇨ Wo sehen Mitarbeiter und Leitungskräfte Verbesserungsbedarf?
- ⇨ Was würden sich die Mitarbeiter für die Zukunft zum Umgang mit Dokumenten und Aufzeichnungen wünschen?

Haltung (s. Kap. 3.3)

- ⇨ Wie ist das Verhältnis von Vertrauen und Kontrolle, wenn es um den Differenzierungsgrad von Regelungen geht?

Kommunikation (s. Kap. 3.4)

- ⇨ Wie wird der Sinn und Nutzen von neuen Regelungen kommuniziert?

Partizipation (s. Kap. 3.8)

- ⇨ Wie werden Mitarbeiter in die Dokumentenerstellung und Aktualisierung einbezogen?
- ⇨ Wie werden Verbesserungsvorschläge von Mitarbeitern aufgegriffen?

Umsetzungsbeispiel

Im „Optimus Rehabilitationszentrum" gibt es eine Prozessbeschreibung zur Erstellung und Aktualisierung von QM-Regelungen. Diese ist im QM-Handbuch abgelegt. Die Freigabe von neuen bzw. überarbeiteten Regelungen erfolgt von den jeweiligen Bereichsleitungen (Medizin, Pflege & Therapie). Übergreifende Regelungen werden von der Klinikleitung geprüft und freigegeben. Der QM-Beauftragte verfügt über mehrere Freigabelisten (Medizin, Pflege, Therapie, Übergreifend), auf der alle Dokumente des QM-Systems mit dem aktuellen Änderungsstand gelistet sind. Bei Neuerungen und Weiterentwicklungen von Regelungen wird diese Liste aktualisiert und von der verantwortlichen Leitungskraft abgezeichnet. Die Zugriffsrechte zum EDV-gestützten QM-Handbuch sind in der EDV-Nutzerordnung geregelt. Die Mitarbeiter haben Lese-, aber keine Bearbeitungs- oder Administrationsrechte. Letztere liegen beim QM-Beauftragten.

Neben den Freigabelisten für die Handbuchregelungen gibt es eine Formularliste. Da alle Formulare und Checklisten mit Notizfunktion nach ihrem Ausfüllen zu Aufzeichnungen werden, wird mit dieser Liste ebenfalls gesteuert, welche Dokumente wo wie lange aufbewahrt werden und wer dafür verantwortlich ist.

In der Regelung sind der Aufbau der Leistungsdokumentation und der Mindestumfang beschrieben.

b. Lenkung dokumentierter Informationen

Anforderungen der ISO 9001

- ❑ Gewährleistung, dass die erforderlichen Vorgabe- und Nachweisdokumente
  - geeignet sind,
  - an den Stellen zur Verfügung stehen, wo sie gebraucht werden,
  - ausreichend geschützt sind (Datenschutz, Vertraulichkeit, Umgang mit geistigem Eigentum).
- ❑ Regelung von folgenden Aspekten zur Dokumentenlenkung
  - Verteilung und Zugriff von Vorgabedokumenten,
  - Überwachung von Änderungen bei Vorgabedokumenten,
  - Verwendung von Vorgabe- und Nachweisdokumenten,
  - Aufbewahrung/Ablage/Speicherung von Nachweisdokumenten,
  - Gewährleistung der Lesbarkeit und Wiederauffindbarkeit von Nachweisdokumenten.
- ❑ Gewährleistung, dass mitgeltende Dokumente externer Herkunft
  - gekennzeichnet werden (s. Glossar im Anhang),
  - da zur Verfügung stehen, wo sie gebraucht werden.

Sinn & Nutzen der Anforderungen

Der Arbeitsalltag macht es erforderlich, dass eine große Anzahl an Gesetzen, Vorschriften und internen Regelungen und Vorgaben zum Teil sehr genau befolgt werden müssen.

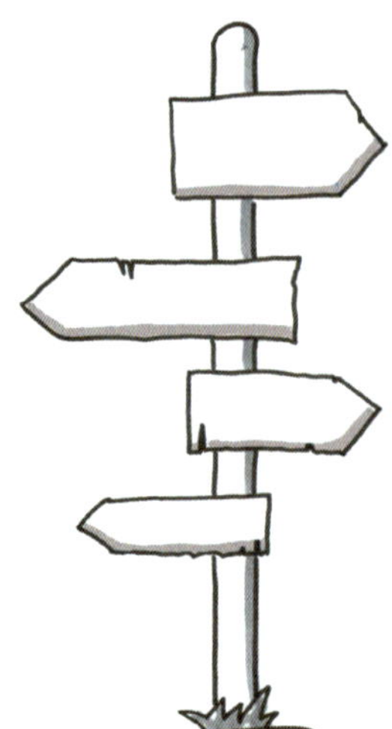

Man mag diese auferlegten Pflichten unverständlich, kompliziert oder gar lästig finden – trotzdem sind sie unerlässlich. Sie regeln unseren Umgang untereinander und geben jedem Einzelnen Sicherheit und Rechte und damit das Vertrauen zueinander im gegenseitigen Handeln. Um die Einhaltung aller externen und internen Regularien sicherzustellen, müssen diese zunächst ermittelt bzw. entwickelt werden und verfügbar sein. Es geht nicht darum, dass alle Mitarbeiter alle Regelungen im Detail kennen, aber sie müssen einen schnellen Zugriff auf für sie relevante Themen haben.

Unter der „Lenkung“ von Dokumenten versteht man, dass die relevanten Vorgabe- und Nachweisdokumente in der jeweils gültigen bzw. korrekten Form an den erforderlichen Stellen zugänglich sind.

Leitfragen zur nachhaltig erfolgreichen Erfüllung der Anforderungen:

⇨ Wie wird gewährleistet, dass die Dokumente in aktueller Version dort zu Verfügung stehen, wo sie gebraucht werden und dies allen bekannt ist? In welchen Bereichen klappt dies gut? Wo gibt es Verbesserungsbedarf? Wie wird dieser aufgegriffen?

⇨ Wie gewährleistet die Organisation, dass die Anforderungen des Datenschutzes eingehalten werden?

⇨ Wie geht die Organisation mit geistigem Eigentum um (wenn relevant)?

⇨ Wie werden Vorgabedokumente vor ihrer Freigabe in Bezug auf Fachlichkeit und Angemessenheit überprüft?

⇨ Wie ist die Freigabe von Vorgabedokumenten geregelt?

⇨ Wie ist die Verfügbarkeit von qualitätsrelevanten Dokumenten geregelt, die nicht in der Organisation entstanden sind?

⇨ Wie wird mit nicht mehr aktuellen Dokumenten umgegangen?

Kommunikation (s. Kap. 3.4)

⇨ Inwieweit ist Mitarbeitern Sinn und Zweck der Dokumentation klar?

Partizipation (s. Kap. 3.8)

⇨ Inwieweit können Mitarbeiter die Form und den Umfang der Dokumentation mitgestalten?

Umsetzungsbeispiel

Der Zugang zu den Handbuch-Dokumenten ist im „Optimus Rehabiliationszentrum“ durch die EDV-Nutzerordnung geregelt. Alle Mitarbeiter haben einen Zugriff auf alle Regelungen, auch auf die der anderen Arbeitsbereiche. So wird ein hohes Maß an Transparenz sichergestellt. Der QM-Beauftragte pflegt das EDV-gestützte QM-Handbuch und führt dazu eine Freigabeliste für die Vorgabedokumente/QMH-Regelungen sowie eine Liste mit den Blanko-Formularen für Aufzeichnungen. Alte Vorgabedokumente werden in elektronischer Form in einem Archivordner für mindestens drei Jahre aufbewahrt. Der QM-Beauftragte achtet darauf, dass das QM-Handbuch mit allen weiteren Vorgabedokumenten wie Blanko-Formularen immer auf dem aktuellen Stand ist und keine ungültigen Dokumente in Umlauf sind. Die Aufbewahrungsdauer ist entsprechend der Anforderungen des Datenschutzes und weiteren Vorgaben des Gesetztgebers und der Kostenträger für jedes Dokument auf der Formularliste geregelt. Die Formularliste macht ebenfalls Aussagen zum Aufbewahrungsort. Die Aufbewahrung und Archivierung der EDV-gestützten Leistungsdokumentation ist in einem gesonderten Dokument geregelt.

Qualitätsrelevante Dokumente, die nicht in der Organisation erstellt werden (mitgeltende Dokumente externer Herkunft) werden ebenfalls von dem QM-Beauftragten in einer Liste erfasst. Wenn irgendwie möglich, werden diese eingescannt und den Prozessen im QM-Handbuch zugeordnet.

Die Anforderungen des Datenschutzes sind ermittelt und in einem Dokument für die Mitarbeiter im Wesentlichen zusammengefasst. Die Umsetzung der Datenschutzanforderungen wird im Rahmen interner Audits überprüft.

1.8 Betrieb/Leistungserbringung

„Die Kraft steckt in der Qualität."
Friedrich Wilhelm Nietzsche (1844–1900), deutscher Philosoph

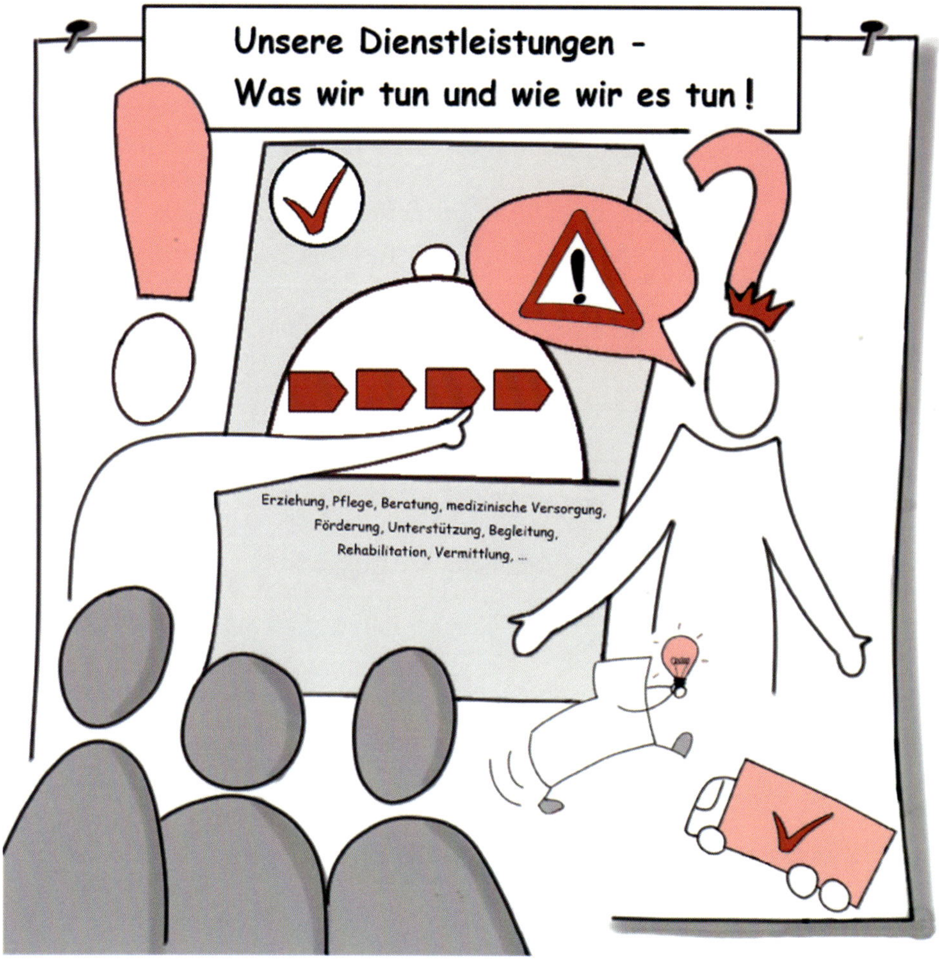

1.8.1 Betriebliche Planung und Steuerung

Anforderungen der ISO 9001

- ❑ Planung und Steuerung der Leistungserbringung durch
  - Festlegung der relevanten internen und externen Anforderungen (s. Kap. 1.4.1, 1.4.2, 1.8.2),
  - Festlegung von Kriterien für die Umsetzung dieser Prozesse (s. Kap. 1.4.4),
  - Festlegung der erforderlichen Ressourcen (s. Kap. 1.7),
  - Überwachung der Leistung in Bezug auf die Anforderungen, bei Bedarf Einleitung von Verbesserungsmaßnahmen (s. Kap. 1.4.4),
  - Beschreibung der Prozesse im angemessenen Umfang/Detailierungsgrad (s. Kap. 1.7.5),
  - Festlegung des Umfangs von Aufzeichnungen (s. Kap. 1.7.5).
- ❑ Nutzung einer Dokumentationsform für die Planungsergebnisse, die für die Organisation gut geeignet ist
- ❑ Planung und Überwachung von ggf. erforderlichen Änderungen
- ❑ Achtung auf eventuell auftretende unbeabsichtigte Änderungen
- ❑ Vermeidung von negativen Auswirkungen durch Änderungen an der Planung
- ❑ Steuerung von ausgelagerten Prozessen (s. Kap. 1.8.4)

Sinn & Nutzen der Anforderungen

Zielsetzung ist es, dass die Dienstleistungen der Organisation so erbracht werden, dass die Anforderungen, die an diese gestellt werden, erfüllt werden können.

Dies bedeutet, dass die Organisation zunächst die relevanten Anforderungen (s. Kap. 1.8.2) und die dafür erforderlichen Ressourcen (s. Kap. 1.7.1) ermitteln muss, um daraus dann inhaltliche Kriterien (s. Kap. 1.4.4, 1.8.5) abzuleiten, die für eine optimale Leistungserbringung beachtet werden müssen.

HUNGER!!!
Speisen
satt

Hilfebedarf!
Fragen!
Probleme!
Unsere Leistungen: ...
zu-
frieden,
erleichtert, ...

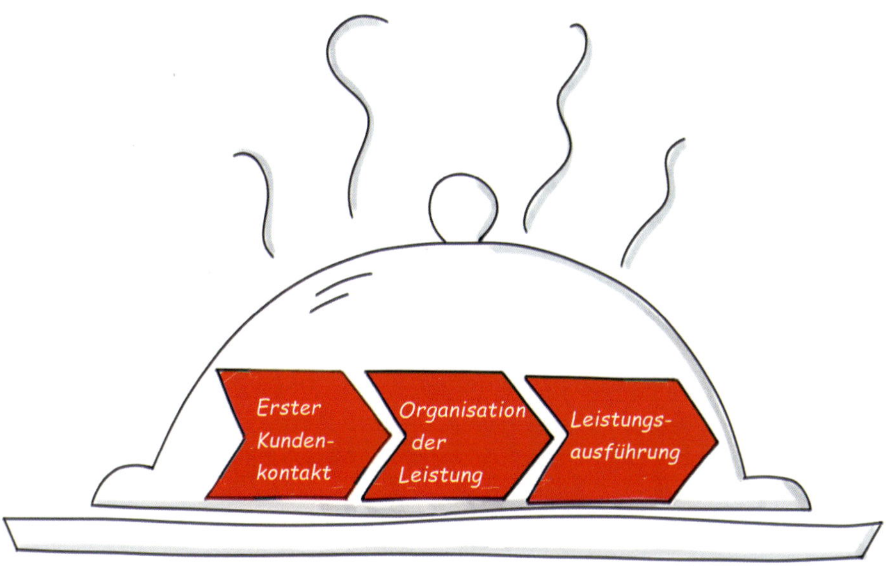
Erster Kunden-kontakt
Organisation der Leistung
Leistungs-ausführung

Zu klären ist, wie bzw. in welchem Umfang die Organisation die Leistungserbringung überwacht (s. Kap. 1.9.1) und in welchem Umfang der Prozess der Leistungserbringung sinnvollerweise dokumentiert wird (s. Kap. 1.7.5). Diese Vereinbarungen müssen so aufbereitet werden, dass sie von den Mitarbeitern verstanden und umgesetzt werden können. Zu regeln ist ebenfalls, wie die Mitarbeiter vorgehen (sollen), wenn die Leistungserbringung nicht gemäß der Planung läuft, weil z.B. Fehler auftreten oder andere Einflussfaktoren „vom Plan" abweichen.

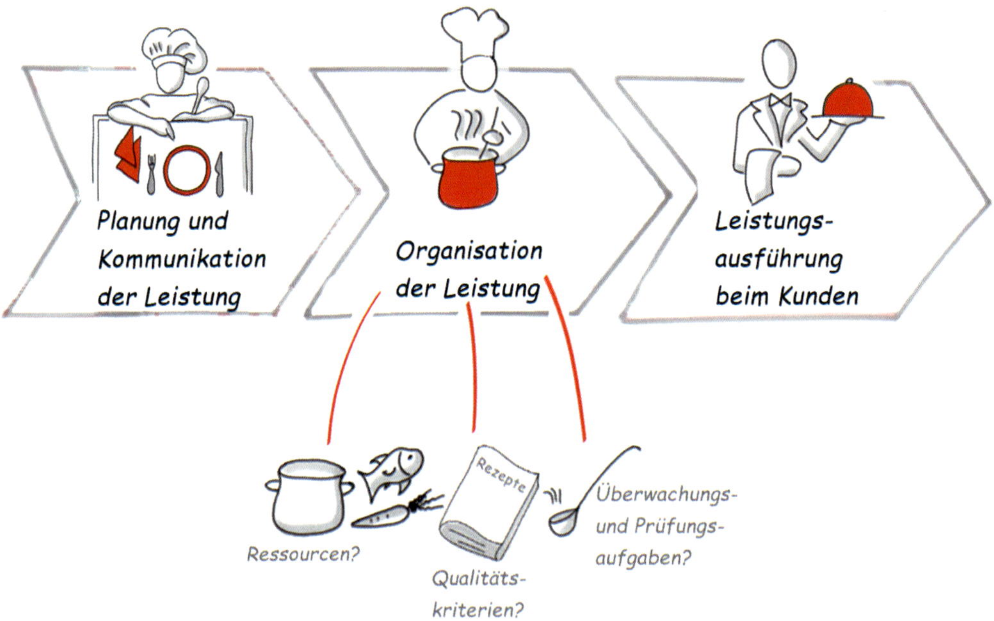

Leitfragen zur nachhaltig erfolgreichen Erfüllung der Anforderungen:

- ⇨ Welche Anforderungen werden an die Leistung gestellt?
- ⇨ Welche Ressourcen sind für die Erfüllung der Anforderungen erforderlich?
- ⇨ Was sind wichtige Qualitätskriterien für die Organisation?
- ⇨ Wie verbindlich werden die Qualitätskriterien ausgehandelt und vereinbart? Wer ist daran beteiligt?
- ⇨ Wie vergewissert sich die Organisation, dass die vereinbarten Kriterien und deren Umsetzung zum Ziel bzw. zum Erfolg führen?
- ⇨ Wie überwacht die Organisation die Leistungserbringung?
- ⇨ Welche Anforderungen stellen Kunden an die Leistung?
- ⇨ Wie geht die Organisation vor, wenn Änderungen an der Planung erforderlich sind?
- ⇨ Wie vermeidet die Organisationen negative Auswirkungen durch Änderungen an der Planung?

Partizipation (s. Kap. 3.8)

- ⇨ Wie werden Mitarbeiter in die Festlegung von Qualitätskriterien einbezogen?

Umsetzungsbeispiel

Der „Optimus Kinder- und Jugendhof" verfügt über eine sehr differenzierte Leistungsvereinbarung, die mit dem kommunalen Jugendhilfeträger in regelmäßigen Abständen neu ausgehandelt wird, und die alle gesetzlichen und behördlichen Anforderungen erfüllt. Das Jugendamt ist Auftraggeber und Kostenträger zugleich. Als zentraler Kunde (Leistungsempfänger) aber werden die Kinder und Jugendlichen angesehen, auch wenn diese Begrifflichkeit im Alltag und in der QM-Dokumentation nicht verwandt wird. Je nach Auftrag des Jugendamtes sind die Familien der Kinder und Jugendlichen ebenfalls „Kunden" im Sinne des Qualitätsmanagements, da gleichzeitig mit diesen gearbeitet wird, um eine baldige Rückkehr der Kinder und Jugendlichen in die Herkunftsfamilien grundsätzlich zu ermöglichen und vorzubereiten. In manchen Fällen können die Herkunftsfamilien auch als interessierte Gruppen aufgefasst werden, zu denen es nicht zuletzt im Sinne des Kindes/Jugendlichen wichtig ist, gute Beziehungen zu pflegen und aufrechtzuerhalten.

Die Abläufe in den Wohngruppen (z.B. Aufnahme, Arbeit mit der Hilfeplanung, Tagesrhythmus, hauswirtschaftliche Aufgaben, Gruppenregeln ...) wurden unabhängig von den QM-Initiativen schon vor Jahren z.T. relativ strikt schriftlich geregelt, weil sich die Einhaltung von klaren Regeln und Abläufen in der Pädagogik mit den Kindern und Jugendlichen bewährt hat. Vor zwei Jahren wurde das bestehende Regelwerk in das QM-Handbuch übernommen, sodass auch die Anforderungen der Dokumentenlenkung erfüllt werden. Die in den zehn dezentralen Wohngruppen zu regelnden Themen wurden mit einigen Unterpunkten übergreifend für alle Wohngruppen vereinbart, die Ausgestaltung und der Differenzierungsgrad unterscheiden sich aber von Wohngruppe zu Wohngruppe je nach Schwerpunkt oder Zusammensetzung der Wohngemeinschaften. Bedingt durch das Alter der Kinder- und Jugendlichen, ihre spezifischen Probleme und situativen Problemlagen haben die Mitarbeiter, die ausnahmslos Fachkräfte sind, hier einen gewissen Gestaltungsspielraum. Dieser wird in den Dienstbesprechungen immer wieder reflektiert. Eine hohe Bedeutung wird darüber hinaus den Mitbestimmungsmöglichkeiten der Kinder und Jugendlichen und ihrer damit verbundenen Befähigung zur selbstständigen Lebensführung beigemessen.

Regelmäßige Dienstbesprechungen, in denen aktuelle Situationen und einzelne Fälle reflektiert werden, sichern die Qualität der Leistungserbringung. Für jedes Kind bzw. für jeden Jugendlichen wird eine Falldokumentation geführt. Die fallbezogene Betreuungsdokumentation ist in allen zehn Wohngruppen gleich aufgebaut und wird auf Papier geführt. Darüber hinaus wird eine Tagesdokumentation über das tägliche Gruppengeschehen handschriftlich in einem Dienstbuch geführt. Für zusätzliche durch das Jugendamt in Auftrag gegebene Therapien und Förderangebote (z.B. Biografie- oder Traumaarbeit, Angebot der Eltern-Kind-Interaktion ...) liegen pädagogische Standards vor.

1.8.2 Bestimmen von Anforderungen an die Leistung

a. Kommunikation mit dem Kunden

Anforderungen der ISO 9001

❑ Regelung der Kommunikation mit Kunden in Bezug auf
- Information über das Leistungsangebot,
- Umgang mit Erstanfragen und Inhalte von Erstgesprächen/Anamnesen,
- Abschluss von Vereinbarungen/Verträgen/Aufträgen einschließlich Änderungen an diesen,
- Umgang mit Kundenmeinungen und Kundenbeschwerden,
- Umgang mit Eigentum von Kunden,
- Vorgehen bei Notfällen (wenn relevant).

Sinn & Nutzen der Anforderungen

Zunächst ist die Frage zu beantworten, wer ist Kunde der Organisation, d.h. wer empfängt eine Leistung von dieser. In einigen Arbeitsfeldern mag dies sehr klar und eindeutig sein, in anderen gibt es z.T. Kundengruppen mit unterschiedlichen Zielsetzungen. Sind die Kundengruppen der Organisation klar, schließt sich die Frage an, wie diese Gruppen über das Leistungsangebot informiert werden. In der Regel gibt es hier vielfältige Informationskanäle vom Flyer, über Aushänge, die Homepage, soziale Netzwerke oder andere werbewirksame Maßnahmen oder auch Veranstaltungen.

Je klarer und eindeutiger über das Leistungsangebot nach innen und außen informiert wird, desto einfacher ist der Umgang mit Kundenanfragen und Kundenrückmeldungen. Vor allem dann, wenn Kunden in der Werbephase mehr suggeriert wird, als die Organisation später leisten kann, entsteht ein Nährboden für Kundenbeschwerden.

Zu klären ist, wie mit Anfragen, Vereinbarungen und Verträgen umgegangen wird. Dabei kann es sich hier immer um ein unterschiedliches Vorgehen je nach Kundengruppe handeln.

Im Sinne von Kundenorientierung müssen Kundenrückmeldungen systematisch aufgenommen werden, insbesondere dann, wenn es sich um Beschwerden handelt. Was Kundenorientierung in jedem einzelnen Arbeitsfeld bedeutet, muss organisationsintern diskutiert und konzeptionell verankert werden. Gerade in sozialen Organisationen geht es nicht um die hundertprozentige

Erfüllung aller Wünsche, pädagogische oder psychologische Ansätze wie z.B. „Hilfe zur Selbsthilfe" sprechen sogar dagegen. Dennoch: Jede Beschwerde ist im Grunde ein einmaliges Angebot von Kunden zum Gespräch, jede Beschwerde beinhaltet zahlreiche Chancen zum Lernen und zur Weiterentwicklung für Mitarbeiter, Teams und ganze Organisationen. Vorausgesetzt, Mitarbeiter werden für den Umgang mit Beschwerden sensibilisiert und unzufriedene Kunden werden überhaupt angeregt, ihren Unmut auch kundzutun (Beschwerdestimulierung).

Was bedeutet Kundenorientierung im jeweiligen Arbeitsfeld? Die Klärung dieser Fragestellungen führt in einem ersten Schritt dazu, die bestehende Praxis zu reflektieren und ermöglicht im zweiten Schritt eine Weiterentwicklung der bestehenden Kriterien im Hinblick auf die Ziele der Organisation. Eine gute Kommunikation mit Kunden ist eine der zentralen Voraussetzungen für nachhaltig erfolgreiche Arbeit.

Des Weiteren ist es von Bedeutung, dass der Umgang mit Kundeneigentum geregelt ist, soweit sich dieses in der Organisation befindet, ggf. andere gefährdet (z.B. elektrische Geräte) oder Mitarbeiter für den Zeitraum der Leistungserbringung überlassen wurde oder von diesen benutzt werden muss (z.B. Pflegehilfsmittel). Je nach Arbeitsbereich ist ein Vorgehen im Fall von Notfällen abzustimmen (z.B. Wer soll angerufen werden, wenn ein Kind in der Kita stürzt und ins Krankenhaus muss?).

Leitfragen zur nachhaltig erfolgreichen Erfüllung der Anforderungen:

- ⇨ Wer ist überhaupt Kunde der Organisation?
  Gibt es Kundengruppen mit unterschiedlicher Bedeutung/Wichtigkeit?
- ⇨ Wie informiert die Organisation die Kunden über das Leistungsangebot?
- ⇨ Wie gestaltet sich in der Regel der Erstkontakt?
- ⇨ Was ist dabei wichtig?
- ⇨ Wie werden Kundenanforderungen aufgenommen und berücksichtigt?
- ⇨ Wie werden Vereinbarungen zur Zusammenarbeit geschlossen bzw. Verträge vereinbart?
- ⇨ Wie ist das Vorgehen, wenn sich Kundenanforderungen im Nachhinein ändern?
- ⇨ Wie wird mit Kundenbeschwerden umgegangen?
- ⇨ Welche Notfälle könnten im Arbeitsfeld auftreten?
  Wie ist das Vorgehen bei Notfällen?

Emotionen (s. Kap. 3.6)

- ⇨ Wie werden die Mitarbeiter im Umgang mit schwierigen Situationen unterstützt?

Konflikte (s. Kap. 3.7)

⇨ Wie verhält sich die Organisation, wenn sie Kundenanforderungen nicht erfüllen kann oder will?

⇨ Wie geht die Organisation vor, wenn es unterschiedliche sich zum Teil widersprechende Kundenanforderungen gibt?

Umsetzungsbeispiel

Der „Optimus Kinder- und Jugendhof" verfügt über eine sehr differenzierte Leistungsbeschreibung und einzelne Wohngruppenkonzeptionen. Diese liegen dem örtlichen Jugendamt vor. Des Weiteren gibt es einen Flyer und eine sehr informative Homepage.

Die Anforderungen des Jugendamtes an den „Optimus Kinder- und Jugendhof" werden im Rahmen der Abstimmung von Leistungsvereinbarungen immer wieder erörtert. In der Vorbereitung auf die Aufnahme eines Kindes/Jugendlichen geht es um die spezifischen Anforderungen, die mit diesem Fall verbunden sind. Im Rahmen von regelmäßigen Hilfeplangesprächen wird die Umsetzung der vereinbarten Betreuungsleistungen immer wieder reflektiert und dokumentiert. Die Aufnahme eines Kindes/Jugendlichen wird sehr individuell gestaltet. Die Wünsche und Bedürfnisse des Kindes/Jugendlichen werden erfragt und durch diagnostische Prozesse und die Wahrnehmungen der pädagogischen Mitarbeiter ergänzt.

Beschwerden des Jugendamtes und von Eltern werden systematisch bearbeitet, d.h. dokumentiert und im Team reflektiert. Der verantwortliche Mitarbeiter des Jugendamtes oder die Eltern erhalten in jedem Fall eine Rückmeldung.

Beschwerden von Kindern und Jugendlichen werden, wenn sie das Miteinander in der Wohngemeinschaft betreffen, in den Wohngruppen in der wöchentlichen Hausbesprechung aufgegriffen. Beschwerden von Kindern und Jugendlichen über Mitarbeiter können von diesen mit einem Formblatt auch an den übergeordneten Beschwerdebeauftragten weitergeleitet werden. Der Umgang mit Beschwerden ist im QM-Handbuch beschrieben.

Der Stellenwert oder auch das Ausmaß der Elternarbeit richtet sich nach dem Auftrag des Jugendamtes bzw. den im Hilfeplan vereinbarten Zielen. Je nach Fall haben die Eltern Mitwirkungsmöglichkeiten, aber auch Mitwirkungspflichten bei der Zusammenarbeit mit den Mitarbeiter der Wohngruppe.

Spannungsfelder entstehen, wenn Eltern z.B. zu Beginn einer Unterbringung die Unterstützung des Jugendamtes und des Kinderheimes begrüßen, dann aber nach einer ersten Entspannungsphase ihre Kinder/Jugendlichen zurückholen möchten, was aber aus Sicht des Kinder- und Jugendhofes und des Jugendamtes u.U. nicht befürwortet wird. Das Ausbalancieren dieser zum Teil sehr unterschiedlichen

Anforderungen und das Treffen von einschneidenden Entscheidungen, wie die Befürwortung eines Sorgerechtsentzugs, gehört zu den Aufgaben des Jugendamtes. Der Kinder- und Jugendhof argumentiert im Interesse des Kindes/Jugendlichen, ist aber an die Entscheidungen des Jugendamtes gebunden.

b. Bestimmen und Überprüfen von Anforderungen an die Leistung

Anforderungen der ISO 9001 – Bestimmen der Anforderungen

- ❑ Regelmäßige Erhebung der Anforderungen an die Leistung
  - von Kunden,
  - von Seiten des Gesetzgebers und der Behörden,
  - von interner Seite (vom Träger, von Mitarbeitern, aus dem Leitbild, gemäß dem internen Qualitätsanspruch ...).
- ❑ Sicherstellung, dass die Anforderungen und die damit verbundenen Ansprüche erfüllt werden können

Anforderungen der ISO 9001 – Überprüfen der Anforderungen

- ❑ Überprüfung
  - der Kundenanforderungen einschließlich eventueller Anforderungen an Nachsorgeleistungen,
  - von Kundenanforderungen, die von diesen nicht explizit geäußert werden, aber im Sinne einer ordnungsgemäßen Leistungserbringung von Bedeutung sind,
  - organisationsinterner Anforderungen,
  - der relevanten gesetzlichen und behördlichen Anforderungen,
  - von ggf. weiteren Anforderungen des Auftrages/Vertrages,
  - von Anforderungen von interessierten Parteien (wenn relevant).
- ❑ Verpflichtung, dass Leistungsversprechen erst nach positiver Prüfung der Anforderungen eingegangen werden
- ❑ Bestätigung des Leistungsversprechens/der Auftragsannahme gegenüber dem Kunden
- ❑ Aufbewahrung entsprechender schriftlicher Dokumente (wenn vorhanden)
- ❑ Information der Mitarbeiter über eventuelle Änderungen an diesen Anforderungen
- ❑ Dokumentation von Änderungen

Sinn & Nutzen der Anforderungen

Nur wenn die Anforderungen vollständig erhoben und auf ihre Relevanz und Realisierbarkeit überprüft werden, ist deren zuverlässige Erfüllung möglich. Dabei geht es neben den Kundenanforderungen, die wie oben beschrieben durchaus unterschiedlich und nicht deckungsgleich sein können, auch um die Anforderungen des Gesetzgebers und der Behörden. Nicht zuletzt spielen interne Anforderungen eine Rolle, da z.B. nicht jeder Auftrag zum Leitbild der Einrichtung passt oder mit den internen fachlichen Ansprüchen in Einklang zu bringen ist.
Nach der Ermittlung der Anforderungen muss die Organisation prüfen, ob sie mit ihren Mitteln und Möglichkeiten in der Lage ist, diese Anforderungen zu erfüllen. Es geht also um Machbarkeitsüberlegungen. In Organisationen des Gesundheits- und Sozialwesens wird dies allgemein häufig bereits über in den Konzeptionen hinterlegte Indikationen oder Kontraindikationen geregelt und im Individuellen durch Anamnesegespräche differenziert betrachtet. Geprüft werden muss die Machbarkeit aber in jedem Einzelfall. Die ISO 9001 legt sehr viel Wert auf die Analyse der Anforderungen an das Leistungsangebot, da mögliche Unstimmigkeiten und Probleme verhindert werden können, bevor ein Leistungsversprechen eingegangen wird. Die Organisation wird aufgefordert, sich mit den Anforderungen sehr kritisch auseinanderzusetzen. Sind diese wirklich vollständig? Gibt es Anforderungen, die aus Kundensicht selbstverständlich sind und daher keine extra Erwähnung finden?

Insbesondere aus fachlicher Sicht gibt es durchaus Anforderungen, die von Kunden nicht geäußert werden, aber für eine qualitativ hochwertige Leistungserbringung von Bedeutung sind. Kein Patient in der Klinik würde wohl vor einer OP betonen, dass keine Instrumente in seinem Körper vergessen werden sollten, und bezüglich der OP-Methode hätte er selbst sicherlich auch keine konkreten Anforderungen.

In Beratungsorganisationen ist es vermutlich auch keine Seltenheit, dass im Laufe des Beratungsprozesses weitere Probleme sichtbar werden, die zuvor vom Klienten nicht geäußert wurden oder diesem ggf. auch selbst gar nicht bewusst waren. Ziel der Norm ist es, dass die Anforderungen sorgfältig vor dem Eingehen eines Leistungsversprechens bewertet werden. Abweichungen zwischen Anforderungen und Leistungsversprechen sollen genauso ausgeräumt werden wie widersprüchliche Anforderungen.

Nachträgliche Änderungen müssen dokumentiert werden und die interne Kommunikation muss gewährleisten, dass die Mitarbeiter über nachträgliche Änderungen informiert werden.

Leitfragen zur nachhaltig erfolgreichen Erfüllung der Anforderungen:

⇨ Wie erhebt die Organisation die Anforderungen an die Leistung?

⇨ Gibt es Anforderungen an die Leistung, die von Kunden nicht explizit geäußert, aber vorausgesetzt werden?

⇨ Wie überprüft die Organisation die Anforderungen an die Leistung?

⇨ Wie überprüft sie, ob sie die Anforderungen und die damit verbundenen Ansprüche auch erfüllen kann?

⇨ Wie geht die Organisation vor, wenn dies nicht der Fall ist?
Welche Anforderungen haben Kunden an Nachsorgeleistungen durch die Organisation (wenn relevant)?

⇨ Wie bewertet die Organisation die eigenen Fähigkeiten, die Anforderungen an die Leistung zu erfüllen?

⇨ Wie geht die Organisation vor, wenn sie Zweifel daran hat?

⇨ Wie werden Leistungen zwischen Organisation und Kunden vereinbart, sodass Eindeutigkeit gewährleistet ist?

⇨ Wie werden Änderungen an den Anforderungen bzw. am Auftrag gegenüber den Mitarbeitern kommuniziert?

Partizipation (s. Kap. 3.8)

⇨ Wie werden die Mitarbeiter in die Beurteilung der Anforderungen einbezogen?

⇨ Wie werden Mitarbeiter in Machbarkeitsüberlegungen einbezogen?

Umsetzungsbeispiel

Das Jugendamt wendet sich bei Anfragen in der Regel telefonisch an die Leitung des Kinder- und Jugendhofes und stellt eine Bedarfsanfrage. Die Leitung des „Optimus Kinder- und Jugendhofes" prüft, ob es einen freien Platz in einer Wohngemeinschaft gibt und ob das Kind/der Jugendliche mit seinen spezifischen Bedürfnissen dort aufgenommen werden kann. Im Fall eines positiven Entscheides kommt es zu einem ersten Kontakt zwischen dem Jugendamt und der „Optimus Kinder- und Jugendhofleitung" sowie der voraussichtlichen Gruppenleitung. Das Jugendamt stellt den Fall und den damit verbundenen Betreuungsbedarf vor. Ggf. gibt das Jugendamt ergänzende diagnostische Testverfahren in Auftrag. Die unterschiedlichen Anforderungen werden vom Jugendamt offensiv formuliert bzw. von der Kinder- und Jugendhofleitung erfragt.

- *Geht es um eine kurzfristige oder um eine langfristige Unterbringung?*
- *Soll diese ortsfern oder ortsnah von der Herkunftsfamilie erfolgen?*
- *Was werden grundsätzliche Ziele sein, die im Hilfeplan festgeschrieben werden sollen?*
- *Welche spezifischen Anforderungen sind mit dem Fall verbunden?*
- *...*

Die Leitung des Kinder- und Jugendhofes reflektiert zusammen mit der Wohngruppenleitung, inwiefern die Betreuung des Kindes/des Jugendlichen im Rahmen der vorgesehenen Wohngruppe erfolgen kann. Diese Reflexion erfolgt auf Basis der in der Leistungsvereinbarung und in den Wohngruppenkonzeptionen vereinbarten Indikationen ggf. Kontraindikationen sowie unter Betrachtung der zum Kind/Jugendlichen vom Jugendamt zur Verfügung gestellten Informationen.

Bei positivem Entscheid erfolgt die Vertragsvereinbarung mit dem Jugendamt. Der Betreuungsvertrag wird für einen befristeten Zeitraum geschlossen. Die Leistungen des Kinder- und Jugendhofes werden im Rahmen der gesetzlich vorgeschriebenen Hilfeplangespräche mindestens im Abstand von sechs Monaten reflektiert. Am Ende des Hilfeplangespräches wird über die Weiterführung der Maßnahme entschieden. Ggf. werden neue bzw. veränderte Ziele im Hilfeplan dokumentiert.

1.8.3 Entwicklung von neuen Dienstleistungen

Anforderungen der ISO 9001

❑ Planung, Umsetzung und Bewertung eines Entwicklungsprozesses, um eine zuverlässige Leistungserbringung gemäß den Anforderungen zu gewährleisten

Sinn & Nutzen der Anforderungen

Der Grundgedanke, der sich durch viele QM-Initiativen zieht, ist der, dass eine Voraussetzung für qualitativ hochwertige Dienstleistungen eine sorgfältige und systematische Planung ist. Dies gilt natürlich im Besonderen für neue Leistungsangebote.

Bisher: A la carte im Restaurant

Neu: Lieferservice

Die Interpretation, was genau ein neues Leistungsangebot ist (neu für die Organisation oder neu für den Markt) erfolgt unterschiedlich. Organisationen, die sich in einem Zertifizierungsverfahren befinden, sollten dies unbedingt mit Ihrem Zertifizierer abstimmen. Aus unserer Sicht ist die Frage entscheidend, ob die Organisation gewährleisten kann, dass die veränderte/neue Leistung ohne einen systematischen Planungsprozess zuverlässig erbracht werden kann.

Ein geplantes und strukturiertes Vorgehen, bei der Entwicklung von neuen/veränderten Leistungsangeboten gewährleistet, dass

- alle Faktoren, die zu einer Leistungserbringung gemäß den Kundenanforderungen beitragen, erfüllt werden,
- für die Entwicklungsplanung klare Überprüfungs- und Bewertungskriterien vorliegen,
- die Anforderungen objektiv beurteilt und nachweislich erfüllt werden,

- Änderungen in der Entwicklung nachvollzogen werden,
- Fehlentwicklungen vermieden werden,
- die neue Leistung unter realen Bedingungen zum Ziel führt.

Leitfragen zur nachhaltig erfolgreichen Erfüllung der Anforderungen:

⇨ Welche Neuerungen/Veränderungen bringt das neue Leistungsangebot für die Organisation mit sich?

⇨ Sind Veränderungen in den Leistungsprozessen der Personalstruktur/Qualifikation und/oder QM-System erforderlich?

⇨ Wie risikoreich ist das neue Angebot?

⇨ Welche Chancen und Synergien ergeben sich durch das neue Angebot?

⇨ Gibt es bzw. könnte es Wechselwirkungen mit anderen Angeboten geben?

Kommunikation (s. Kap. 3.4)

⇨ Wie werden Mitarbeiter über Ideen für ein neues Leistungsangebot informiert?

⇨ Welchen Raum haben Sorgen und Befürchtungen von Mitarbeitern?

Partizipation (s. Kap. 3.8)

⇨ Wie werden die Mitarbeiter in die Planung und Entwicklung des neuen Angebotes einbezogen?

Umsetzungsbeispiel

Der „Optimus Kinder- und Jugendhof" überlegt, ein zusätzliches Haus zu errichten, um dort eine neue Intensivgruppe für behinderte Klein- und Schulkinder anzubieten. Es liegt dazu eine entsprechende Anfrage des Jugendamtes vor. Von anderen Leistungsanbietern, die bereits ein solches Angebot vorhalten, können konkrete Anforderungen übertragen werden.

Da dem Kinder- und Jugendhof dran gelegen ist, die Entwicklung des für ihn neuen Leistungsangebotes sehr systematisch anzugehen, um die damit verbundenen Investitionen (Immobilienkauf, Personaleinstellung, Wechselwirkungen mit anderen Angeboten ...) sorgfältig abzuwägen, entschließt man sich dazu, sich an den Anforderungen der ISO 9001 zur Entwicklung in Verbindung mit den Anforderungen an die Leistungserbringung (1.8.5) zu orientieren. Eingesetzt wird dazu eine Prozessbeschreibung des Trägers zum Thema Entwicklung neuer Leistungsangebote, zu der eine Checkliste gehört, mit deren Hilfe der gesamte Planungsprozess gesteuert werden kann.

a. Entwicklungsplanung

Anforderungen der ISO 9001

- Planung des Entwicklungsprozesses erfolgt unter Berücksichtigung
  - der Art der neuen Leistung/der Umfang der Veränderung,
  - der Anforderungen, die für die neue/veränderte Leistung besonders wichtig sind,
  - der Form, der Dauer und des Umfangs der Steuerung des Entwicklungsprozesses,
  - der Dauer und des Umfangs der erforderlichen Entwicklungsphase,
  - der Anforderungen einzelner Entwicklungsschritte sowie deren Prüfung,
  - erforderlicher Nachweise zur Erfüllung der Anforderungen (Verifizierung),
  - erforderlicher Nachweise zur Erfüllung der Zielsetzung (Validierung),
  - der erforderlichen internen und externen Ressourcen,
  - klarer Zuständigkeiten und Befugnisse,
  - eindeutiger Schnittstellenregelungen,
  - der Notwendigkeit, Kunden in die Planung einzubeziehen,
  - die Erwartungen von Kunden und interessierten Parteien an die Steuerung des Entwicklungsprozesses,
  - der erforderlichen schriftlichen Nachweise für den Entwicklungsprozess.

Sinn & Nutzen der Anforderungen

Ziel dieses Anforderungskapitels der Norm ist, dass die Organisation den Prozess der Entwicklung systematisch plant und gestaltet. Das Ausmaß kann also je nach Umfang, Bedeutung und Neuartigkeit des neuen Angebotes sowie den damit verbundenen Risiken sehr unterschiedlich sein. Auch hier richtet sich die Norm konsequent an den Anforderungen der Organisation aus.

Zur Planung des Entwicklungsprozesses gehört die Festlegung von Zuständigkeiten und Befugnissen, die Identifikation und Regelung von wichtigen Schnittstellen und die Ermittlung des Ressourcenbedarfs.

Zur Planung gehört aber auch die Überlegung, wann der Entwicklungsprozess als erfolgreich bewertet wird, d.h. welche Kriterien erfüllt sein müssen, damit eine Organisation sich für die Aufnahme des neu entwickelten Angebotes in das reguläre Leistungsangebot entscheiden kann.

Leitfragen zur Erfüllung der Anforderungen:

⇨ Wie komplex ist das neue Leistungsangebot?

⇨ Wie groß ist die Herausforderung für die Organisation?

- ⇨ Welche Chancen und Risiken sind mit dem neuen Leistungsangebot verbunden?
- ⇨ Wodurch könnte der Prozess der Entwicklung behindert werden?
- ⇨ Wie viel Zeit ist für eine systematische Planung erforderlich?
- ⇨ Wer ist für den Entwicklungsprozess verantwortlich?
- ⇨ Welche Vorteile könnte es mit sich bringen, Kunden in die Planung einzubeziehen?
- ⇨ Wie kann im Planungsprozess geprüft werden, ob das neue Angebot die Anforderungen erfüllt?

Umsetzungsbeispiel

Im „Optimus Kinder- und Jugendhof" wird eine Projektgruppe eingesetzt, die zusammen mit der Leitung und der Geschäftsführung einen Projektplan entwickelt. Zu den Mitgliedern der Projektgruppe gehören ebenfalls die neue Gruppenleitung und ein Mitarbeiter, der in einer anderen Wohngruppe bereits Erfahrungen mit der Betreuung von behinderten Kindern sammeln konnte. Der Projektplan wird visuell an einer Pinnwand entwickelt und verdeutlicht die einzelnen Entwicklungsphasen:

1. *Informationssammlung und Entscheidungsfindung (ca. ein Monat),*
2. *Planungsphase mit Meilensteinen wie z.B. Immobilienkauf, Fertigstellung der Konzeption, Personalakquise ... (ca. drei Monate),*
3. *Startphase: Einzug der ersten Kinder ab xx.yy.zz.*
4. *Reflexionsphase: Die Überwachung des neuen Leistungsangebotes erfolgt durch die Leitung des „Optimus Kinder- und Jugendhofes" von Beginn an auf Basis der konzeptionell verankerten Ziele und Anforderungen.*
5. *Die Projektgruppe wird sich jeweils einen Monat sowie vier Monate nach der Startphase noch einmal zusammensetzen, um die Erfüllung der Anforderungen und die mit dem Leistungsangebot verbundenen Ziele systematisch zu reflektieren.*

Alle Entwicklungsphasen werden dokumentiert.

b. Entwicklungseingaben

Anforderungen der ISO 9001

- ❑ Bestimmung
  - der relevanten gesetzlichen und behördlichen Anforderungen,
  - der Normen/Verfahrensregeln, zu deren Einhaltung die Organisation verpflichtet ist,
  - von Informationen aus vorausgegangenen vergleichbaren Entwicklungsprozessen,
  - von möglichen Reaktionen auf Fehler.
- ❑ Sicherstellung, dass die Informationen für den Entwicklungsprozess angemessen, vollständig und eindeutig sind
- ❑ Klärung von Unstimmigkeiten

Sinn & Nutzen der Anforderungen

Ziel dieses Anforderungskapitels der Norm ist, dass alle Faktoren, die zur qualitativ wertvollen Leistungserbringung beitragen, beachtet werden. Dazu gehören:

- Zentrale Leistungsanforderungen,
- Rechercheergebnisse bezüglich gesetzlicher und behördlicher Anforderungen,
- Berücksichtigung früherer/vergleichbarer Projektergebnisse,
- Kriterien, die eine klare Überprüfung und Beurteilung des neues Leistungsangebotes ermöglichen.

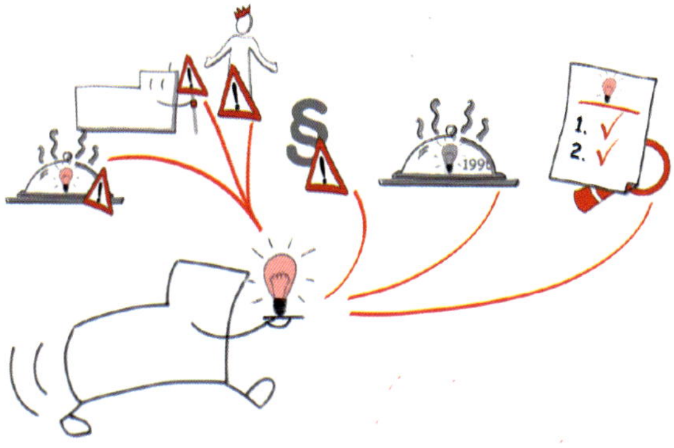

Wenn möglich, sollten vor der Leistungsbringung möglichst viele objektive Nachweise gesammelt werden, die belegen, dass das neue Angebot unter realen Bedingungen tatsächlich auch die damit verbundenen Ziele erfüllt.

Leitfragen zur nachhaltig erfolgreichen Erfüllung der Anforderungen:

⇨ Welche internen und externen Anforderungen werden an das neue Leistungsangebot gestellt?

⇨ Gibt es Wettbewerber? Wie (erfolgreich) greifen diese das Angebot auf? Was können wir ggf. auch von Wettbewerbern lernen?

⇨ Wie holt die Organisation Informationen dazu ein?

⇨ Wie wird sichergestellt, dass die vorliegenden Informationen vollständig sind?

⇨ Wie prüft die Organisation die Vereinbarkeit der unterschiedlichen Anforderungen?

Partizipation (s. Kap. 3.8)

⇨ Wie werden Anforderungen von Mitarbeitern an das neue Leistungsangebot eingeholt?

Umsetzungsbeispiel

Um die Anforderungen an das neue Leistungsangebot systematisch zu erheben, verteilt die Projektgruppe an die einzelnen Mitglieder Arbeitsaufträge, wie z.B. die Ermittlungen der gesetzlichen und behördlichen Anforderungen. Die Geschäftsführung stellt mit der Leitung des „Optimus Kinder- und Jugendhofes" die internen Anforderungen an das neue Leistungsangebot zusammen. Nach einer ersten internen Meinungsbildung in der Projektgruppe lädt diese zwei Gäste ein: Einmal ist ein Vertreter des Jugendamtes zu Gast, um mit ihm die konkreten Anforderungen zu erörtern, und zu einem anderen Termin wird die Leitung eines Kinderheimes eingeladen, die in ihrer Region seit Jahren ein entsprechendes Angebot etabliert hat. Im Anschluss an diese Experteninterviews werden im Projektteam mit Hilfe von Moderationskarten die Vor- und Nachteile, Chancen und Risiken zusammengetragen und bewertet. Nachdem die Projektgruppe den Eindruck hat, dass die Informationssammlung vollständig und schlüssig ist und sich von den Vorteilen und Chancen überzeugt hat, wird die Entscheidung für die Weiterführung des Entwicklungsprozesses gefällt.

c. Entwicklungssteuerung

Anforderungen der ISO 9001

❑ Steuerung des Entwicklungsprozesses durch
  - klare Vorgaben für die Ergebnisse,
  - planmäßige Prüfungen,
  - den Abgleich der Ergebnisse mit den Anforderungen (Verifizierung),
  - die Bewertung der Ergebnisse in Bezug auf die Zielsetzung (Validierung),
  - Einleitung von erforderlichen Korrekturmaßnahmen,
  - Dokumentation der Entwicklungssteuerung.

Sinn & Nutzen der Anforderungen
Eine gute Planung erfüllt nur dann ihren Zweck und ihre Aufgabe, wenn sie auch entsprechend umgesetzt wird. Dazu gehört, Zwischenergebnisse immer wieder im Hinblick auf die Anforderungen und Zielsetzungen zu reflektieren und bei Bedarf Verbesserungsmaßnahmen einzuleiten.

Leitfragen zur nachhaltig erfolgreichen Erfüllung der Anforderungen:

⇨ Welche Vorgaben stellt die Organisation für die Ergebnisse auf?

⇨ Welche Prüfschritte sind im Entwicklungsprozess geplant?

⇨ Wie erfolgt die Bewertung der Ergebnisse?

⇨ Worauf wird dabei geachtet?

⇨ Wer ist für die Steuerung verantwortlich?
Wer entscheidet über die Weiterführung der Planung bzw. über erforderliche Änderungen?

Kommunikation (s. Kap. 3.4)

⇨ Wie werden Planungsergebnisse in der Organisation kommuniziert?

Partizipation (s. Kap. 3.8)

⇨ Wie können Mitarbeiter sich in die Planung einbringen?

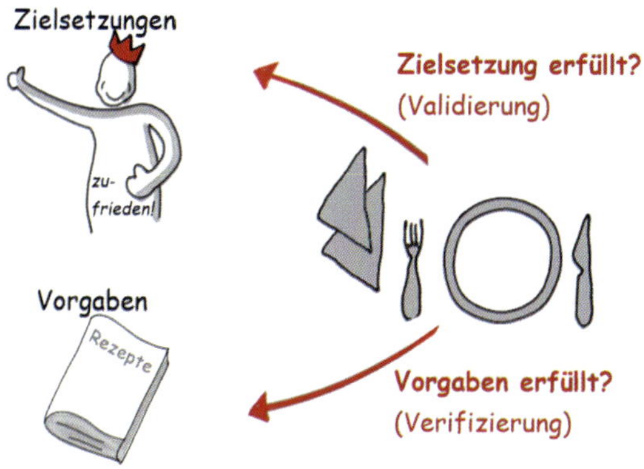

Umsetzungsbeispiel
Die Steuerung des Projektes liegt bei der Leitung des „Optimus Kinder- und Jugendhofes". In einem Projektplan sind einzelne Meilensteine festgeschrieben. Am Ende jeder Entwicklungsphase und zu den einzelnen Meilensteinen wird immer wieder geprüft, inwieweit zum jetzigen Zeitpunkt absehbar ist, dass das neue Leistungsangebot sowohl die Anforderungen erfüllt als auch zur Erreichung der damit verbundenen Ziele beiträgt. Zielsetzung ist es, die Erfüllung der Anforderung und der

Zielsetzungen durch objektive Nachweise zu belegen. So müssen z.B. folgende Fragen recherchiert und beantwortet werden:

- *Wird die Nachfrage nach einem solchen Spezialangebot mittel- bis langfristig ausreichend groß sein?*
- *Wie viele vergleichbare Angebote gibt es schon im regionalen Raum?*
- *Wie viele pädagogische Fachkräfte müssen eingestellt werden?*
  Gibt es auf dem Arbeitsmarkt ausreichend Fachkräfte mit den erforderlichen Spezialisierungen?
- *Wie hoch wird der erforderliche Tagessatz sein?*
  Welchen Tagessatz wird das Jugendamt finanzieren?
- ...

Das neue Leistungsangebot ermöglicht keine Probe- oder Testphase, sondern geht mit Eröffnung der Wohngruppe gleich in das reguläre Tagesgeschäft über. Dadurch wird besonders deutlich, wie wichtig eine sorgfältige Planungsphase ist.

d. Entwicklungsergebnisse

Anforderungen der ISO 9001

❑ Sicherstellung, dass
  - die zuvor ermittelten Anforderungen erfüllt werden,
  - mit Hilfe der Entwicklungsergebnisse eine ordnungsgemäße Leistungserbringung im Sinne der zuvor ermittelten Anforderungen möglich ist,
  - die Entwicklungsergebnisse Informationen zur Freigabe des neuen Leistungsangebotes enthalten,
  - die Entwicklungsergebnisse Informationen zu erforderlichen Überwachungsaufgaben für das neue Leistungsangebot enthalten.

Sinn & Nutzen der Anforderungen

Die Ergebnisse der Planung müssen für die Beurteilung der Fragestellungen aussagekräftig genug und angemessen sein. Auf Basis der vorliegenden Informationen muss die verantwortliche Leitungskraft die Entscheidung zur Durchführung des neuen Angebots treffen und alle damit für das Qualitätsmanagement erforderlichen Regelungen freigeben.
Dazu gehört auch, von Anfang an festzulegen, wie das neue Leistungsangebot überwacht werden muss und soll. Damit der Erfolg des Angebotes auch rückblickend gut beurteilt werden kann, muss der Planungsprozess in schriftlicher Form nachvollziehbar sein.

Leitfragen zur nachhaltig erfolgreichen Erfüllung der Anforderungen:

⇨ Sind alle zur Planung vorliegenden Informationen ausreichend?

⇨ Ist das Ziel bzw. das angestrebte Ergebnis der Planung klar definiert?

⇨ Kann die Erfüllung der Anforderungen mit objektiven Nachweisen belegt werden?

⇨ Wie hoch werden die Erfolgschancen eingeschätzt?

⇨ Welche Befürchtungen gibt es noch hinsichtlich des neuen Leistungsangebotes?

Emotionen (s. Kap. 3.6)

⇨ Wie werden weiche Faktoren bei der Beurteilung der harten Fakten berücksichtigt?

Umsetzungsbeispiel

Die Entscheidung für das neue Leistungsangebot wurde beim „Optimus Kinderhof" nicht am Ende der Planungsphase getroffen, sondern eigentlich „mittendrin", als es um den Kauf der erforderlichen Immobilie ging. Zu diesem Zeitpunkt lag aber bereits eine aussagekräftige und mit dem Jugendamt abgestimmte Konzeption vor, und die Tagessatzverhandlungen waren ebenfalls abgeschlossen. Die dafür entscheidende Projektgruppensitzung wurde wie alle anderen Planungsgespräche auch nachvollziehbar dokumentiert. Die Projektplanung wurde bis zum Tag der Öffnung weiter konsequent verfolgt, überwacht und bei Bedarf entsprechend angepasst.

e. Änderungen

Anforderungen der ISO 9001

- ❑ Prüfung und Überwachung von Änderungen im Entwicklungsprozess
- ❑ Sicherstellung, dass trotz Änderungen die festgelegten Anforderungen erfüllt werden
- ❑ Aufbewahrung von dokumentierten Informationen zu
  - Überprüfungsergebnissen,
  - Befugnissen im Entwicklungsprozess speziell zur Entscheidung über Änderungen,
  - eingeleiteten Vorbeugungsmaßnahmen.

Sinn & Nutzen der Anforderungen

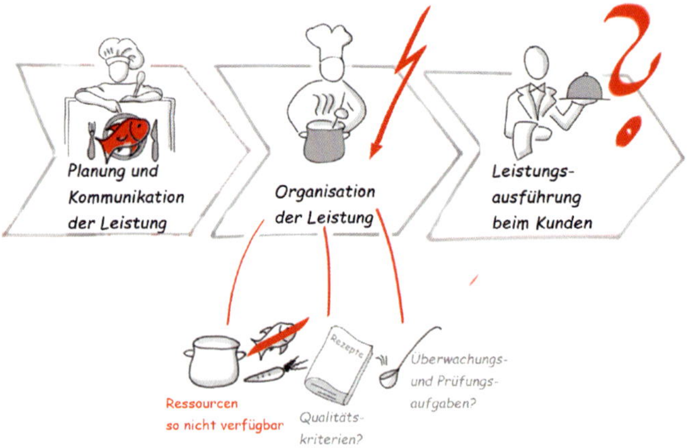

Eine Planung ist nur dann gut, wenn sie sich auf die aktuellen Erfordernisse bezieht. Niemand kann in die Zukunft sehen. So ist es also durchaus normal, dass auch objektive Kriterien, die am Beginn der Planungsphase gesammelt oder aufgestellt wurden, im Projektverlauf ihre Bedeutung verlieren und dafür andere Aspekte mehr Beachtung erfordern. Wenn dies entsprechend erkannt und in der Planung berücksichtigt wird, ist das nicht weiter problematisch. Problematisch ist es, wenn eine Planungsgruppe auf überholten Annahmen beharrt, während längst andere Aspekte an Bedeutung gewonnen haben. Wichtig ist, dass Änderungen in der Planung nachvollziehbar kommuniziert und auch dokumentiert werden. Nur so wird gewährleistet, dass alle Beteiligten auf dem gleichen Informationsstand sind, und der Verlauf von Änderungen auch rückblickend beurteilt werden kann.

Leitfragen zur Erfüllung der Anforderungen:

- ⇨ Welche Aspekte zum neuen/veränderten Leistungsangebot sind einer hohen Variabilität unterworfen und müssen gesondert beachtet werden?
- ⇨ Wie wird Änderungsbedarf festgestellt, kommuniziert und bewertet?
- ⇨ Wer entscheidet über Veränderungen in der Planung?
- ⇨ Wie konsequent wird Änderungsbedarf in der Planung berücksichtigt?
- ⇨ Wie wird sichergestellt, dass Änderungen an der Planung im Nachhinein nachvollziehbar sind?

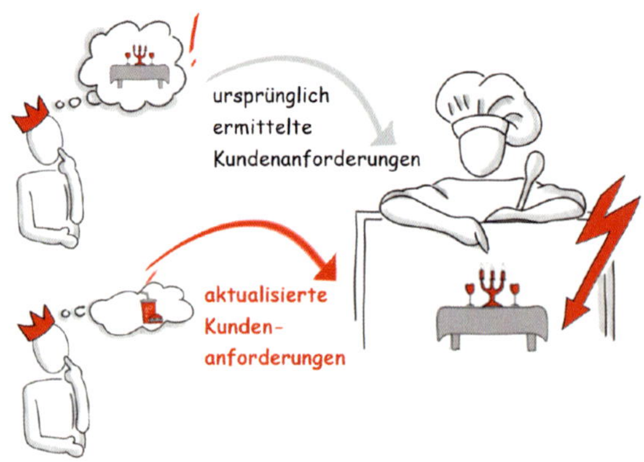

Umsetzungsbeispiel

Bezüglich der Planung der neuen Schwerpunktwohngruppe für behinderte Kinder- und Jugendliche gab es einen zentralen Änderungsaspekt. Während man sich in den konzeptionellen Überlegungen zunächst auf die Zielgruppe der Klein- und Schul-

kinder konzentriert hat, wurde im Verlauf deutlich, dass der Bedarf für Betreuungs- und Pflegeplätze für schwerstverhaltensauffällige Jugendliche deutlich größer ist. Dieser Bedarf wurde aufgegriffen und zog umfängliche Planungsänderungen nach sich, die sich z.B. auf die Personalqualifikationen und die räumlichen Anforderungen der Immobilie bezogen. Durch die sorgfältige Planungsphase und die Hinzuziehung von Experten konnte gewährleistet werden, dass alle Anforderungen systematisch ermittelt wurden. Die Projekt- und Maßnahmenplanung stellte sicher, dass diese auch entsprechend erfüllt werden konnten.

1.8.4 Kontrolle von extern bereitgestellten Produkten und Leistungen

a. Allgemeines

Anforderungen der ISO 9001

- ❑ Gewährleistung, dass von außen zugekaufte Produkte und Dienstleistungen den Anforderungen entsprechen
- ❑ Überprüfung der Einhaltung der Anforderungen insbesondere dann, wenn
  - die zugekauften Produkte und Leistungen in die eigenen Leistungsprozesse integriert werden,
  - die zugekauften Produkte und Leistungen direkt durch den externen Anbieter an den Kunden gelangen,
  - es sich um einen Teilprozess des eigenen Leistungsprozesses handelt, der ausgegliedert wurde.
- ❑ Definition von Kriterien zur Auswahl, (Neu-)Beurteilung und Überwachung externer Anbieter auf Basis der Anforderungen an die Leistungserbringung
- ❑ Aufbewahrung von schriftlichen Informationen zur Beurteilung und Überwachung von externen Anbietern

Sinn & Nutzen der Anforderungen

Extern bereitgestellte Produkte und Leistungen sind Waren oder Dienstleistungen, die die Organisation für die Umsetzung ihres eigenen Leistungsangebotes benötigt, aber nicht selbst vorhält oder vorhalten will. Da diese zugekauften Produkte und Dienstleistungen Einfluss haben auf die Qualität des eigenen Leistungsangebotes, ist es im ureigenen Interesse der Organisation, die externen Anbieter sorgfältig auszuwählen und deren Leistungsqualität zu überwachen.

Zielsetzung dieses Normenabschnitts ist es, dass die eigenen Qualitätsanforderungen für den externen Anbieter eindeutig, überprüfbar formuliert und nachweislich erfüllt werden. Fehlleistungen oder Fehllieferungen sollen vermieden werden, so dass gewährleistet wird, dass

- das richtige Produkt/die richtige Dienstleistung,
- zur richtigen Zeit,

- in richtiger Qualität,
- in der richtigen Menge/im richtigen Umfang,
- am richtigen Ort,
- zum richtigen Preis (wirtschaftlich)

erbracht wird bzw. vorliegt.

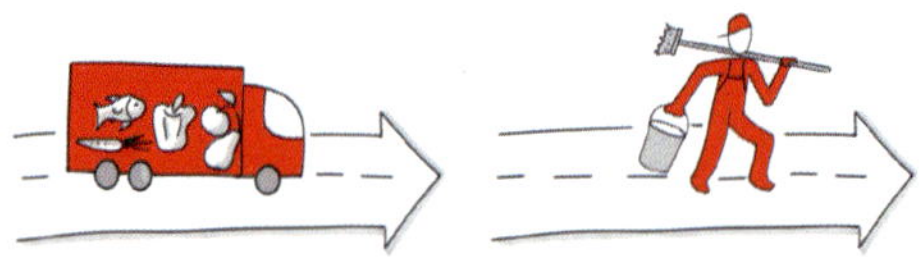

Leitfragen zur nachhaltig erfolgreichen Erfüllung der Anforderungen:

⇨ Welche Leistungen/Produkte werden zugekauft?

⇨ Wie wichtig sind diese Leistungen/Produkte für die eigene Leistungsqualität?

⇨ Wie zufrieden sind die Mitarbeiter mit der Qualität der aktuellen Anbieter?

⇨ Wie zufrieden sind die Kunden mit der Leistungsqualität externer Anbieter?

⇨ Welche Kriterien werden an externe Anbieter gestellt?
Wie werden diese ausgewählt?

Partizipation (s. Kap. 3.8)

⇨ Wie werden Mitarbeiter bei der Auswahl und Beurteilung von externen Anbietern beteiligt?

Umsetzungsbeispiel

Da die Wohngruppen des „Optimus Kinder- und Jugendhofes" dezentral in einem Umkreis von 100 km verteilt sind und es sich um kleine Wohneinheiten mit je neun Kindern/Jugendlichen handelt, werden keine Leistungen zentral z.B. in einem Einkaufsverbund zugekauft. Die Wohneinheiten versorgen sich komplett selbst über die örtlichen Supermärkte und auch die Reinigungs- und Wäscheleistungen werden von den Wohngruppenmitarbeitern übernommen bzw. zusammen mit den Kindern und Jugendlichen ausgeführt.

Zugekauft werden für den Wohngruppenbetrieb Hausmeister- und Fahrdienstleistungen sowie einzelne Therapieangebote. Vor der Auswahl der externen Anbieter wurden zunächst im Rahmen der Wohngruppenleiterbesprechungen zusammen mit der Leitung des Kinder- und Jugendhofes die Erwartungen und Anforderungen an die Dienstleister zusammengetragen.

b. Art und Umfang der Steuerung

Anforderungen der ISO 9001

- ❑ Festlegung des Umfangs der Kontrolltätigkeiten in Bezug auf
  - den Einfluss der zugekauften Produkte auf die Leistungserbringung und die Erfüllung der damit verbundenen Anforderungen,
  - die durch den externen Anbieter selbst durchgeführten Kontrollen und deren Wirksamkeit.
- ❑ Gewährleistung, dass die Prüfungen sicherstellen, dass die Organisation ihr eigenes Leistungsangebot ordnungsgemäß durchführen kann
- ❑ Steuerung von ausgelagerten Teilprozessen oder Funktionen über das eigene QM-System

Sinn & Nutzen der Anforderungen

Die Norm fordert die Organisation dazu auf, zunächst die externen Anbieter zu identifizieren, die maßgeblichen Einfluss auf die Kernprozesse der Organisation haben. Diesem Einfluss entsprechend muss festgelegt werden, in welchem Umfang die Leistungen des externen Anbieters sinnvollerweise überwacht werden. Dabei ist zu berücksichtigen, welche Überwachungs- und Kontrollaufgaben durch den externen Anbieter bereits selbst übernommen werden. Dies kann z.B. durch Anforderungen von Zertifikaten des externen Anbieters oder durch Audits bei den externen Anbietern erfolgen. Darüber hinaus ist einvernehmlich festzulegen, wer für welche Prozessschritte die Verantwortung trägt.

Leitfragen zur nachhaltig erfolgreichen Erfüllung der Anforderungen:

- ⇨ Welchen Einfluss haben zugekaufte Produkte und Leistungen auf die eigene Leistungsqualität?
- ⇨ Wie/Wodurch kann die Leistungsqualität gemessen/beurteilt werden?
- ⇨ In welchem Umfang sind Kontrollen erforderlich?

Partizipation (s. Kap. 3.8)

- ⇨ Wie werden Mitarbeiter bei der Auswahl und Beurteilung von externen Anbietern beteiligt?

Umsetzungsbeispiel

Mit den Anbietern des Hausmeisterdienstes und des Fahrdienstes wurden zunächst separat ausführliche Informationsgespräche über die Konzeption und die Anforderungen der Wohngruppen geführt. Anschließend wurde ein Leistungsverzeichnis über die zugekauften Dienstleistungen und die Anforderungen der Wohngruppen vereinbart. Hier wird z.B. von den externen Dienstleistern gefordert, dass die eingesetzten Techniker/Fahrer über ein einwandfreies polizeiliches Führungszeugnis verfügen. Das Leistungsverzeichnis liegt in jeder Wohngruppe vor, sodass die Mitarbeiter der Wohngruppen zum einen wissen, wofür sie die Dienstleister in Anspruch nehmen können und welche weiteren Anforderungen von diesen erfüllt werden müssen. Die zu erledigenden Arbeiten werden auf Auftragsblättern festgehalten bzw. bei Bedarf konkretisiert und nach Erledigung „abgehakt" bzw. bei Besonderheiten entsprechend kommentiert („Notizen: xx.yy.zz: Fahrdienst kam nicht pünktlich"). Ansprechpartner für den Hausmeisterdienst und den Fahrdienst sind die Wohngruppenleitungen. Einmal im Jahr werden die Notizen auf den Auftragsblättern durch die QMB ausgewertet und im Rahmen einer Wohngruppenleiterbesprechung zusammen mit der Leitung des Kinder- und Jugendhofes reflektiert (= Lieferantenbewertung).

Der Zukauf von externen Therapieangeboten wird über die Leitung des Kinder- und Jugendhofes gesteuert. Für die Therapieangebote liegen differenzierte Konzepte vor, die u.a. Angaben zur Qualifikation der Therapeuten machen und den Informationsaustausch zwischen Mitarbeitern und Therapeuten regeln. Die Umsetzung der Therapieangebote und der Erfolg der Maßnahmen werden in den Fallbesprechungen im Team und im Rahmen der Hilfeplangespräche mit dem Jugendamt reflektiert und dokumentiert.

c. Informationen für externe Anbieter

Anforderungen der ISO 9001

- ❑ Information der externen Anbieter über die geltenden Anforderungen an
  - zugekaufte Produkte und Leistungen,
  - ausgelagerte Prozesse oder Funktionen,
  - die Genehmigung oder Freigabe von zugekauften Produkten oder Leistungen,
  - die Qualifikation und die Kompetenz des Personals,
  - die Steuerungs- und Überwachungsprozesse,
  - die Überwachungstätigkeiten, die direkt beim externen Anbieter durchgeführt werden.
- ❑ Reflexion der Anforderungen in Bezug auf Angemessenheit, bevor diese mit dem externen Anbieter kommuniziert werden

Sinn & Nutzen der Anforderungen

Für eine vertrauensvolle und gute Zusammenarbeit sind Transparenz und Offenheit entscheidende Kriterien. Die Organisation muss zunächst ihre eigenen Qualitätsanforderungen an den externen Dienstleister ermitteln und auf Angemessenheit bewerten. Erst dann sollte sie diese dem Anbieter klar und eindeutig mitteilen. Im Sinne von Offenheit und Transparenz muss der externe Anbieter über den Umfang von Kontrollen und Überwachungen informiert werden. In der ISO 9001:2008 war von Lieferantenbewertungen die Rede. Dieser Begriff fällt jetzt nicht mehr. Aber das grundsätzliche Prinzip, wichtige externe Anbieter regelmäßig in Bezug auf ihre Leistungsqualität zu bewerten, bleibt erhalten. In diese Überwachungstätigkeiten sind auch ausgelagerte Prozesse (z.B. die Speisenversorgung einer stationären Einrichtung durch ein Catering-Unternehmen) einzubeziehen.

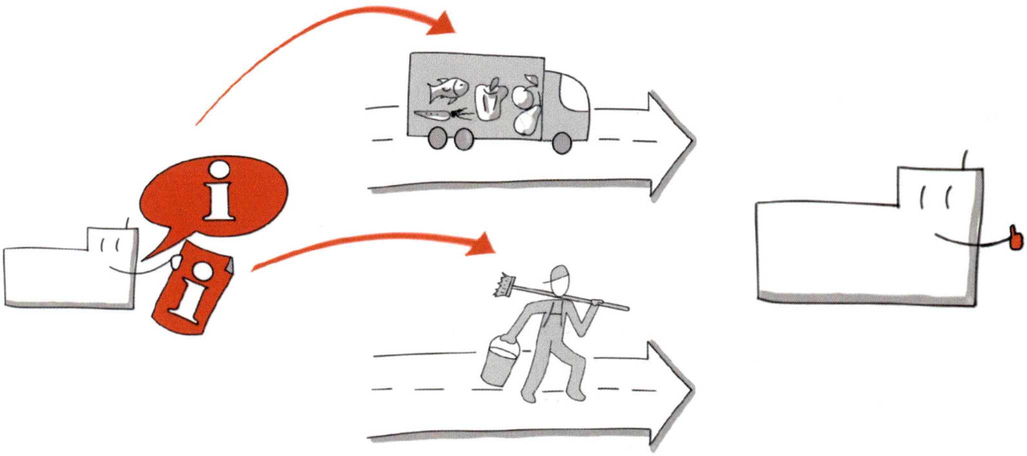

Leitfragen zur nachhaltig erfolgreichen Erfüllung der Anforderungen:

- ⇨ Wie werden die Anforderungen an externe Anbieter ermittelt und in Bezug auf Angemessenheit bewertet?
- ⇨ Wie werden externe Anbieter über die an sie gestellten Anforderungen informiert?
- ⇨ Welche Überwachungstätigkeiten erscheinen sinnvoll?
- ⇨ Wie bzw. von wem können diese Überwachungstätigkeiten umgesetzt werden?

Partizipation (s. Kap. 3.8)

- ⇨ Wie werden Mitarbeiter bei der Auswahl und Beurteilung von externen Anbietern beteiligt?

Umsetzungsbeispiel

Im „Optimus Kinder- und Jugendhof" wurden die Anforderungen an die externen Anbieter in der Wohnbereichsleiterbesprechung zusammen mit der Leitung des Kinder- und Jugendhofes zusammengetragen. Aufgrund dieser Kriterien wurden verschiedene Anbieter überprüft und mit den Infragekommenden wurde ein ausführliches Informationsgespräch geführt, in dem neben den konkreten Anforderungen an die Dienstleistungen auch die Konzeption der Wohngruppen erläutert wurde. Die Leistungen der Haustechnik und des Fahrdienstes werden über Auftragsblätter gesteuert und von den Gruppenleitungen überwacht. Die Leistungen der externen Therapeuten sind konzeptionell ausgearbeitet und die Steuerung und Überwachung erfolgt im Rahmen des pädagogischen Betreuungsprozesses über Fallbesprechungen und Hilfeplangespräche.

1.8.5 Leistungserbringung

a. Steuerung der Leistungserbringung

Anforderungen der ISO 9001

- ❑ Festlegung und Überwachung von Qualitätskriterien für die Leistung, d.h.
  - schriftliche Darstellung,
  - Verfügbarkeit der schriftlichen Regelungen/Prozessbeschreibungen,
  - Konkretisierung von wichtigen Arbeitsschritten und den damit zu erzielenden Ergebnissen/Ergebniskriterien (s. Kap. 1.4.4),
  - Festlegung von erforderlichen Überwachungsaufgaben,
  - Bereitstellung der notwendigen Ressourcen für die Überwachung,
  - regelmäßige Überprüfung der Ergebnisse der Leistung im Hinblick auf die Zielerreichung, insbesondere dann, wenn keine Messungen möglich sind,
  - Vorhaltung der erforderlichen räumlichen Rahmenbedingungen, einer angemessenen Ausstattung und einer guten Arbeitsumgebung (s. Kap. 1.7.1),
  - Sicherstellung, dass die Mitarbeiter über die ausreichenden Qualifikationen und Kompetenzen verfügen (s. Kap. 1.7.1),
  - Regelung der Freigabe/Genehmigung dieser Kriterien (s. Kap. 1.8.5, 1.7.5, 1.8.6),
  - Einbeziehung von Aufgaben der Nachsorge (wenn relevant, s. Kap. 1.8.2).

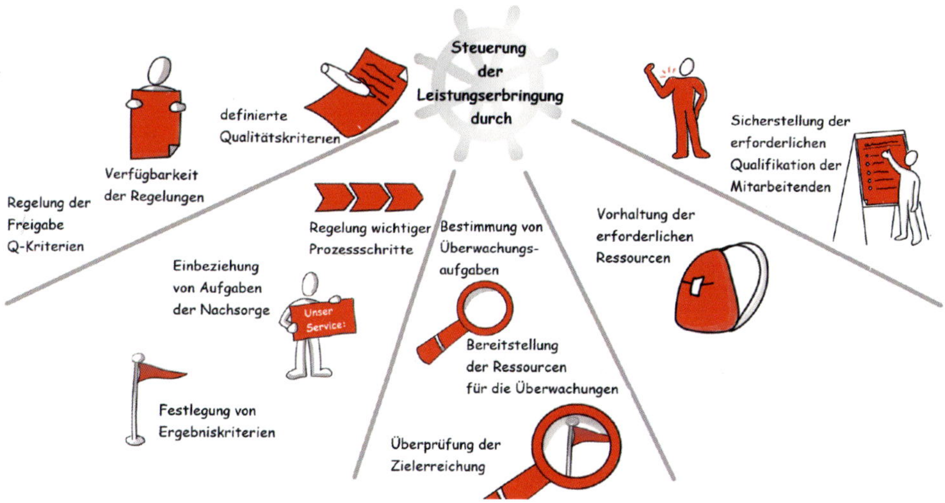

Sinn & Nutzen der Anforderungen

Die Leistungserbringung soll unter beherrschten Bedingungen erfolgen, d.h., sie soll steuerbar und unter kontrollierten Rahmenbedingungen auf gleichbleibendem Qualitätsniveau reproduzierbar sein. Wie viel Steuerung und Kontrolle und wie viele Vorgaben dafür erforderlich bzw. sinnvoll sind, hängt von den internen und externen Anforderungen an das Leistungsangebot ab (s. Kap. 1.8.2). Einfluss haben aber z.B. auch die Größe des Teams, der Ausbildungsstand der Mitarbeiter, die Komplexität und Variabilität der Prozesse oder auch die Anzahl der Standorte. All diese Faktoren fasst die Norm immer wieder unter dem Begriff „Angemessenheit" zusammen.

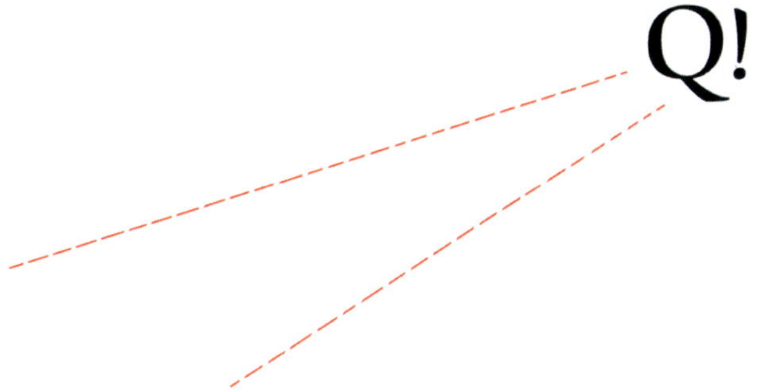

Beherrschte Bedingungen werden im Grunde durch die Anforderungen in Kap. 1.4.4 definiert. Dort wird zum einen die Erstellung von schriftlichen Regelungen zu den zentralen Leistungsprozessen und zum Qualitätsmanagement gefordert und zum anderen wurden inhaltliche Vorgaben für diese Prozessbeschreibungen aufgestellt.

Prozessbeschreibungen entwickeln heißt nichts anderes, als gemeinsam Handlungs- und Zuständigkeitsvereinbarungen zu treffen. Dabei geht es darum, die Prozesse/Prozessschritte zu standardisieren bzw. „beherrschbar/wiederholbar" zu machen, in denen aus Gesetzgeber- und Kundensicht oder aus Organisations- oder Mitarbeiterperspektive eine gleichbleibende Qualität wichtig ist.

Diese Handlungs- und Verhaltensvereinbarungen müssen den individuellen Kundenanforderungen gerecht werden und gleichzeitig eine Art organisationsinternen Maßstab definieren.

Es hat sich bewährt, die erforderlichen Prozessbeschreibungen gemeinsam mit Mitarbeitern oder zumindest unter großer Beteiligung der Mitarbeiter zu entwickeln. Hier können und sollten Methoden der Gruppenmoderation und der Qualitätszirkelarbeit zum Einsatz kommen. Auch wenn diese Diskussionen manchmal mühselig und aufwendig erscheinen, so sind sie doch – effektiv moderiert und visualisiert – eine große Chance der gemeinsamen Qualitätsentwicklung. Denn was die einen für wichtig halten, erscheint Kollegen als Nebensache und wo die einen denken, es gäbe klare Absprachen, sehen die anderen das ganz anders. Sicherheit in der Leistungserbringung (beherrschte Bedingungen) stellt sich aber nur dann ein, wenn die getroffenen Vereinbarungen von allen (den meisten) Beteiligten akzeptiert sind und wertgeschätzt werden.

Kap. 8.5 der Norm fordert nun die Umsetzung dieser Handlungsanleitungen, damit beginnend, dass schriftliche Regelungen/Prozessbeschreibungen (dokumentierte Informationen) dort verfügbar sein müssen, wo sie gebraucht werden. Als Weiteres muss sichergestellt werden, dass die erforderlichen personellen, räumlichen und materiellen Rahmenbedingungen zur Verfügung stehen (s. Kap. 1.7.1, 1.7.2, 1.7.3, 1.7.4), damit die Voraussetzungen für die Leistungserbringung im Sinne des eigenen Qualitätsanspruches geschaffen werden. Und nicht zuletzt muss die Einhaltung dieser Vorgaben im angemessenen Umfang überwacht werden.

Leitfragen zur nachhaltig erfolgreichen Erfüllung der Anforderungen:

- ⇨ Wie definiert die Organisation selbst den Begriff beherrschte Bedingungen?
- ⇨ Wie viel Steuerung ist erforderlich? Wie viel Gestaltungsspielraum ist wichtig?
- ⇨ Welche Vorgaben gibt es für die zentralen Prozessabläufe und das QM?
- ⇨ Sind die wichtigen Qualitätskriterien der Organisation darin aufgenommen?
- ⇨ Wie ist die Verfügbarkeit der Regelungen sichergestellt?
- ⇨ Wie wird die Leistungserbringung überwacht?
- ⇨ Wie wird sichergestellt, dass die erforderlichen Ressourcen zur Verfügung stehen?
- ⇨ Wer gibt die Prozessbeschreibungen für die Leistungsprozesse und das QM-System frei?

⇨ Wie wird sichergestellt, dass durch die Prozessbeschreibungen auch die damit verbundenen Ziele erreicht werden?

Haltung (s. Kap. 3.3)

⇨ Durch welche Haltungen und mentalen Modelle prägen die QM-Verantwortlichen das QM-System?

⇨ Wie ist das Verhältnis von Kontrolle und Vertrauen im QM-System der Organisation?

Umsetzungsbeispiel

Beherrschte Bedingungen werden im „Optimus Kinder- und Jugendhof" durch folgende Dokumente definiert:

- *Leistungsvereinbarung mit dem örtlichen Jugendamt,*
- *Wohngruppenkonzeptionen,*
- *übergreifendes QM-Handbuch sowie Wohngruppenhandbücher mit der Beschreibung der zentralen Prozesse und Abläufe.*

Für alle Prozesse sind Ziele definiert. Wenn möglich liegen überprüfbare qualitative oder quantitative Ergebniskriterien vor. Zur Überwachung und Steuerung der Prozesse

- *finden wöchentliche Dienstbesprechungen statt,*
- *werden für jedes Kind/jeden Jugendlichen mindestens halbjährliche Hilfeplangespräche zusammen mit dem Jugendamt durchgeführt,*
- *finden jährlich Audits in den Wohngruppen statt.*

Die personellen und räumlichen Rahmenbedingungen sind in der Leistungsvereinbarung mit dem Jugendamt und in den Wohngruppenkonzeptionen beschrieben. Die im wohngruppenübergreifenden QM-Handbuch beschriebenen Führungsprozesse wie z.B. Personalakquise, Fort- und Weiterbildung sowie Arbeitsschutz stellen sicher, dass die Leistungsvereinbarung und die Wohngruppenkonzeptionen entsprechend den Vorgaben umgesetzt werden können.

Verantwortlich für das QM-System ist die Leiterin des „Optimus Kinder- und Jugendhofes". Veränderungen im übergreifenden QM-Handbuch werden von ihr freigegeben. Änderungen in den Wohngruppenhandbüchern müssen mit ihr abgestimmt werden.

b. Kennzeichnung und Rückverfolgbarkeit

Anforderungen der ISO 9001

Wenn es Anforderungen an die Kennzeichnung der Leistung gibt, gilt Folgendes sicherzustellen:

- ❑ Kennzeichnung der Leistung über den ganzen Dienstleitungsprozess mit Hilfe von geeigneten Methoden/Mitteln

Wenn es Anforderungen an die Rückverfolgbarkeit der Leistung gibt, gilt:

- ❑ Kennzeichnung der Leistungsergebnisse und Aufbewahrung der schriftlichen Informationen dazu (Nachweisdokumente)

Sinn & Nutzen der Anforderungen

Zielsetzung der Anforderungen an die Kennzeichnung und Rückverfolgbarkeit ist, dass die Leistungserbringung nachvollziehbar ist. Die Organisation muss entsprechend der Anforderungen konkrete Vorgaben an die Dokumentation (Nachweisdokumente) machen und mit den Mitarbeitern abstimmen. Die Vorgaben an die Kennzeichnung und Rückverfolgbarkeit sind von Arbeitsfeld zu Arbeitsfeld verschieden. So fallen entsprechend der externen Vorgaben und der medizinischen Anforderungen in einer Pflegeeinrichtung mehr Dokumentationsarbeiten an als in einer Kita:

Für eine kontinuierlich gute pflegerische Versorgung ist es wichtig, dass mehrmals täglich von den verschiedenen Akteuren die pflegerischen Verrichtungen oder Besonderheiten der Bewohner/Patienten festgehalten werden. Die Bildungsdokumentation in der Kita dagegen umfasst deutlich größere zeitliche Abschnitte.

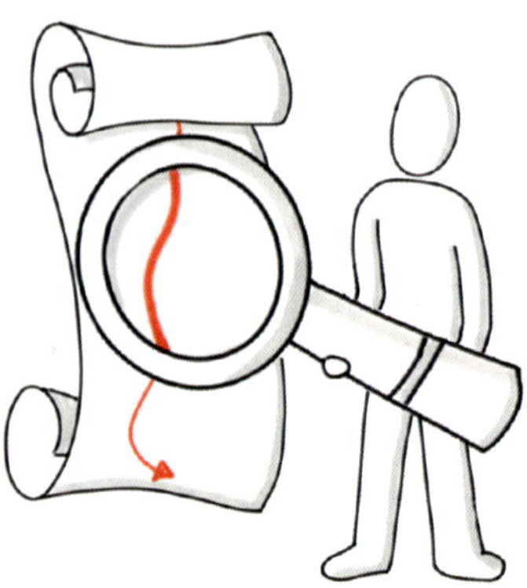

Rückverfolgbar heißt, es muss in Bezug auf die wesentlichen/bedeutenden Prozessschritte klar sein, wer was und wann mit welchem Ergebnis gemacht hat. Zur Kennzeichnung gehört u.a. auch, dass alle Bestandteile der Kundenakten eindeutig mit dem Namen und z.B. Geburtsdatum der Kunden versehen sind.

Dokumentation soll wertschöpfend sein, d.h. ausdrücklich etwas bringen. Mehr ist in diesem Sinne nicht immer besser. Entscheidend ist, sich auf das Wesentliche zu begrenzen, aber dies gut und aussagekräftig zu tun.

Leitfragen zur nachhaltig erfolgreichen Erfüllung der Anforderungen:

⇨ Was sollte dokumentiert werden, um die Forderungen von Kunden und Kostenträgern zu erfüllen?

⇨ Was muss dokumentiert werden, um Rechts- bzw. Haftungsrisiken zu vermeiden?

⇨ Was sollte dokumentiert werden, um Nachvollziehbarkeit zu gewährleisten?

⇨ Was soll darüber hinaus dokumentiert werden, um den internen Qualitätsanspruch zu verwirklichen und nachvollziehbar zu machen?

Kommunikation (s. Kap. 3.4)

⇨ Wie werden Sinn und Nutzen der Dokumentation kommuniziert?

Lernen (s. Kap. 3.5)

⇨ Wie werden die Mitarbeiter für eine wertschöpfende Dokumentation qualifiziert?

Partizipation (s. Kap. 3.8)

⇨ Welche Möglichkeiten der Mitgestaltung haben die Mitarbeiter beim Thema Dokumentation?

Umsetzungsbeispiel

Im „Optimus Kinder- und Jugendhof" werden die Vorgaben zur Kennzeichnung und Rückverfolgbarkeit durch Dienstpläne, Dienstbücher und Fallakten mit Verlaufsdokumentationen erfüllt. Der Aufbau der Fallakten ist übergreifend für alle Wohngruppen geregelt. Die grundsätzlichen Inhalte (Was muss alles dokumentiert werden und was nicht?) sind beschrieben.

c. Eigentum der Kunden oder der externen Anbieter

Anforderungen der ISO 9001

❑ Sorgfältiger Umgang mit dem Eigentum von Kunden oder externen Anbietern, wenn Mitarbeiter im Rahmen der Leistungserbringung dieses benutzen oder Verantwortung dafür übernommen haben, d.h.:
  - Kennzeichnung und Schutz des überlassenen Eigentums,
  - Überprüfung der Angaben und Aufzeichnungen hierzu,
  - Information der Kunden/externen Anbieter, wenn überlassenes Eigentum falsch angewendet, beschädigt oder verloren wurde und Dokumentation des Vorgehens,
  - Einbeziehung von personenbezogenen Daten und geistigem Eigentum.

Sinn & Nutzen der Anforderungen

Der Umgang mit dem Kundeneigentum hat je nach Arbeitsfeld eine sehr große Bedeutung für die Kundenzufriedenheit. Da dieser Abschnitt auch den Umgang mit personenbezogenen Daten und geistigem Eigentum umfasst, geht es auch um den Schutz von Persönlichkeitsrechten.

Neben den Kundendaten ist Kundeneigentum betroffen, von dem Gefahren ausgehen können (z.B. elektrische Geräte), welches von Mitarbeitern in Gebrauch genommen wird (z.B. Hilfsmittel) oder Gegenstände, die für Kunden aufbewahrt oder verwahrt werden. Zu regeln ist auch ein Vorgehen für den Fall, dass Kundeneigentum von Mitarbeitern beschädigt wird, z.B. im Rahmen von Handlungen im persönlichen Umfeld der Kunden.

Leitfragen zur Erfüllung der Anforderungen:

- ⇨ Welche Berührungspunkte haben die Mitarbeiter mit dem persönlichen Eigentum von Kunden und externen Anbietern?
- ⇨ Welche Risiken sind damit verbunden? Wo gibt es im Umgang mit dem persönlichen Eigentum von Kunden/externen Anbietern Unsicherheiten oder häufiger Probleme?
- ⇨ Welche externen Anforderungen (gesetzlicher und ggf. kirchlicher Datenschutz) müssen erfüllt werden?
- ⇨ Was bedeutet dies konkret für den Arbeitsalltag?
- ⇨ Welche handlungsanleitenden Informationen benötigen die Mitarbeiter in Bezug auf den Schutz personenbezogener Daten? (z.B. zur Weitervermittlung von Kunden)?
- ⇨ Welche Erfordernisse leiten sich daraus an die Infrastruktur/Arbeitsumgebung ab (Beratungsräume, EDV-gestützte Datenverarbeitung, Lagerung von Handakten ...)?
- ⇨ Wie werden Mitarbeiter in die Regelungen zum Datenschutz und zum Umgang mit Kundeneigentum eingeführt?
- ⇨ Wer ist in der Organisation Ansprechpartner für Fragen des Datenschutzes?
- ⇨ Wie wird die Erfüllung der Anforderungen überwacht/reflektiert?
- ⇨ Wie zufrieden sind Leitungskräfte und Mitarbeiter mit der Erfüllung der Anforderungen?
- ⇨ Welche Probleme/Schwachstellen gibt es im Arbeitsalltag?

Umsetzungsbeispiel

Da die Kinder und Jugendlichen im „Optimus Kinder- und Jugendhof" in der Regel längerfristig untergebracht sind, haben die Mitarbeiter sehr viel mit dem persönlichen Eigentum der Bewohner zu tun.

Elektrische Geräte wie Fernseher, Computer und Fön, die die Kinder- und Jugendlichen unter Umständen mitbringen, werden erfasst und in die regelmäßigen E-Check-Prüfungen aufgenommen.

Medikamente werden mit Namen der Kinder und Jugendlichen gekennzeichnet und entsprechend den Vorgaben aufbewahrt und verabreicht. Für den Umgang mit Medikamenten liegt eine schriftliche Regelung vor.

Wäschestücke werden ebenfalls mit den Namen der Kinder und Jugendlichen versehen, um ein Vertauschen zu verhindern.

Über die weiteren persönlichen Gegenstände wird dagegen keine Bestandsliste geführt. Mit den Kindern und Jugendlichen ggf. auch mit den Eltern wird im Rahmen des Einzugs eine Haus- bzw. Wohnordnung besprochen, in der die Kinder und Jugendlichen sowohl aufgefordert werden, selbst auf ihre Sachen zu achten, als auch ein achtsamer und respektvoller Umgang mit den Sachen der anderen in der Wohngemeinschaft thematisiert wird.

Kommt es durch die Arbeit der Mitarbeiter zum Schaden an oder zum Verlust von persönlichem Eigentum, so ist über eine Schadensmeldung die entsprechende Versicherung des Trägers zu kontaktieren.

Für die Einhaltung des Datenschutzes gibt es eine übergreifende Regelung, die die gesetzlichen und behördlichen Anforderungen auf die alltagspraktischen Aufgabestellungen in der Wohngruppe überträgt (z.B. Umgang mit Fotos, Ablage der Fallakten, Zusammenarbeit mit Ärzten und anderen Therapeuten, Bedeutung der Schweigepflicht …).

In den Wohngruppenkonzeptionen und den Haus- bzw. Wohnordnungen der jeweiligen Wohngruppen ist geregelt und konzeptionell begründet, ob die Kinder und Jugendlichen über einen eigenen Zimmerschlüssel verfügen oder nicht. In jedem Fall sind die Zimmer der Kinder- und Jugendlichen mit einem abschließbaren Schrank ausgestattet. In der Haus- und Wohnordnung ist der Umgang mit der Privatsphäre für Mitarbeiter und Mitbewohner geregelt.

d. Erhaltung

Anforderungen der ISO 9001

- ❑ Gewährleistung, dass die Ergebnisse der Leistungserbringung, soweit möglich, aufrechterhalten werden

Sinn & Nutzen der Anforderungen

Dieses Anforderungskapitel soll eine werterhaltende Handhabung, Kennzeichnung und Lagerung von hergestellten Produkten (z.B. von Speisen in der Küche eines Integrationsbetriebes oder von Produkten in einer Behindertenwerkstatt) und somit einen nachhaltigen Erfolg der Leistungserbringung gewährleisten.

Dienstleistungen kann man nicht lagern. Wohl aber kann dafür Sorge getragen werden, dass Dienstleistungen nachhaltig erfolgreich sind. Dies wäre eine mögliche Interpretation dieses Kapitels für das Gesundheits- und Sozialwesen.

Leitfragen zur Erfüllung der Anforderungen:

- ⇨ Werden im Rahmen der Leistungserbringung Produkte hergestellt?
- ⇨ Welche Vorgaben gibt es für die Kennzeichnung und Lagerung?
- ⇨ Welche Vorgaben sind für die Handhabung relevant?
- ⇨ Was bedeutet Nachhaltigkeit für die Organisation?
- ⇨ Welche Qualitätskriterien lassen sich daraus ableiten?
- ⇨ Wie lässt sich der Erfolg der Leistungserbringung nachhaltig sichern?

Umsetzungsbeispiel

Im „Optimus Kinder- und Jugendhof" gibt es eine Regelung zum Umgang mit Medikamenten. Darüber hinaus gibt es in dem übergreifenden QM-Handbuch Vorgaben für den Umgang mit Lebensmitteln und Hygieneregeln für das Kochen in Wohngemeinschaften. Da in den Wohngemeinschaften ausschließlich für den eigenen Bedarf gekocht wird, kommt das HACCP-Konzept nicht zur Anwendung.
In der Konzeption des Kinder- und Jugendhofes ist geregelt, wie der Übergang aus der Wohngruppenzeit zurück in die Familie, eine betreute Wohngruppe oder in eine eigene Wohngruppe grundsätzlich begleitet wird. Wie engmaschig diese Betreuung im Einzelfall gestaltet wird, wird in den Hilfeplangesprächen zusammen mit dem Jugendamt vereinbart.

e. Tätigkeiten nach der Leistungserbringung

Anforderungen der ISO 9001

- ❑ Ermittlung, ob mit dem Leistungsangebot Anforderungen verbunden werden, die sich an den eigentlichen Kernprozess anschließen (z.B. Nachsorge, s. 1.8.2)
- ❑ Beachtung
  - der Art bzw. der Nutzung der Dienstleistung,
  - der Rückmeldungen von Kunden (s. Kap. 1.8.2),
  - von Risiken, die in Verbindung mit solchen Leistungen stehen,
  - von gesetzlichen und behördlichen Anforderungen.

Sinn & Nutzen der Anforderungen

In vielen sozialen Arbeitsfeldern ist die Leistungserbringung nicht mit dem Lösen der zentralen Fragestellung oder der angeforderten Hilfeleistung beendet. Aufgaben der Nachsorge und Nachbetreuung gehören häufig zum Leistungsangebot dazu. Die Norm fordert auf, die Anforderungen an Nachsorgeleistungen genauso ernst zu nehmen wie die Anforderungen an das Kerngeschäft. Das heißt: Die Anforderungen müssen zunächst ermittelt und bewertet werden. Risiken, die im Zusammenhang mit Nachsorgeleistungen stehen, müssen beachtet und Kundenrückmeldungen dazu berücksichtigt werden.

Leitfragen zur Erfüllung der Anforderungen:

- ⇨ Gibt es Anforderungen von Nachsorgeleistungen, die über das eigentliche Leistungsangebot hinausgehen?
- ⇨ Was sind das für Anforderungen?
- ⇨ Gibt es Risiken, die mit diesen Anforderungen verbunden sind?
- ⇨ Wie können diese zuverlässig erfüllt und umgesetzt werden?

Umsetzungsbeispiel

Der „Optimus Kinder- und Jugendhof" steht Kindern und Jugendlichen, die ausgezogen sind, weiterhin als Ansprechpartner zur Verfügung. Es ist Ziel, Kindern und Jugendlichen diesen Übergang in eine neue Betreuungsform oder einen neuen Lebensabschnitt zu erleichtern. Zum Teil werden aber auch direkt mit dem zuständigen Jugendamt konkret Nachsorgeleistungen vereinbart.

Als Risiko wird gesehen, dass manchen Kinder und Jugendlichen die Trennung schwerfällt. Wenn sie etwa nach Abschluss der Heimunterbringungsphase mangelnde Unterstützung im familiären und sozialen Umfeld vorfinden und so weiterhin intensiven Kontakt zu der Einrichtung suchen, können Mitarbeiter dies zeitlich nicht auffangen. In solchen Fällen wird versucht, weiterführende Hilfe für die Kinder und Jugendlichen zu erschließen.

f. Überwachung von Änderungen

Anforderungen der ISO 9001

- ❑ Überwachung von ungeplanten Änderungen, die die Leistungserbringung beeinflussen
- ❑ Sicherstellung, dass die Anforderungen trotzdem erfüllt werden
- ❑ Aufbewahrung von schriftlichen Informationen zum Umgang mit Änderungen (Bewertungen, veränderte Tätigkeiten, Genehmigungen)

Sinn & Nutzen der Anforderungen

Prozesse der Gesundheitsversorgung und der sozialen Beratung lassen sich sicherlich durch eine gute Planung steuern. Aber sie laufen bei weitem nicht immer nach Plan ab. Da Planänderungen also normal sind, ist es wichtig, dass die Mitarbeiter über die entsprechende Handlungskompetenz verfügen, die sicherstellt, dass trotz Abweichungen vom optimalen Ablauf die grundsätzlichen Leistungsziele erreicht werden.

Manchmal lassen sich auch Planänderungen standardisieren, weil sie häufiger auftreten, z.B. das Vorgehen, wenn ein Demenzkranker in einer Pflegeeinrichtung verschwindet oder ein Suchtkranker nicht zum Beratungstermin erscheint. Nicht selten ist aber die fachliche Kompetenz der Mitarbeiter in solchen Situationen gefragt. Ein QM-System kann dabei ein gutes Gerüst sein. Gute soziale Arbeit funktioniert aber nur, wenn Mitarbeiter dieses mit Sinn und Verstand entsprechend dem aktuellen Bedarf anwenden können.

Im Sinne von Rückverfolgbarkeit ist es wichtig, dass wesentliche Veränderungen des normalen/optimalen Vorgehens nachvollziehbar dokumentiert werden.

Leitfragen zur Erfüllung der Anforderungen:

⇨ An welchen Stellen laufen Prozesse häufig anders als geplant oder gewünscht ab?

⇨ Mit welchen Veränderungen oder abweichenden Einflüssen ist zu rechnen?

⇨ Können Vorkehrungen für solche Situationen getroffen werden? Sind entsprechende Handlungsanleitungen für die Mitarbeiter sinnvoll?

⇨ Wie werden Änderungen dokumentiert? Ist Nachvollziehbarkeit gewährleistet?

Umsetzungsbeispiel

Im „Optimus Kinder- und Jugendhof" arbeiten ausschließlich pädagogische Fachkräfte. Ihre Grundausbildung und das System der Einarbeitung, der internen Kommunikation, der Fort- und Weiterbildung und der Supervision stellen sicher, dass diese auch in schwierigen und ungeplanten Situationen professionelle Handlungskompetenz zeigen.

Für wiederkehrende Problemsituationen (z.B.: Was tun, wenn Jugendliche nachts nicht in die Wohngemeinschaft zurückkommen?) wurden im Wohnbereichshandbuch Regelungen getroffen.

Änderungen und Besonderheiten werden nachvollziehbar in der Fallakte und im Dienstbuch dokumentiert. Besonderheiten aus dem Dienstbuch und den Fallakten werden in der folgenden Dienstbesprechung aufgegriffen.

1.8.6 Freigabe von Leistungen

Anforderungen der ISO 9001

- ❑ Gewährleistung, dass durch die schriftlichen Qualitätskriterien (s. Kap. 1.8.5) die Anforderungen (s. Kap. 1.8.2) erfüllt werden können
- ❑ Regelmäßige Überprüfung, dass durch die Einhaltung der Qualitätskriterien die Anforderungen erfüllt werden
- ❑ Aufbewahrung von Nachweisen zu diesen Überprüfungen
- ❑ Schriftliche Genehmigung der Qualitätskriterien und Aufbewahrung der Nachweise darüber
- ❑ Übernahme der Leistung in den Routinebetrieb erst nach positivem Überprüfungsergebnis und nach Genehmigung durch die verantwortliche Leitung

Sinn & Nutzen der Anforderungen

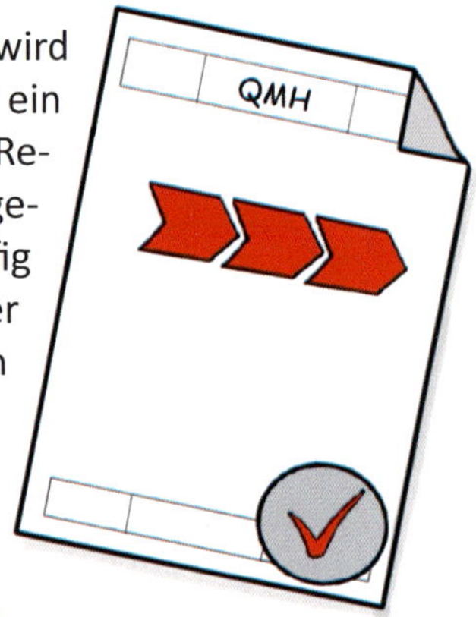

Durch vereinbarte Qualitätskriterien/schriftliche Regelungen wird Verbindlichkeit hergestellt. Diese Verbindlichkeit ist wichtig für ein gleichbleibend hohes Qualitätsniveau. Verbindlich wird eine Regelung, wenn sie durch die verantwortliche Leitungskraft freigegeben ist bzw. für gültig erklärt wird. Um in der Fülle der häufig zu regelnden Themen nicht den Überblick zu verlieren, muss der „Akt der Freigabe" nachvollziehbar sein. Dies wird z.B. durch Dokumente mit eindeutigem Namen und Änderungsstand gewährleistet, die durch das Handzeichen der verantwortlichen Leitungskraft bestätigt werden. Dies kann aber auch durch eine von der Leitungskraft abgezeichnete Liste mit allen aktuell gültigen Dokumenten (eindeutiger Dokumentenname und Änderungsstand) erfolgen oder durch die Software eines EDV-gestützten QM-Systems gewährleistet sein.

Wichtig ist, dass vor der Freigabe eine fachliche Prüfung erfolgt, die sicherstellt, dass die vereinbarten Ablaufschritte oder Qualitätskriterien mit größtmöglicher Wahrscheinlichkeit gewährleisten, dass die Anforderungen an die Leistung und die damit verbundenen Ziele erfüllt werden. Die Freigabe bezieht sich auf neue oder geänderte Regelungen. Der Prozess der Freigabe muss so geregelt sein, dass er flexibel und schnell umsetzbar ist, ansonsten bildet das QM-Handbuch mittelfristig eine andere Welt als den Arbeitsalltag ab. Ebenfalls muss geklärt werden, wie die Mitarbeiter über neue oder geänderte Regelungen informiert werden.

Eine grundsätzliche Überprüfung der Regelung in Bezug auf die Anforderungen und die Umsetzung erfolgt durch die regelmäßigen Audits.

Leitfragen zur Erfüllung der Anforderungen:

⇨ Wer gibt die schriftlichen Regelungen für das QM-Handbuch frei?
⇨ Wie zentral oder dezentral kann die Freigabe erfolgen?
⇨ Wie wird gewährleistet, dass die Regelungen die Erfüllung der Anforderungen an das Leistungsangebot gewährleisten?
⇨ Wer übernimmt eine fachliche Prüfung der Regelungen?
⇨ Wie ist die Freigabe nachvollziehbar?

Umsetzungsbeispiel

Alle Führungs- und Unterstützungsprozesse sind im übergreifenden QM-Handbuch für alle zehn Wohngruppen des „Optimus Kinder- und Jugendhofes" geregelt. Die Freigabe dieser Regelungen erfolgt durch die Leitung des Kinder- und Jugendhofes auf der jeweils aktuellen Dokumentenliste und wird im Dokumentennamen durch ein Kürzel (F) für alle als „freigegeben" ersichtlich. Die Leitung ist auch für die fachliche Prüfung dieser Prozesse verantwortlich. In der Regel bezieht sie die Teamleitungen (Wohngruppenleitungen) in Neuerungen oder Änderungen ein, ggf. erfolgt eine Abstimmung mit dem Träger.

Die Wohngruppenhandbücher werden durch die Teamleitungen freigegeben. Für die Wohngruppenhandbücher gibt es allerdings einige Kriterien, die übergreifend vorgegeben sind. Daher ist die Kinder- und Jugendhofleitung über Änderungen und Neuerungen zu informieren. Sie verfügt über ein Vetorecht. Die Teamleitungen geben die Regelungen im internen Handbuch durch Handzeichen frei.

1.8.7 Steuerung nicht konformer Leistungen/Ergebnisse

Anforderungen der ISO 9001

- ❑ Information über fehlerhafte Leistungen und/oder fehlerhafte Teilprozesse
  - Kundeninformation inklusive Abstimmung des weiteren Vorgehens
- ❑ Einleitung von geeigneten und angemessenen Korrekturmaßnahmen
- ❑ Überprüfung der durchgeführten Korrekturmaßnahmen (ggf. ist eine erneute Freigabe der Leistung erforderlich)
- ❑ Dokumentation von fehlerhaften Leistungen und erfolgten Maßnahmen
- ❑ Dokumentation, wer über das Vorgehen, die Maßnahme entschieden hat

Sinn & Nutzen der Anforderungen

Grundsätzlich soll das QM-System natürlich sicherstellen, dass Fehler in der Leistungserbringung vermieden werden. Wenn Fehler auftreten, muss geregelt werden, dass Kunden informiert und das weitere Vorgehen mit ihnen abgestimmt wird.

Die Einleitung von Korrekturmaßnahmen soll gewährleisten, dass die Ursachen dieser Fehler behoben werden, sodass ein wiederholtes Auftreten vermieden wird (s. Kap. 1.10.2). Um nachzuvollziehen, ob dies geglückt ist, müssen Fehler und die eingeleiteten Korrekturmaßnahmen dokumentiert und ausgewertet werden.

Leitfragen zur nachhaltig erfolgreichen Erfüllung der Anforderungen:

- ⇨ Welche Fehler/Pannen passieren (häufig) im Arbeitsalltag?
- ⇨ Wie groß sind die Auswirkungen bzw. welche Bedeutung haben diese für die Qualität der Leistungserbringung?
- ⇨ Wie werden Fehler gegenüber Kunden kommuniziert?
- ⇨ Wie werden Fehlerursachen analysiert?
- ⇨ Wie wird sichergestellt, dass aus Fehlern gelernt werden kann, sodass Wiederholungsfehler vermieden werden?

Kommunikation (s. Kap. 3.4)

⇨ Wie ist die Fehlerkultur in der Organisation?
Wie ist die Fehlerfreundlichkeit im Team?

⇨ Wie wird mit Schuldzuweisungen umgegangen?

Umsetzungsbeispiel

In den Wohngruppen des „Optimus Kinder- und Jugendhofes“ werden Fehler auf einer „Team-Themen-Liste“ erfasst, die im Wohngruppenbüro aushängt. In der nächsten Dienstbesprechung wird das mit dem Fehler verbundene Thema aufgegriffen. Die Leitfragen im Team sind dann zunächst Folgende:

- *Wie hoch ist der Schaden?*
- *Wie wahrscheinlich ist es, dass der Fehler wieder auftritt?*

Banale und zufällige Fehler werden nicht weiterverfolgt. Eine Ursachenanalyse findet bei Fehlern statt, die eine große Gefahr der Wiederholung mit sich bringen und die Leistungsqualität gefährden. Verbesserungsmaßnahmen werden im Maßnahmenplan aufgenommen. Die „Team-Themen-Liste“ wird mindestens ein Jahr aufbewahrt, sodass auch eine langfristige Auswertung möglich wird.

1.9 Bewertung der Leistung

„Man sieht oft etwas hundert Mal, tausend Mal, ehe man es zum ersten Mal wirklich sieht."
Christian Morgenstern (1871–1914), deutscher Schriftsteller

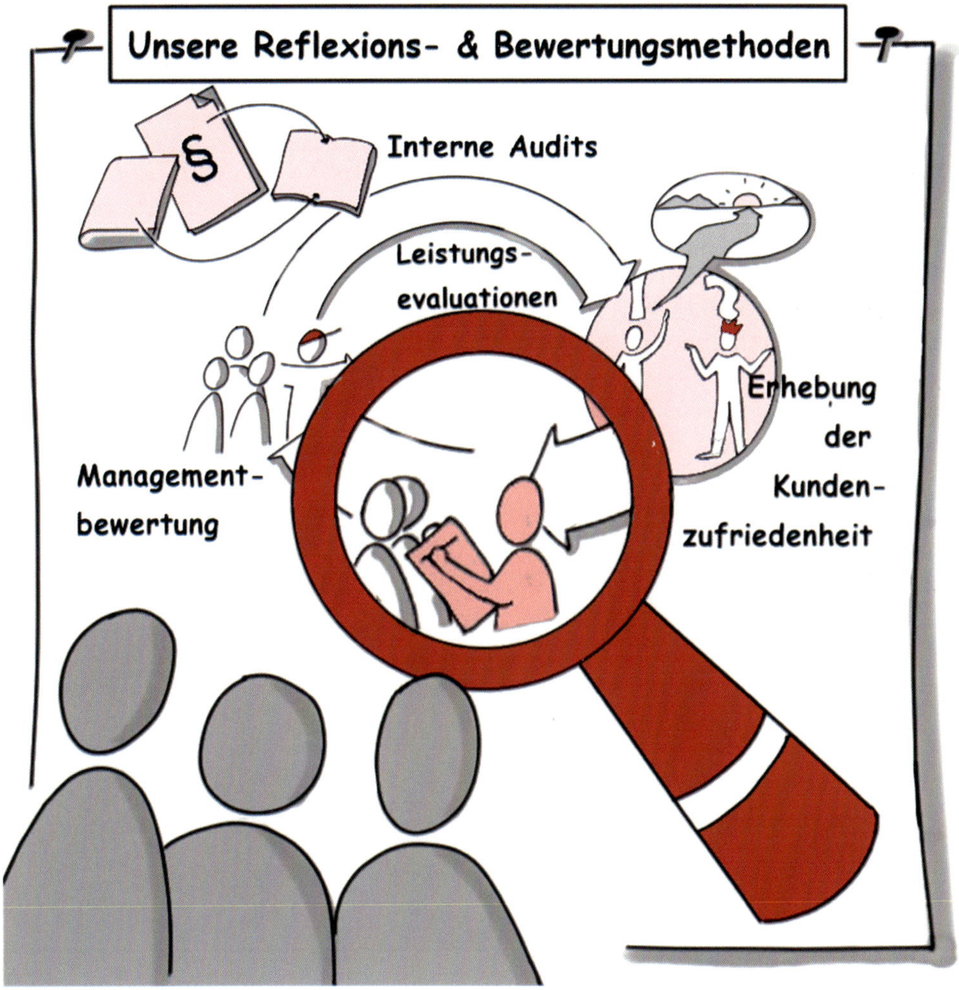

1.9.1 Überwachung, Messung, Analyse und Bewertung

Anforderungen der ISO 9001

- ❑ Gewährleistung, dass die Überwachungen und Messungen auf Basis der festgelegten Anforderungen (s. Kap. 1.8.2) und der Qualitätskriterien (s. Kap. 1.8.4) erfolgen
  - Bestimmung, was überwacht und gemessen werden muss,
  - Bestimmung, wie überwacht und gemessen wird,
  - Bestimmung, wann überwacht und gemessen wird,
  - Bestimmung, wann die Ergebnisse überwacht und bewertet werden,
  - Dokumentation und Aufbewahrung der Ergebnisse.
- ❑ Bewertung der Qualität der Leistung und des Nutzens des QM-Systems

Sinn & Nutzen der Anforderungen

Auch im Gesundheits- und Sozialwesen besteht weitgehend Konsens darüber, dass Kunden (vom Leistungsempfänger über Klienten bis hin zu Kindern und Eltern) einen Anspruch auf „gute Qualität" haben und dass diese Qualität nachprüfbar sein muss.

Nicht selbstverständlich ist im Gesundheits- und Sozialwesen allerdings der Ansatz, nicht nur die pädagogischen, beratenden und pflegerischen Prozesse im engeren Sinne in den Blick zu nehmen, sondern die gesamte Organisation, die die Dienstleistung organisiert. Dazu gehört dann auch die Reflexion der Qualität der Führungsprozesse wie der Personalentwicklung.

Organisationen im Gesundheits- und Sozialwesen sind zum Teil erheblich von Zuschüssen Dritter abhängig, die zunehmend konkretere Qualitätsfragen stellen.

Damit die Qualität der Arbeit anerkannt wird, reagieren viele Träger auf die veränderten Anforderungen mit neuen/eigenen Qualitätskonzepten, um in der Zukunft wettbewerbsfähig zu bleiben. Nicht jede denkbare pädagogische/beratende oder pflegerische Situation kann mit Kennzahlen versehen werden. Aber die Qualität des Handelns muss sich regelmäßigen und systematischen Fragen zur Zielerreichung stellen, deren Beantwortung zum Teil qualitativ erfolgt, zum Teil aber auch mit spezifischen aussagekräftigen Kennzahlen unterstützt werden kann und muss.

Im Sinne eines kontinuierlichen Verbesserungsprozesses muss die Organisation ihre Kernprozesse/Leistungsprozesse messen (soweit möglich), überwachen, analysieren und verbessern. Die Ergebnisse müssen die Erfüllung der Anforderungen nachweisen und in der Bewertung der Wirksamkeit des QM-Systems berücksichtigt werden.

Ein geeignetes Instrument, das in fast allen Arbeitsfeldern des Gesundheits- und Sozialsystems Bedeutung hat, ist die Leistungsevaluation z.B. im Rahmen von Pflege-, Förder-, Hilfe- oder Betreuungsplänen. Deren Ausgestaltung ist jedoch häufig höchst unterschiedlich und muss in dem bisherigen Einsatz in Bezug auf die Anforderungen der ISO 9001 kritisch überprüft werden.

Evaluation bedeutet allgemein eine sach- und fachgerechte Analyse und Bewertung von Projekten, Prozessen und Organisationseinheiten.

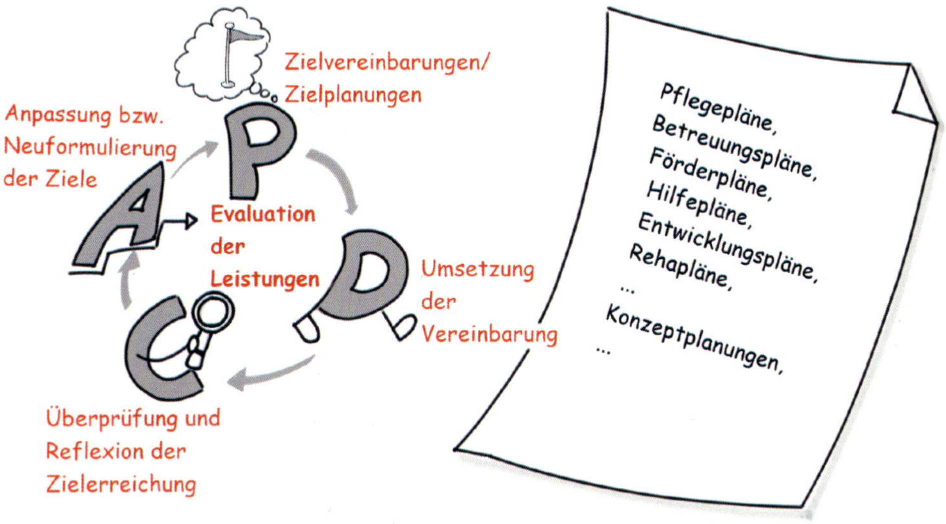

Leitfragen zur nachhaltig erfolgreichen Erfüllung der Anforderungen:

- ⇨ Wie und woran beurteilt die Organisation ihre Qualität?
- ⇨ Wie und woran beurteilen die Kunden die Qualität der Organisation?
- ⇨ Wie wird die Organisation von außen gesehen und wahrgenommen?
- ⇨ Mit welchen Methoden werden die erforderlichen Daten/Rückmeldungen erhoben, sodass die Leistungsqualität beurteilt werden kann?
- ⇨ Welche Faktoren fördern die Wirkung der Arbeit?
- ⇨ Gibt es messbare quantitative oder erfassbare qualitative Qualitätsindikatoren?
- ⇨ In welchem Umfang ist eine Überwachung der Leistungserbringung wichtig?
- ⇨ In welchen Phasen der Leistungserbringung sind Überwachungsaufgaben von Bedeutung?
- ⇨ Wie werden Ergebnisse aufbereitet und aufbewahrt?
- ⇨ Wie bzw. wann wird das QM-System bewertet?

Haltung (s. Kap. 3.3)

- ⇨ Wie erfahren die Mitarbeiter Wertschätzung für ihre Arbeit?
- ⇨ Inwiefern wird auch ein Lernen aus Erfolgen ermöglicht?

Kommunikation (s. Kap. 3.4)

- ⇨ Wie werden Bewertungsergebnisse kommuniziert?
- ⇨ Wie wird mit kritischen Ergebnissen umgegangen?

Emotionen (s. Kap. 3.6)

- ⇨ Wie stehen die Mitarbeiter den Themen Bewertung, Leistungsevaluation und Transparenz gegenüber? Welche Erfahrungen haben sie dazu in den zurückliegenden Jahren gesammelt?

Umsetzungsbeispiel
In der „Optimus Behindertenwerkstatt“ werden zur Betreuung und Begleitung der Werkstattbeschäftigten Eingliederungs- bzw. Förderpläne geführt. Diese sind das zentrale Instrument der Leistungsevaluation, da sie zyklisch weiterentwickelt und fortgeschrieben werden. In den Eingliederungs- und Förderplänen werden schwerpunktmäßig qualitative Kriterien reflektiert.

Die Auftragslage der Behindertenwerkstatt und die wirtschaftlichen Leistungen werden mit Hilfe von Kennzahlen erfasst. Das QM-System der Werkstatt wird im Rahmen der Managementbewertung reflektiert. Für diese Reflexion wurden auch eine Reihe von quantitativen Kennzahlen aufgestellt, z.B. zum Soll-Ist-Abgleich zu den Qualitätszielen, zu Befragungsergebnissen und zu Lieferantenbeurteilungen etc.

a. Kundenzufriedenheit

Anforderungen der ISO 9001

- ❑ Erhebung der Kundenwahrnehmungen in Bezug auf ihre Zufriedenheit/ Unzufriedenheit
- ❑ Festlegung von geeigneten Methoden dafür
- ❑ Reflektion der Ergebnisse im Hinblick auf die zuvor definierten Anforderungen

Sinn & Nutzen der Anforderungen
Wenn sich die Organisation für ein QM-System wie die ISO 9001 entscheidet, das die Kundenzufriedenheit als oberstes Ziel setzt, muss deren Erreichung auch erhoben und bewertet werden. Die Verwirklichung von Kundenorientierung ist eines der ganz zentralen Ziele des Qualitätsmanagements. Logischerweise fehlen der Organisation ohne das Feedback der Kundenseite (und dies können neben den direkten Leistungsempfängern auch Kostenträger oder andere Auftraggeber sein) wichtige Informationen, um die Qualität der Leistungserbringung zu bewerten und

ggf. zu verbessern. Leider trifft man immer noch auf die Ansicht, dass die von den Mitarbeitern eingeschätzte Qualität auch der von den Kunden wahrgenommenen entspricht. Das muss aber nicht so sein. Äußerungen der subjektiven Zufriedenheit, aber auch des Unmuts sollten daher systematisch erhoben und stets ernst genommen werden. Gerade dann, wenn Kunden nicht direkt für die Leistung bezahlen oder ihre Bedürfnisse aufgrund einer Erkrankung nur eingeschränkt kundtun können.

Die Ermittlung der Kundenzufriedenheit kann ein Bestandteil der Leistungsevaluation sein und z.B. im Rahmen eines Abschlussgesprächs erfolgen. Sie kann aber auch durch ein gesondertes Instrument, wie etwa eine Kundenbefragung erhoben werden. Die ISO 9001 spricht nicht grundsätzlich von Befragungen, sie überlässt es der Organisation, eine für ihre Klientel geeignete Methode zu wählen.

Wenn die Kundenzufriedenheit im Rahmen der Einzelberatung (etwa bei Abschlussgesprächen) erfragt wird, muss geklärt werden, wie diese Information in eine Auswertung über die allgemeine Kundenzufriedenheit einmünden kann. Ergebnisse werden so objektiver und es können Verbesserungsmaßnahmen abgeleitet werden, die für viele Kunden von Bedeutung sind.

Leitfragen zur Erfüllung der Anforderungen:

- ⇨ Welche Kundengruppen hat die Organisation?
- ⇨ Mit welcher Methode kann die Zufriedenheit dieser Gruppen erfragt werden?
- ⇨ Wie häufig bzw. in welcher Regelmäßigkeit wird die Zufriedenheit erhoben?
- ⇨ Wie kann eine vergleichende Auswertung über einen längeren Zeitraum ermöglicht werden?
- ⇨ Wie werden Beschwerden und Reklamationen ausgewertet?
- ⇨ Wie gelingt es die darin enthaltenen Informationen für organisationsinterne Lernprozesse zu nutzen?

Umsetzungsbeispiel

In der „Optimus Behindertenwerkstatt" gibt es im Grunde drei zentrale Kundengruppen: Die eine Gruppe umfasst die Beschäftigten mit Behinderung (Schlüsselkunden), zur zweiten Gruppe gehören die lokalen Arbeitsagenturen als Kostenträger und die dritte Gruppe bezieht sich auf die gewerblichen Auftraggeber, die nicht unwesentlich zur Sicherung der Finanzierung der Werkstatt beitragen.

Die Zufriedenheit der Werkstattbeschäftigten wird zum einen im Rahmen der Eingliederungs- bzw. Förderplanung thematisiert, zum anderen aber auch durch den Werkstattrat z.B. im Rahmen von Werkstattversammlungen erfragt.

Den zuständigen Arbeitsagenturen wird einmal jährlich ein Fragebogen zur Reflexion und Weiterentwicklung der Zusammenarbeit zugesendet.
Bei den gewerblichen Auftraggebern wird auf eine persönliche und direkte Kontaktpflege Wert gelegt. Rückmeldungen werden auftragsbezogen in regelmäßigen Abständen mit Hilfe eines standardisierten Erhebungsbogens eingeholt und ausgewertet. Reklamationen werden erfasst und ausgewertet. Wenn sinnvoll und möglich, werden angemessene Verbesserungsmaßnahmen eingeleitet.

b. Analyse und Beurteilung

Anforderungen der ISO 9001

- ❑ Analyse und Bewertung der Informationen und Daten aus Überwachungen und Messungen
- ❑ Nutzung der Ergebnisse
  - zum Nachweis, dass die Anforderungen (s. Kap. 1.8.2) erfüllt werden,
  - zur Bewertung und Verbesserung der Kundenzufriedenheit,
  - zur Beurteilung der Wirksamkeit des QM-Systems (s. Kap. 1.9.3),
  - zur Weiterentwicklung des QM-Systems,
  - zur Bewertung der Planung und deren Umsetzung (s. Kap. 1.8.1),
  - zur Evaluation der Leistungserbringung,
  - zur Beurteilung der Leistung externer Anbieter (s. Kap. 1.8.4).

Sinn & Nutzen der Anforderungen
Die Erhebung der Daten zur Leistungsqualität, zur Wirksamkeit des QM-Systems und zur Kundenzufriedenheit macht nur Sinn, wenn diese auch angemessene Beachtung erhalten und konsequent Verbesserungsmaßnahmen abgeleitet werden. Die Kundenzufriedenheit muss als ein Maß für die Wirksamkeit des QM-Systems gelten.

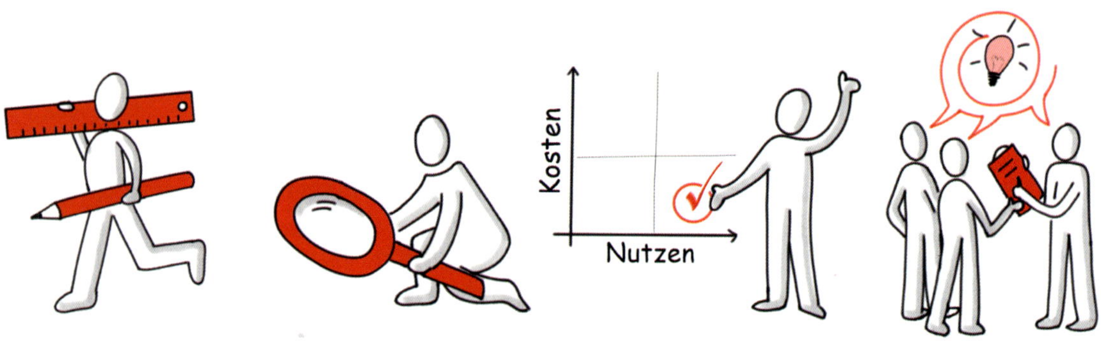

Leitfragen zur Erfüllung der Anforderungen:

- ⇨ Wie werden Leistungsevaluationen ausgewertet?
- ⇨ Welche Konsequenzen werden aus Kundenbefragungen gezogen?
- ⇨ Welche Bedeutung haben interne Audits in der Organisation?
- ⇨ Wie wird die Qualität externer Anbieter bewertet?

Umsetzungsbeispiel

In der „Optimus Behindertenwerkstatt" wurde ein Steuerkreis eingesetzt, der zusammen mit der Geschäftsführung und dem QM-Beauftragten alle Prozesse und Aufgaben des Qualitätsmanagements leitet und lenkt. Dieser Steuerkreis trifft sich im Abstand von zwei bis drei Monaten. Alle qualitätsrelevanten Zahlen, Daten und Fakten werden in diesem Gremium ausgewertet. Dazu zählen z.B. Kundenmeinungen, Fehler- und Beschwerdemeldungen oder Ergebnisse von internen Audits. Zur Nachvollziehbarkeit werden Gesprächsprotokolle geführt. Verbesserungsmaßnahmen werden in Maßnahmenplänen überwacht. Die vereinbarten Maßnahmen werden im Hinblick auf ihre Umsetzung und auf ihre Wirksamkeit hin bewertet.

1.9.2 Interne Audits

Anforderungen der ISO 9001

- ❑ Regelmäßige Durchführung von internen Audits, um zu prüfen
  - ob die Anforderungen an das QM-System erfüllt werden,
  - ob die Anforderungen der ISO 9001 erfüllt werden,
  - ob das QM-System im Alltag gelebt wird und seine Ziele erreicht werden.
- ❑ Erstellung von einem oder mehreren Auditprogrammen mit Aussagen
  - zur Häufigkeit von Audits,
  - zu Auditmethoden,
  - zu Verantwortlichkeiten.
- ❑ Erstellung von Auditprogrammen mit Berücksichtigung
  - der internen Qualitätsziele,
  - der Bedeutung von einzelnen Prozessen,
  - von Kundenrückmeldungen,
  - von Änderungen in der Organisation bzw. in ihrem Kontext.
- ❑ Formulierung von Anforderungen an die Auditplanung und die Auditdokumentation
- ❑ Gewährleistung für jedes einzelne Audit
  - Festlegung von Auditkriterien,
  - Festlegung des Umfangs,
  - Auswahl von unabhängigen Auditoren,

- objektive Durchführung,
- Einbeziehung von alten Auditberichten,
- Information der verantwortlichen Leitung über die Auditergebnisse,
- zeitnahe Umsetzung von Lösungen/Einleitung von Korrekturmaßnahmen,
- Dokumentation der Audittätigkeiten.

Sinn & Nutzen der Anforderungen

Der Begriff Audit leitet sich von dem lateinischen Wort „audire“ ab und tatsächlich sind das Zuhören, aber auch das Zusehen und Nachsehen zentrale Bestandteile eines Auditgesprächs. Der Auditor ist damit vorwiegend Fragender und Hörender. Er gestaltet das Audit durch drei Hauptfragen:

- Erfüllen die internen Regelungen die Anforderungen der DIN ISO 9001 oder anderer Regelwerke?
- Werden die Regelungen im Alltag wirksam und nachweislich umgesetzt?
- Gibt es ggf. Optimierungsmöglichkeiten aus Sicht der Beteiligten bzw. kann rückblickend ein Verbesserungsprozess nachvollzogen werden?

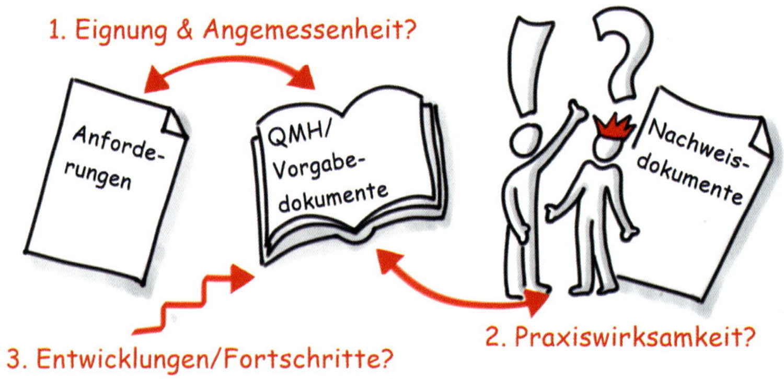

Ohne diese Fragen „dreht“ sich der PDCA-Zyklus nicht. Ohne diese Fragen werden schriftliche Regelungen erstellt und nicht auf ihre Praxistauglichkeit überprüft, d.h., ohne diese Fragen kann man nicht von einem Qualitätsmanagement-System sprechen. Somit ist das Audit – unabhängig von eventuellen Zertifizierungsverfahren – eines der wichtigsten Instrumente in einem Qualitätsmanagementsystem. Leider werden die Potenziale, die das Instrument Audit bietet, oft nicht (ausreichend) ausgeschöpft, und Organisationen scheuen den Aufwand, den ein wirksames internes Auditsystem erfordert und/oder die Konsequenz, die es im Handeln verlangt.

Der Erfolg eines Audits hängt von einer gründlichen und transparenten Planung und Vorbereitung und von der Bereitschaft der Mitarbeiter zur Mitwirkung und konsequenten Nachbearbeitung ab. Daher werden Audits systematisch in regelmäßigen Abständen durchgeführt und immer im Vorfeld angekündigt.

Ein wesentlicher Bestandteil des Audits ist die Forderung nach Unabhängigkeit der Auditoren, womit ausgeschlossen ist, dass Auditoren ihre eigene Tätigkeit auditieren. So soll größtmögliche Objektivität gewährleistet und Betriebsblindheit vermieden werden. In der Praxis ist aber kein Auditor vollkommen unabhängig bzw. neutral.

Auditoren benötigen vor allem kommunikative Kompetenzen und müssen über eine gute Akzeptanz in der Mitarbeiterschaft verfügen. Sie sollten Wertschätzung transportieren können, ohne dabei den kritisch hinterfragenden Auftrag aus den Augen zu verlieren. Gleichzeitig sollten sie die Methodik des Audits verstehen.

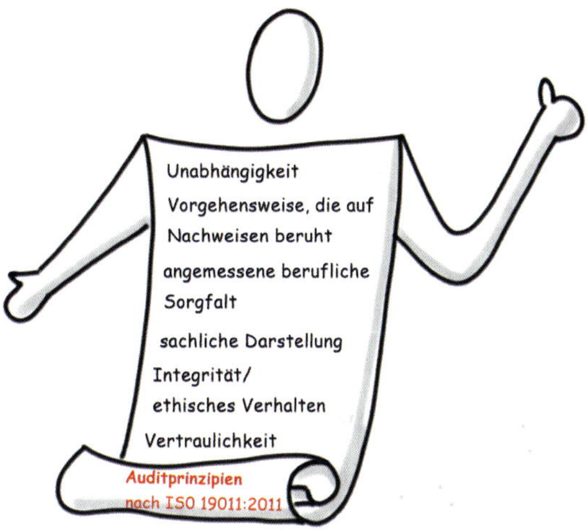

Der Auditor untersucht, ob der auditierte Bereich die schriftlichen Regelungen, die die ISO 9001 fordert, vorhält und umsetzt. Dabei schenkt der Auditor den Aussagen der Teilnehmer genauso Beachtung wie direkten Beobachtungen und schriftlichen Aufzeichnungen. Seine Vorgehensweise beruht immer auf der Bewertung von Nachweisen. Um die Objektivität zu steigern, sollten verschiedene Personen in das Audit einbezogen werden (mit und ohne Leitungsverantwortung, unterschiedliche Funktionen und Arbeitsbereiche ...). Wenn möglich werden Audits an den Orten durchgeführt, an denen die tatsächliche Leistungserbringung erfolgt.

Zum Auditablauf gehören die Planung, die Vorbereitung, die Dokumentenprüfung, das Auditgespräch vor Ort und die Auditnachbereitung. Die Planung von mehreren Audits über einen Zeitraum z.B. von drei Jahren wird als Auditprogramm bezeichnet. In dem Auditprogramm sollte den sehr risikoreich bewerteten Prozessen eine höhere Bedeutung beigemessen werden als den stabilen unkomplizierten Abläufen. Die Darstellung des einzelnen Audits mit Einführungsgespräch, Themeninterviews und Abschlussgespräch erfolgt im Auditablaufplan oder Auditplan.

Entsprechend der Definition des Auditbegriffes in der ISO 9000 ist das Audit (u.a.) ein Prozess zur Erlangung von Auditnachweisen. Zur Vertrauenssteigerung sollte der gesamte Auditprozess nachweisbar und transparent sein. Dies beinhaltet auch eine klare Darlegung der Ergebnisse im Auditbericht. In diesem geht es um die übersichtliche und nachvollziehbare Darstellung der Abweichungen gegenüber den Vorgaben der Norm und der möglichen Verbesserungspotenziale, die durch die Auditoren erkannt wurden.

Leitfragen zur nachhaltig erfolgreichen Erfüllung der Anforderungen:

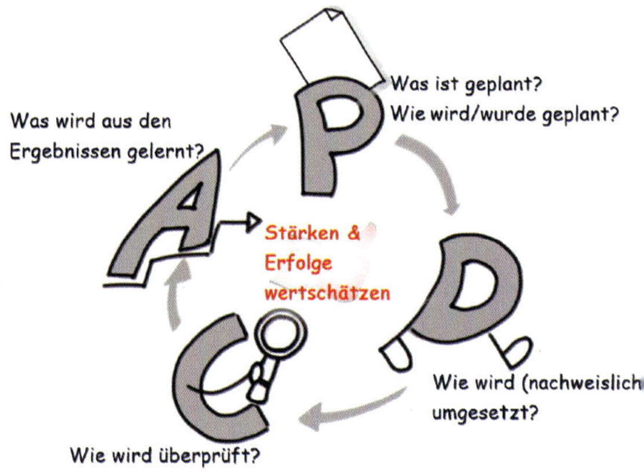

- ⇨ Wie wurden die internen Auditoren für ihre Aufgabe qualifiziert?
- ⇨ Wie wird gewährleistet, dass Audits möglichst objektiv geführt werden können?
- ⇨ Wie akzeptiert ist das Instrument Audit unter den Mitarbeitern? Wie könnte ggf. die Akzeptanz erhöht werden?
- ⇨ Wie wird gewährleistet, dass mindestens einmal in drei Jahren alle Anforderungen der ISO 9001 intern auditiert werden?
- ⇨ Wie wird der Aufwand und Nutzen der Audits bewertet?
- ⇨ Wie gut nachvollziehbar sind die Auditberichte?

Haltung (s. Kap. 3.3)

- ⇨ Wie erfahren die Mitarbeiter im Audit Wertschätzung für ihre Arbeit?

Kommunikation (s. Kap. 3.4)

- ⇨ Wie werden verschiedene Sichtweisen im Audit berücksichtigt?
- ⇨ Wie werden Auditergebnisse kommuniziert?

Umsetzungsbeispiel

In der „Optimus Behindertenwerkstatt" wird ein Auditprogramm für drei Jahre erstellt, das gewährleistet, dass in diesem Zeitraum alle Anforderungen der Norm mindestens einmal in drei Jahren auditiert werden. Der Entwurf des Auditprogramms wird durch den QMB erstellt und nach Abstimmung mit den internen Auditoren im Steuerkreis vorgestellt. Das Auditprogramm macht Aussagen zu den Auditthemen, dem Umfang bzw. der Länge der Audits und den verantwortlichen Auditoren. Alle Audits werden, wenn möglich, am Arbeitsplatz durchgeführt und basieren auf Interviewgesprächen und Stichproben zur Dokumentenprüfung. Die Detailplanung des Audits erfolgt über einzelne Ablaufpläne. Für die Werkstatt wurden vier Mitarbeiter zu internen Auditoren qualifiziert. Um eine größtmögliche Unabhängigkeit in der Auditdurchführung zu gewährleisten, wird mindestens ein internes Audit im Jahr durch zwei Auditoren einer kooperierenden Behindertenwerkstatt durchgeführt. Für den Auditbericht gibt es eine Dokumentenvorlage. Die Qualität der Auditberichte wird in dem jährlichen Erfahrungsaustausch der internen Auditoren reflektiert. Aktuell wird gemeinsam mit den Auditoren überlegt, wie die Auditteilnehmer zur Zufriedenheit mit der Auditdurchführung befragt werden können.

1.9.3 Managementbewertung

Anforderungen der ISO 9001

- ❑ Bewertung des QM-Systems durch die oberste Leitung im Hinblick auf seine Eignung, Angemessenheit und Wirksamkeit
- ❑ Bewertung
  - von internen und externen Veränderungen in der Organisation und in ihrem Kontext, die Einfluss auf das QM-System haben bzw. haben könnten,
  - des Grades, in dem die Qualitätsziele erfüllt werden
  - der Ergebnisse aus Leistungsevaluationen,
  - von Fehlermeldungen und eingeleiteten Korrekturmaßnahmen,
  - der Wirksamkeit von Maßnahmen zur Minimierung/Vermeidung von Risiken,
  - der Ergebnisse von eingeleiteten Verbesserungsmaßnahmen,
  - von neuen Chancen für Verbesserungen,
  - der Ergebnisse aus Überwachung und Messung (s. Kap. 1.9.1),
  - von Auditergebnissen,
  - von Informationen und Daten zur Kundenzufriedenheit,
  - von Informationen zu externen Anbietern,
  - von Informationen zu interessierten Gruppen,
  - der Eignung und Angemessenheit der Ressourcen für das QM-System,
  - der Ergebnisse aus alten Managementbewertungen.
- ❑ Nutzung der Ergebnisse zur Ableitung von Verbesserungsmaßnahmen ...
  - Änderungsbedarf am QM-System,
  - Änderungsbedarf am Ressourceneinsatz.
- ❑ Dokumentation der Managementbewertung und deren Ergebnisse

Sinn & Nutzen der Anforderungen

Zentrales Ziel der Managementbewertung ist es, den Sinn und Nutzen sowie die Ergebnisse des Qualitätsmanagements im Hinblick auf die Qualitätspolitik und die vereinbarten Ziele (z.B. Jahresziele) zu bewerten. Es ist also vorrangig eine Qualitätsmanagementbewertung und keine Beurteilung der Führungsqualitäten der Leitung, wie teilweise in den Begriff hineininterpretiert wird.

Mit Hilfe der Managementbewertung reflektiert die oberste Leitung, inwieweit die Qualitätspolitik umgesetzt werden konnte, ob die Qualitätsziele angemessen waren und erreicht wurden, und ob die vereinbarten Maßnahmen effektiv und effizient umgesetzt werden konnten.

Es gibt bestimmte Mindestvorgaben, mit denen sich eine Managementbewertung befassen muss, darüber hinaus können beliebige Themen (z.B. Finanzcontrolling, Personalentwicklung ...) mit aufgenommen werden.

Zu den Pflichtthemen zählen:

- Auditergebnisse,
- Kundenrückmeldungen (z.B. Beschwerden),
- Ergebnisse aus Leistungsevaluationen,
- Auswertung von Fehlermeldungen,
- Status von Korrektur- und Vorbeugemaßnahmen,
- Folgemaßnahmen vorangegangener Managementbewertungen,
- Änderungen, die sich auf das QMS auswirken können,
- Ergebnisse von Lieferantenbewertungen,
- Chancen für Verbesserungen.

Stehen Veränderungen an?
Wie zielführend sind die Leistungen?
Welche Fehler passieren?
Wie erfolgreich sind Korrekturmaßnahmen?
Inwieweit konnten Risiken reduziert und Chancen genutzt werden?
Welche Schlüsse lassen sich aus den durchgeführten Audits ziehen?
Welche Ergebnisse haben Überwachungen und Messungen ergeben?
Welche Rückmeldungen zur Kundenzufriedenheit gibt es?
Wie klappt die Zusammenarbeit mit externen Anbietern?
Welche Ergebnisse lieferte die letzte Managementbewertung?
Wie angemessen ist der Ressourceneinsatz?
Inwieweit werden die Anforderungen der interessierten Gruppen erfüllt?

Die Managementbewertung liegt immer in der Verantwortung der obersten Leitung und dient als Steuerungsinstrument der Anpassung/ggf. Neuausrichtung des (Qualitäts-)Managements. Als Ergebnisse der Managementbewertung werden Entscheidungen und Maßnahmen zu folgenden Punkten erwartet:

- Bestätigung oder Verbesserung der Wirksamkeit des QM-Systems,
- Bestätigung oder Verbesserung der Leistungsprozesse in Bezug auf die Kundenanforderungen (zentraler Fokus aller QM-Initiativen),
- Überprüfung des Ressourcenbedarfes,
- Festlegung neuer bzw. weiterer Qualitätsziele.

Um die Bewertung durchführen zu können, müssen die erforderlichen Daten entsprechend gesammelt und ausgewertet werden. Dies wird in der Regel von QM-Beauftragten durchgeführt. Nicht selten werden die Ergebnisse in einer Art Qualitätsbericht aufbereitet und dargestellt. Wer in die Bewertung mit einbezogen wird, kann die oberste Leitung bzw. die Organisation selbst festlegen. Theoretisch kann die oberste Leitung die Managementbewertung alleine durchführen. Wichtig ist, dass sie in diesem Fall über alle relevanten quantitativen und qualitativen Informationen zur wirksamen Beurteilung verfügt. In vielen Organisationen erfolgt die Bewertung unter Einbeziehung des Gremiums, welches den gesamten QM-Prozess steuert, teilweise werden auch Mitarbeiter der Basis einbezogen, um kritisch reflektieren zu können, was von dem geplanten QM an der Basis ankommt.

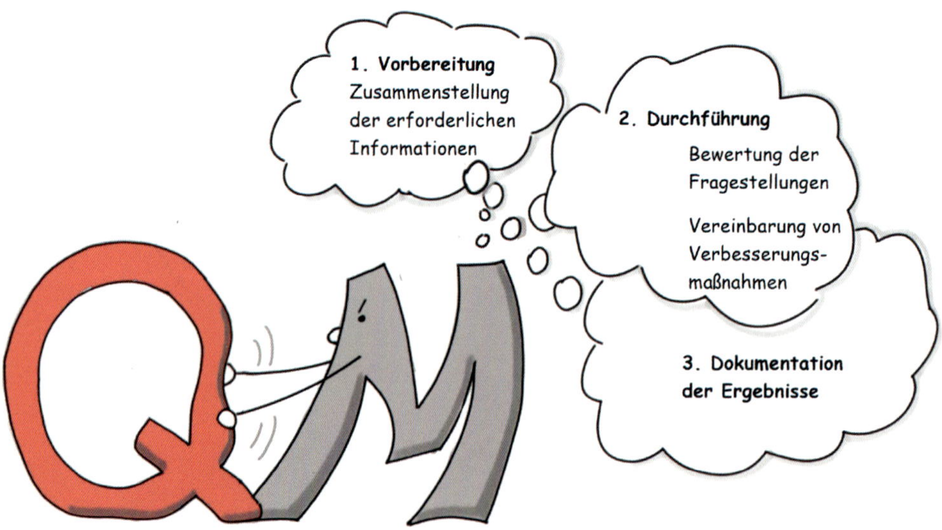

Unabhängig davon, ob Mitarbeiter einbezogen werden oder nicht, ist es wichtig, die Durchführung und die (Teil-)Ergebnisse der Managementbewertung zu kommunizieren. Mitarbeiter nehmen den PDCA-Zyklus, der für ihre Arbeit gelten soll, ernster, wenn sie erfahren, dass dieser auch für Leitungskräfte und für das QM selbst von Bedeutung ist. Eine Bewertung bedeutet immer eine rückwirkende

Betrachtung auf ein Ziel hin: Was wurde geplant? Was steht im Leitbild, der Qualitätspolitik und den Jahresqualitätszielen? Welche Maßnahmen wurden geplant? Wie verlief die Umsetzung/die Zielerreichung? Je klarer die Zielsetzung, desto einfacher ist die Beurteilung der Wirksamkeit.

Bei der formellen Gestaltung der Managementbewertung hat die Organisation freie Hand. Sie kann z.B. im Rahmen einer großen Besprechung des Leitungsteams erfolgen oder sogar Inhalt eines jährlichen Klausurtages sein. Genauso gut kann die Managementbewertung aber auch aus verschiedenen Teilen bestehen. Somit können Organisationen auch zunächst überlegen, welche Besprechungen es bereits jetzt schon bezüglich der geforderten Inhalte gibt und wie bzw. wo fehlende Instrumente ergänzt werden könnten.

Leitfragen zur nachhaltig erfolgreichen Erfüllung der Anforderungen:

⇨ Welche Themen der letzten Managementbewertung konnten zufriedenstellend umgesetzt bzw. verbessert werden?

⇨ Wie wird der Nutzen des QM-Systems von Mitarbeitern und Leitungskräften eingeschätzt?

⇨ Wie gelingt es, aus Fehlern, Ergebnissen der Leistungsevaluationen und den internen Audits konsequent zu lernen?

⇨ Welche Bedeutung hat das Thema Kundenorientierung und Kundenzufriedenheit zurzeit in der Einrichtung?
Wo gibt es Verbesserungsbedarf?

⇨ Gibt es in der nächsten Zeit Veränderungen, die Einfluss auf das QM-System haben könnten?

⇨ Wie werden die Ergebnisse der Managementbewertung kommuniziert?

Partizipation (s. Kap. 3.8)

⇨ Wie werden Mitarbeitermeinungen zum QM-System in die Bewertung einbezogen?

Umsetzungsbeispiel

Die Managementbewertung wird mit Hilfe einer Checkliste vom QM-Beauftragen der „Optimus Behindertenwerkstatt" vorbereitet. Auf der Checkliste werden in einer Spalte die relevanten Informationen eingetragen und den Mitgliedern des Steuerkreises im Vorfeld der Sitzung zur Verfügung gestellt. Die Mitglieder des Steuerkreises sind aufgefordert, mindestens zu einzelnen markierten Aspekten auf der Checkliste Rückmeldungen aus dem Team einzuholen. Die eigentliche Bewertung erfolgt im Rahmen der letzten Steuerkreissitzung des laufenden Jahres. Sie wird durch den QM-Beauftragten moderiert. Die Ergebnisse werden im Anschluss an die Sitzung auf der zweiten Spalte des Erhebungsbogens zusammengefasst, sodass die Bewertungsergebnisse neben den für die Bewertung relevanten Informationen stehen.

Auf einem zusätzlichen Dokument werden die aktuellen Qualitätsziele zusammengetragen. Im Vorfeld jeder Managementbewertung diskutieren die Mitglieder des Steuerkreises Ideen und Notwendigkeiten für mögliche Qualitätsziele mit den Mitarbeitern ihrer Teams.

1.10 Verbesserung

„Wer das Ziel kennt, kann entscheiden,
wer entscheidet, findet Ruhe,
wer Ruhe findet, ist sicher,
wer sicher ist, kann überlegen,
wer überlegt, kann verbessern.“
Konfuzius (551 v. Chr.–479 v. Chr.), chinesischer Philosoph

1.10.1 Allgemeines

Anforderungen der ISO 9001

- ❑ Gezielte Suche nach Chancen für Verbesserungen für die Leistungserbringung
- ❑ Bewertung der Verbesserungsmöglichkeiten und wenn möglich/sinnvoll Einleitung von Maßnahmen zu
  - Fehlervermeidung (Vorbeugemaßnahmen),
  - Verbesserung der Leistung,
  - Verbesserung des QM-Systems.

Sinn & Nutzen der Anforderungen

Verbesserung ist ein, wenn nicht sogar das zentrale Ziel des Qualitätsmanagements. Wichtig ist, den Begriff nicht so zu interpretieren, dass die Vergangenheit und Gegenwart „schlecht", bzw. zumindest „nicht gut genug" waren. Ein solches Verständnis von Verbesserung wertet Bestehendes ab und lässt das Gefühl eines Hamsterrades aufkommen, aus dem man eigentlich nur ausbrechen möchte. Nichts und niemand ist perfekt, und übertriebener Perfektionismus gilt als ungesund. Die Psychologin Dr. Christine Altstötter-Gleich forscht zum Thema Perfektionismus und stellt eine „gesunde" Variante heraus, den funktionalen Perfektionismus. Dieser Begriff beschreibt, dass Menschen zwar richtig gut sein wollen, aber keine Angst davor haben, auch Fehler zu machen, vielleicht auch mal zu versagen (GEO Wissen Nr. 52, 2013). Genau um diesen gesunden Perfektionismus geht es im Qualitätsmanagement. Wie auch in Kapitel 3 ausgeführt, ist das Streben nach Verbesserung ein Grundprinzip des menschlichen Lebens. Damit aber nicht nur der Fortschritt im Allgemeinen begrüßt wird, sondern auch organisationsbezogene und persönliche Weiterentwicklung, müssen Veränderungsprozesse ganzheitlich wahrgenommen und gestaltet werden.

Die Ressourcen im Gesundheits- und Sozialwesen sind knapp, die Anforderungen an die Leistungserbringung sind z.T. sehr komplex und vielen Veränderungen unterworfen. Verbessern bedeutet daher vor allem, lernbereit, flexibel, anpassungsfähig, entwicklungsoffen zu sein und Veränderungen auch als Chance zu begreifen. Die Norm konzentriert sich an dieser Stelle auf Maßnahmen zur Vorbeugung von Fehlern, zur Optimierung der Leistungsqualität und zur Weiterentwicklung des Qualitätsmanagements und der Organisation.

Leitfragen zur nachhaltig erfolgreichen Erfüllung der Anforderungen:

⇨ Welche Fehler könnten eine optimale Leistungserbringung verhindern?

⇨ Wie realistisch ist es, dass solche Fehler passieren?

⇨ Wie kann deren Auftreten verhindert werden?

⇨ Wie kann die Leistungserbringung optimiert werden?

⇨ Wie kann das QM-System leichter in der Handhabung werden,

⇨ zu mehr Akzeptanz bei den Mitarbeitern führen,

⇨ das Ziel der Kundenorientierung noch stärker unterstützen?

Haltung (s. Kap. 3.3)

⇨ Was muss ich verändern, damit die Akzeptanz von Veränderungsprozessen in der Organisation größer wird?

Kommunikation (s. Kap. 3.4)

⇨ Was ist wichtig für das Entstehen einer konstruktiven Fehlerkultur?

Lernen (s. Kap. 3.5)

⇨ Wie kann die Lernbereitschaft von Führungskräften und Mitarbeitern gefördert werden?

Emotionen (s. Kap. 3.6)

⇨ Wie können die Bedürfnisse der Mitarbeiter mehr Berücksichtigung im QM-System finden?

Umsetzungsbeispiel

Die „Optimus Familienbildungsstätte" ist bereits nach AZAV (Akkreditierungs- und Zulassungsverordnung Arbeitsförderung) zertifiziert und hat vor einem Jahr begonnen, das QM-System in Richtung der ISO 9001 zu erweitern. Zurzeit beschäftigt sich eine Arbeitsgruppe damit, den bestehenden Umgang mit Fehlern zu reflektieren. Die Bildungsangebote werden bereits entsprechend der AZAV-Anforderungen systematisch reflektiert und weiterentwickelt. Das Qualitätsmanagement ist fester Tagesordnungspunkt in jeder Dienstbesprechung, in den Audits wird die Wirksamkeit des QM-Systems reflektiert, in den Mitarbeiterjahresgesprächen wird jeder einzelne Mitarbeiter zu Veränderungsbedarfen und Wünschen befragt, in der Managementbewertung wird über Änderungen in der Grundausrichtung des QM-Systems entschieden.

Aktuelles Verbesserungsprojekt ist es, die Einbindung der Honorarkräfte in das QM-System und den internen Informationsfluss zu verbessern.

1.10.2 Nichtkonformität und Korrekturmaßnahmen

Anforderungen der ISO 9001

- ❑ Beachtung von Fehlern (und Beschwerden)
- ❑ Angemessene Reaktionen auf Fehler (und Beschwerden)
  - Einleitung von Sofortmaßnahmen,
  - ggf. Einleitung von Korrekturmaßnahmen oder weiteren Überwachungen.
- ❑ Wenn Korrekturmaßnahmen eingeleitet werden
  - Analyse des Fehlers mit seinen Auswirkungen,
  - Analyse der Fehlerursache,
  - Prüfung der Gefahr von Wiederholungsfehlern,
  - Einleitung von erforderlichen Verbesserungsmaßnahmen,
  - Überprüfung der Wirksamkeit der eingeleiteten Maßnahmen,
  - Überprüfung inwieweit vorliegende Bewertungen zu Chancen und Risiken aktuell bzw. vollständig sind.
  - Überprüfung, ob Änderungsbedarf am QM-System besteht.
- ❑ Dokumentation von auftretenden Fehlern
- ❑ Dokumentation von eingeleiteten Korrekturmaßnahmen und deren Ergebnissen

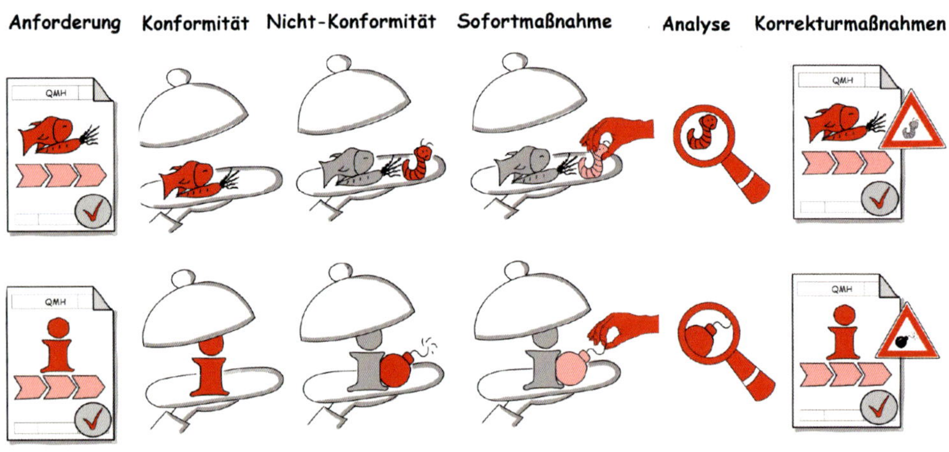

Sinn & Nutzen der Anforderungen

Ein wirksames und von den Mitarbeitern akzeptiertes Fehlermanagement aufzubauen ist wohl eine der schwierigsten Aufgaben im Rahmen des Qualitätsmanagements. Die inhaltlichen Anforderungen der ISO 9001 sind relativ einfach und klar, die Umsetzung dagegen ist oft schwer. Dies liegt vermutlich daran, dass das Fehlermanagement am wenigsten auf die Umsetzung eines technisch-methodischen Verfahrens reduziert werden kann. Der Umgang mit Fehlern reflektiert einerseits die Organisationskultur, erlaubt andererseits aber auch Rückschlüsse auf das persönliche Selbstbild. Niemand spricht gern über persönliche Missgeschicke und Pannen und auch andere auf positive Art und Weise auf ihnen unterlaufene Fehler hinzuweisen, ist nicht gerade einfach.

Um hieran etwas zu ändern, muss zunächst beim Fehlerbegriff angesetzt werden: Fehler sind nicht grundsätzlich etwas Negatives! Im beruflichen Umfeld sind sie mal ungünstig, mal unvermeidbar, aber ein anderes Mal sogar gut. Fehler sorgen dafür, dass Leitungskräfte und Mitarbeiter in ihren Handlungsroutinen nicht erstarren. Sie fordern Flexibilität und offerieren Chancen zum Lernen. Allerdings ist das Lernen aus vermeintlichen Misserfolgen alles andere als einfach. Ein Grund dafür ist, dass die Begriffe Fehler und Schuld fast immer untrennbar miteinander verbunden sind. Wenn allerdings die Schuldfrage im Vordergrund steht, wird Offenheit und damit Lernen verhindert. Dies zu beeinflussen, liegt vor allem im Verantwortungsbereich der Leitungskräfte. Es ist ihre Aufgabe, Schuldzuweisungen zu bekämpfen und an das Verantwortungsbewusstsein der Mitarbeiter zu appellieren, Fehler nicht zu verheimlichen, sondern diese „zum gemeinsamen Lernen zu Verfügung zu stellen". Leitungskräfte sollten also bei Fehlern genau analysieren, was passiert ist und nicht, wer Schuld hat.

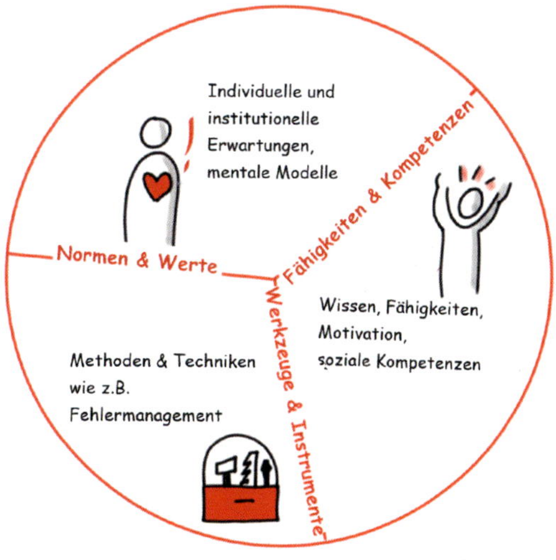

Um aus Fehlern zu lernen, müssen Mitarbeiter Misserfolge aufzeigen und systematisch untersuchen. Aber genau dies wird in sozialen Arbeitsfeldern immer wieder als bürokratisch und überzogen abgetan. Mitarbeiter fühlen sich schnell durch aufwendige Verfahren und komplexe Formulare gegängelt und mit zusätzlichen Aufgaben belastet. Hier gilt es, gemeinsam einfache und unkomplizierte Umsetzungswege zu ermitteln. Wichtig ist, zunächst überhaupt das Bewusstsein für die Wichtigkeit des „Lernens aus Fehlern" zu schaffen. Ist dieses erst mal vorhanden, kann man das Verfahren ausfeilen. Umgekehrt geht es nicht.
Fehlermanagement berührt die Organisationskultur. Nur in einem sicheren Umfeld werden sich Mitarbeiter trauen, offen über Misserfolge zu sprechen. Und alle Beteiligten sollten sich darüber bewusst sein, dass Veränderungen der Unternehmenskultur/Fehlerkultur Zeit benötigen. Eine konstruktive Fehlerkultur setzt sich zum einen aus den persönlichen Normen und Werten und denen der Organisation zusammen, zum anderen gehören dazu soziale Fähigkeiten und Kompetenzen der Leitungskräfte und Mitarbeiter. Instrumente und Werkzeuge wie z.B. ein Fehlermanagement sind nur ein weiterer

Bestandteil der Fehlerkultur. Nur wenn diese drei Aspekte ineinandergreifen, kann ein wirklich effektives Fehlermanagement aufgebaut werden, dazu gehört:

- Sensibilisierung der Mitarbeiter:
  Qualitätsmanagement grundsätzlich und Fehlermanagement im Besonderen steht und fällt mit der Bereitschaft zur Mitwirkung durch die Mitarbeiter. Führungskräfte und Mitarbeiter müssen sich mit ihrem Fehlerverständnis und dessen Bedeutung im Alltag auseinandersetzen.
- Wahrnehmung der Fehler:
  Fehler müssen im Alltag als solche erkannt werden. Allzu oft hat man sich schon an Abweichungen gewöhnt, ohne genauer zu hinterfragen. Auch hier ist die Offenheit und Umsichtigkeit der Leitungskräfte und Mitarbeiter von Bedeutung.
- Sofortmaßnahmen – falls möglich:
  Ist ein Fehler aufgetreten bzw. entdeckt, ist als Erstes zu prüfen, ob der Fehler direkt behoben oder zumindest in seinen Auswirkungen begrenzt werden kann oder muss. Je nach Arbeitsfeld gilt es ggf. zu hinterfragen, ob ein kritisches Ereignis vorliegt, d.h. ein Ereignis, bei dem ein erheblicher Schaden für Kunden, Mitarbeiter oder Dritte eingetreten ist oder einzutreten droht.
- Fehlererfassung:
  Nur durch die Erfassung der Fehler ist eine nachvollziehbare Bearbeitung möglich und nur durch die Erfassung ist eine Auswertung z.B. zur Darstellung der Häufigkeiten möglich. Mit der Fehlererfassung tun sich Mitarbeiter schwer. Das hat zum einen sicherlich mit der in der Regel noch vorhandenen personenbezogenen Sichtweise und Schuldzuweisung zu tun („xy hat gemacht" anstelle von „Folgendes ist passiert") und zum anderen mit der in vielen Arbeitsfeldern immer noch ungewohnten Transparenz, die das Qualitätsmanagement mit sich bringt. Die besten Veränderungen lassen sich in dieser Hinsicht durch ein behutsames, aber (positiv) konsequentes Vorgehen erzielen. Erst wenn Mitarbeiter spüren, die „neue Offenheit" schadet ihnen nicht, sondern setzt im Gegenteil neue Impulse und Energien frei, sind sie bereit, das Instrument Fehlermanagement aktiver einzusetzen. Wichtig dabei ist, dass die Fehlererfassung für den Anfang auf jeden Fall so einfach wie möglich gestaltet wird. Ist das Instrument akzeptiert, kann man z.B. umfangreichere Bögen einsetzen, die ggf. wertvolle Hinweise für die Auswertung liefern. Bewährt haben sich für den Start häufig Listen (z.B. Team-Themen), die an einem günstigen Ort aushängen und Vorfälle und Probleme als Stichpunkte sammeln. Im Rahmen einer nächsten Dienstbesprechung werden diese dann weiter erörtert und bearbeitet.
- Bewertung:
  Die Bewertung des Vorfalls ist von entscheidender Bedeutung. An dieser Stelle fängt der Lernprozess an. War der Fehler ein Zufall ohne nennenswerte Auswirkungen und Gefahren? Handelt es sich eher um eine Banalität, die keine
  Beeinträchtigungen nach sich zieht? Wird dies mit „Ja" beantwortet, ist ggf. nur eine kurze Notiz erforderlich und die Fehlerbearbeitung ist beendet. Die Fehlerbearbeitung geht weiter, wenn sich im Rahmen der Bewertung

herausstellt, dass die Auswirkung für Kunden/Mitarbeiter/die Wirtschaftlichkeit etc. eben nicht bedeutungslos ist, der Fehler bereits mehrfach aufgetreten ist oder die Gefahr droht, dass er sich wiederholen wird.

- Einleitung von Korrekturmaßnahmen:
  Korrekturmaßnahmen dienen dazu, zunächst die Ursachen zu analysieren, die den Fehlern zugrunde liegen, um diese dann durch angemessene Maßnahmen beseitigen zu können. Inwieweit eine Ursachenanalyse erforderlich ist, hängt vom Ergebnis der Bewertung ab. Wenn es sich also um einen banalen, zufälligen Fehler oder um ein kleines Risiko mit geringen Auswirkungen handelt, ist vermutlich keine weitere Ursachenanalyse erforderlich. Erst wenn die Bewertung zu anderen Ergebnissen kommt, entsteht ein Handlungsbedarf. Dieser sollte nicht übereilt und unüberlegt erfolgen, sondern erst im Anschluss an eine sorgfältige Ursachenanalyse.
- Bewertung der Maßnahmen:
  Wie alle Maßnahmen im Qualitätsmanagement sind die Korrekturmaßnahmen in Bezug auf ihre Umsetzung und Wirksamkeit zu überwachen.

Leitfragen zur nachhaltig erfolgreichen Erfüllung der Anforderungen:

⇨ Was verstehen Führungskräfte und Mitarbeiter unter Fehlern?
⇨ Was wäre ein kritisches Ereignis?
⇨ Wie wurde in der Vergangenheit mit Fehlern umgegangen?
⇨ Wie leicht/wie schwer fällt es Leitungskräften und Mitarbeitern, über Fehler zu sprechen?
⇨ Welche Fehler sollten schriftlich erfasst werden und welche nicht (Fehler in Arbeitsabläufen genauso wie „Rechtschreibfehler"?)?
⇨ Wie könnte eine einfache Form der Fehlererfassung aussehen?
⇨ Wie viel Zeit investiert die Organisation in die Ursachenanalyse?
⇨ Wie könnte des Lernen aus Fehlern noch verbessert/erleichtert werden? Was müsste sich ändern?

Haltung (s. Kap. 3.3)

⇨ Wie ist die Haltung von Führungskräften und Mitarbeitern gegenüber Fehlern?
⇨ Wie stark ist gegenseitiges Vertrauen im Team und zwischen den Führungskräften und Mitarbeitern ausgeprägt?

Kommunikation (s. Kap. 3.4)

⇨ Wie wird aktuell über Fehler gesprochen? Was könnte das Sprechen über Fehler erleichtern?

Lernen (s. Kap. 3.5)

⇨ Was muss sich verändern, damit aus Fehlern besser bzw. mehr gelernt werden kann?

Emotionen (s. Kap. 3.6)

- ⇨ Wie wird mit Widerständen von Leitungskräften und Mitarbeitern umgegangen?

Partizipation (s. Kap. 3.8)

- ⇨ Welche Ideen haben Mitarbeiter, um den Umgang mit Fehlern zu verbessern?
- ⇨ Was würden sich Mitarbeiter für einen veränderten Umgang mit Fehlern wünschen?

Umsetzungsbeispiel

In der „Optimus Familienbildungsstätte" ist das Beschwerdemanagement seit Jahren etabliert. Die Orientierung an den Wünschen der Seminar- und Kursteilnehmer war schon immer ein wichtiges Thema. Mit der AZAV-Zertifizierung wurde dies auch in ein nachweisliches Verfahren überführt. Das Thema Fehlermanagement war für Leitungskräfte und Mitarbeiter dagegen neu und stieß auf Widerstand („Warum das jetzt auch noch?" „Was sollen wir denn noch alles dokumentieren?"). Die Leitung der Familienbildungsstätte hat sich nach dem ersten Widerstand sehr schnell entschieden, zum letzten Klausurtag einen externen Referenten zu diesem Thema einzuladen.

An diesem Tag konnte sich das Team dem Fehlerbegriff zunächst von verschiedenen Richtungen nähern. Es wurden thematisch passende Filmausschnitte gezeigt und Fabeln/Texte/Kurzgeschichten, die zu einem positiven Umgang mit Fehlern anregen, gelesen und analysiert. Nach einer gewissen Zeit setzte sich die Überzeugung im Raum durch, dass Fehler

- *erstens völlig normal und menschlich sind,*
- *zweitens in der Regel nicht gravierend sind, wenn es eine Bereitschaft gibt, daraus zu lernen,*
- *drittens häufig wichtige Informationen enthalten, wenn diese systematisch hinterfragt werden.*

Nachdem ein grundsätzliches Interesse an dem Thema geweckt worden war, ging es darum, dies auf die Familienbildungsstätte zu übertragen. Was sind überhaupt Fehler in der Familienbildungsarbeit, die nicht direkt Kundenbeschwerden nach sich ziehen, aber dennoch Einfluss auf die Leistungsqualität haben? Hier wurden z.B. Fehler bei der Seminarplanung oder Kalkulation genannt, Fehler in der Kommunikation mit Honorarkräften oder Fehler bei der Raumplanung. Im Team setzte sich die Erkenntnis durch, dass es hier doch eine Menge Themen gibt, über die es sich zu reden lohnt.

Im letzten Drittel des Klausurtages wurde dann über die Fehlerkultur in der Familienbildungsstätte gesprochen.

- *Wie gehen wir eigentlich bislang mit diesen Fehlern um – jeder für sich persönlich und zusammen mit Team?*
- *Wie reagiert die Leitung auf Fehler?*

Bei diesem Teil wurde deutlich, dass sich hier in den Köpfen vieler Mitarbeiter einige Fehlersituationen „festgesetzt" hatten, die mit heftigen Schuldzuweisungen und Konflikten verbunden waren. Damit wurde deutlich, dass zunächst noch einige, längst gelöst geglaubte Probleme neu betrachtet werden mussten. Nicht alles konnte an diesem Klausurtag geklärt werden. Bezüglich der Altlasten beschloss das Team, sich innerhalb der kommenden zwei Monate noch einmal für einen halben Tag mit einem Supervisor zusammenzusetzen.

Allen Beteiligten war klar, dass sie ihren Umgang mit Fehlern verbessern möchten. Die Grundlagen dafür konnten an diesem Tag gelegt werden. Es fanden sich vier Mitarbeiter, die bereit waren, sich für die Ausgestaltung des Fehlermanagements gesondert Gedanken zu machen, um dies dann in einer der nächsten Dienstbesprechungen vorzustellen.

1.10.3 Fortlaufende Verbesserung

Anforderungen der ISO 9001

- ❑ Fortlaufende Verbesserung der Eignung, Angemessenheit und Wirksamkeit des QM-Systems
- ❑ Analyse der Ergebnisse aus Überwachungen und Messungen, um Verbesserungsmöglichkeiten zu identifizieren
- ❑ Einsatz von gezielten Methoden zur Analyse von Verbesserungsmöglichkeiten

Sinn & Nutzen der Anforderungen

Verbesserungen nicht nur einmalig oder gelegentlich durchzuführen, sondern fortlaufend, ist eines der zentralen Ziele des Qualitätsmanagements. Es lässt sich direkt aus dem PDCA-Zyklus ableiten und bezieht sich auf das Qualitätsmanagement selbst. Im Grunde fasst das letzte Anforderungskapitel noch einmal wesentliche Punkte zusammen und fordert vor allem Konsequenz in der Umsetzung. Das QM-System wird in der Managementbewertung reflektiert. Die Ergebnisse der Managementbewertung müssen aber auch Beachtung finden und in Verbesserungsmaßnahmen münden. Dies gilt genauso für die Ergebnisse von Leistungsevaluationen oder die Auswertung des Fehlermanagements. Das Erheben all dieser Informationen macht nur Sinn, wenn diese entsprechend beachtet werden und in angemessene Verbesserungsmaßnahmen überführt werden, deren Wirksamkeit wiederum überprüft werden muss.

Wie wir aber insbesondere weiterführend in Kap. 3 dieses Buches erläutern, ist Verbesserung kein mechanisch linearer Prozess, der durch das Bewegen einzelner „Stellschrauben" in Gang kommt.

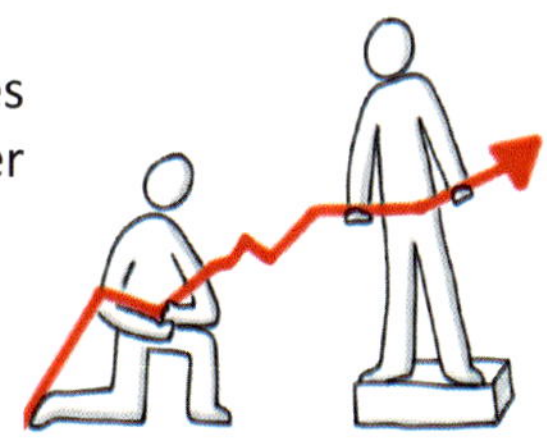

Nachhaltige Verbesserungsprozesse basieren auf einer positiven Fehler- und Lernkultur. Diese zu entwickeln und zu entfalten braucht Zeit und engagierte und wertschätzende Führungskräfte.

Die QM-Instrumente der ISO 9001 können ein hervorragender Nährboden dafür sein. Vor allem dann, wenn sie nicht nur formell genutzt werden, sondern die Arbeit damit durch eine achtsame, vertrauensvolle und stärkenorientierte Haltung geprägt ist (s. Kap. 3).

Leitfragen zur nachhaltig erfolgreichen Erfüllung der Anforderungen:

- ⇨ Wie ernst werden die Ergebnisse von Leistungsevaluationen, Fehlerauswertungen und der Managementbewertung genommen?
- ⇨ Wie systematisch erfolgen diese Auswertungen?
- ⇨ Welche Methoden werden dabei eingesetzt?
- ⇨ Welche Weiterentwicklung hat das QM-System in den vergangenen Jahren erfahren?
- ⇨ Was waren wichtige Konsequenzen, die aus den Leistungsevaluationen gezogen wurden?
- ⇨ Was waren wichtige Lernerfahrungen aus dem Fehlermanagement?

Haltung (s. Kap. 3.3)

- ⇨ Wie ist die Haltung von Führungskräften und Mitarbeitern Veränderungen gegenüber?

Kommunikation (s. Kap. 3.4)

- ⇨ Wie werden erforderliche Veränderungen in der Organisation kommuniziert?

Partizipation (s. Kap. 3.8)

- ⇨ Welche Möglichkeiten zur Mitwirkung haben die Mitarbeiter?

Umsetzungsbeispiel

Alle Bildungsseminare der „Optimus Familienbildungsstätte“ werden systematisch ausgewertet und auch die Qualität der anderen Angebote wird mit unterschiedlichen Methoden zielgruppenorientiert evaluiert. Die Auswertungen werden von den verantwortlichen Mitarbeitern reflektiert und führen nachweislich zur Weiterentwicklung der Angebote bzw. Durchführungskonzepte.

Mit 15 hauptamtlichen Mitarbeitern ist die „Optimus Familienbildungsstätte“ nicht groß. Da aber zu den 15 Hauptamtlichen noch ca. 30 Honorarkräfte kommen, kann auch nicht mehr von einem Kleinteam gesprochen werden. In der Auswertung der Seminar- und Veranstaltungsbewertungen wurde deutlich, dass der Informationsfluss zwischen Hauptamtlichen und Honorarkräften nicht optimal verläuft. Um dieses zu verbessern, ist es jetzt gelungen, einen Qualitätszirkel aus hauptamtlichen und Honorarkräften einzuberufen, der mit Hilfe der Moderation der QM-Beauftragten und unter Einbeziehung von QM- und Visualisierungswerkzeugen (z.B. Fischgrätdiagramm, FMEA, SWOT-Analysen ...) die Probleme analysiert und Lösungsmöglichkeiten erarbeitet. Ziel der Qualitätszirkelarbeit ist es, dass die Beteiligten eigenverantwortlich und weitestgehend selbstgesteuert akzeptierte Lösungen erarbeiten.

Die Managementbewertung erfolgt jährlich unter Verantwortung der Leitung der „Optimus-Familienbildungsstätte“. Die vorbereitende Datensammlung übernimmt der QM-Beauftragte, die Ergebnisse werden dokumentiert, und Verbesserungsmaßnahmen werden in den Maßnahmenplan übertragen. Der Maßnahmenplan wird in der monatlichen Dienstbesprechung in Bezug auf Umsetzung und Wirksamkeit betrachtet.

2 Vermitteln

2.1 Grundverständnis und Anforderungen

Vermitteln? Vermittler? Was bzw. wer ist damit gemeint?

Wenn wir in diesem Kapitel von Vermittlung sprechen, meinen wir die Vermittlung von Informationen zum Qualitätsmanagement. Je nach Thema können diese Informationen dem reinen Wissenserwerb und dem Verstehen einzelner Aufgaben und Vorgänge dienen (z.B. „Wie funktioniert die Dokumentenlenkung bei uns und warum gibt es überhaupt diese Vorgaben?“) oder durch Erkenntnisgewinne oder Perspektivwechsel zu Verhaltensveränderungen führen (z.B. „Wie können wir noch besser im Sinne der Kunden agieren?“, „Wie können wir mehr aus unseren Fehlern lernen?“).

In diesem Sinne kann Vermittlung in sehr unterschiedlichen Formaten erfolgen: als 30 Minuten-Impuls in einer Dienstbesprechung, als einstündige Mitarbeitervollversammlung oder dreistündiges Einführungsseminar, als Klausurtag mit Führungskräften oder eine mehrtägige Seminarreihe. Wir sprechen – unabhängig von den verschiedenen Formaten – in diesem Kapitel durchgängig von Veranstaltungen.

Die Vermittlung der Inhalte können QM-Beauftragte, Führungskräfte oder externe Berater/Trainer übernehmen. Der (Ver-)Mittler befindet sich damit zwischen den neuen Inhalten und den Teilnehmern und hat gewissermaßen die Aufgabe, eine Brücke zu bauen, die die Teilnehmer sicher, angstfrei und leicht passieren können.

Der Vermittler als Brückenbauer

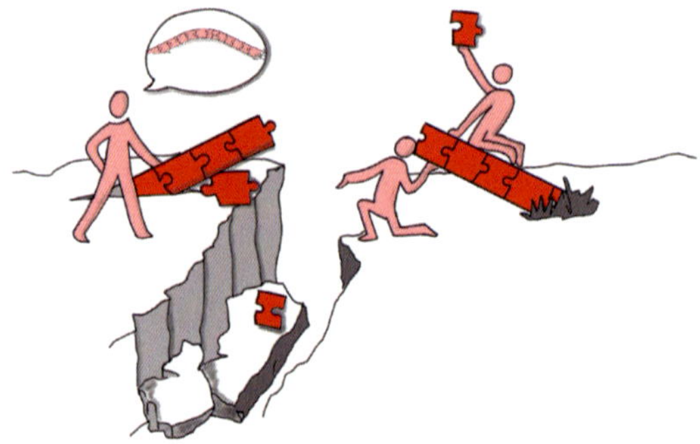

Die Haltung des Vermittlers gegenüber den Teilnehmern ist ein wesentlicher Erfolgsfaktor für die Veranstaltung. Unserer Erfahrung nach ist es sehr wichtig, dass sich Vermittler und Teilnehmer respektvoll auf Augenhöhe begegnen. Wenn Teilnehmer etwas nicht verstanden haben, dann nicht, weil sie dazu nicht in der Lage sind, sondern weil der Vermittler nicht die für sie „richtige" Brücke zwischen den neuen Inhalten und der aktuellen Ausgangsituation schlagen konnte. Damit wird deutlich, dass Vermittler und Teilnehmer sich gemeinsam auf den Weg machen und das Thema und die damit verbundenen Anforderungen zunächst aus der Perspektive der Teilnehmer erkunden müssen. Der Vermittler sollte seine Aufgabe nicht im Dozieren sehen, sondern sich eher als Lernbegleiter und Unterstützer verstehen. Das bedeutet aber auch, dass er sehr stark auf die spezifischen Anforderungen und Fragestellungen der Teilnehmer eingehen muss und nicht zum wiederholten Male einen Standardvortrag abspielen kann. Die Teilnehmer wiederum sind keine passiven Konsumenten, sondern werden zu Mitgestaltern. Sie müssen in der Veranstaltung immer wieder aufgefordert werden, sich aktiv mit dem Thema auseinanderzusetzen und die Bedeutung für sich persönlich zu hinterfragen.

Die Brücke zwischen „Bekanntem" und „Neuem" oder auch zwischen Theorie und Praxis wird also gemeinsam gebaut. Eine Brücke ist freilich sinnlos, wenn der Teilnehmer nicht nachvollziehen kann, warum er sie nutzen soll oder wenn er ihrer Stabilität nicht vertrauen kann.

Authentizität und Akzeptanz

In Veranstaltungen eingesetzte Methoden wirken nicht für sich. Ihre Wirkung ist abhängig von der Person, die diese Methoden einsetzt. Wird die Person abgelehnt, werden sich die Teilnehmer auch nicht der Methode oder dem Inhalt gegenüber öffnen. Ein Vermittler wird dann akzeptiert, wenn er authentisch auftritt und eine zu ihm passende Methode verwendet. Nur dann kann er die Teilnehmer mit seinem Charisma für sich gewinnen.

Stärkenorientierung und Wertschätzung

Eine Wissensvermittlung, die nur an den Defiziten der Teilnehmer ansetzt, wird von diesen als Abwertung erlebt (z.B. „Wir haben es mal wieder nicht gut gemacht!“). Es zählt also nicht nur der inhaltliche Input. Der Wertschätzung von vorhandenen Kompetenzen und Fähigkeiten kommt eine mindestens ebenso große Bedeutung zu (z.B. „Bei der Situation haben Sie super reagiert! Wie können wir dies auf ähnliche Situationen übertragen?“).

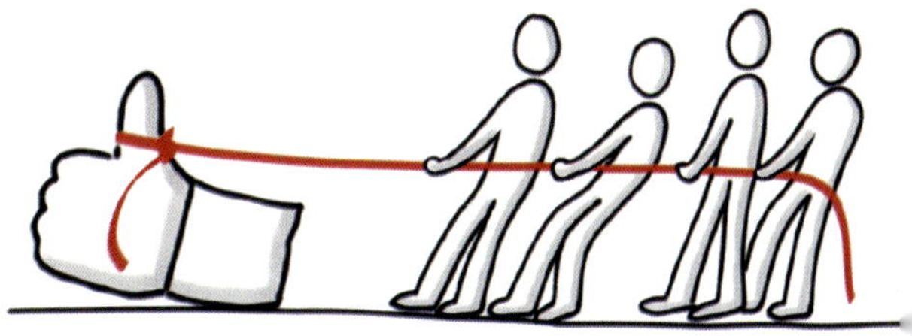

Das Menschenbild der humanistischen Psychologie appelliert an die wachstumsorientierten und gesunden Kräfte jedes Menschen, die ihn befähigen, auch schwierige Entwicklungswege zu beschreiten.

Allen Zweigen dieser Bewegung gemeinsam ist ein Optimismus, der auf die positiven menschlichen Möglichkeiten und auf ihre Entfaltung setzt: Dem Menschen wird von Kindheit an Gutes zugetraut, er wird ermutigt statt demotiviert und zurückgewiesen, s. Kap. 3.3. Diese positive Haltung hat nach unserer Erfahrung in Zeiten ständiger Veränderungen einen unschätzbaren Wert für die Begleitung von Menschen, Gruppen oder Organisationen.

Empathie und Flexibilität

Um einen sinnvollen Veranstaltungsaufbau zu gestalten, ist es wichtig, dass Vermittler sich in die Teilnehmer und damit auch in deren vermeintliches Nichtwissen hineinversetzen können. Aus dem Blickwinkel der Teilnehmer werden schnell deren Bedürfnisse nach Informationen und deren verständlicher Vermittlung deutlich. Dies bedeutet aber auch, flexibel mit vorbereiteten Lerninhalten umgehen zu können – vor allem dann, wenn Widerstände gegenüber den Zielen und Themen der Veranstaltung auftreten.

Gleichzeitig ist es wichtig, die Teilnehmer nicht zu belehren, sondern interessiert und empathisch die aktuelle Perspektive der Teilnehmer auf das Thema zu erkunden und daraus einen angemessenen Veranstaltungsaufbau abzuleiten.

Die Wahrnehmung und Berücksichtigung von individuellen Bedürfnissen

Veranstaltungen zum Qualitätsmanagement werden viel zu oft auf rein sachliche Themen beschränkt. Indirekt verführt auch die Norm dazu, da sie eine faktenbezogene Entscheidungsfindung fordert (s. Kap. 1.1, 3.6). Menschen auf ihre rein sachlichen Informationsbedürfnisse zu reduzieren, greift jedoch viel zu kurz. Persönliche und soziale Belange müssen mindestens gleichwertig mitbetrachtet werden:

- Was wird sich für mich persönlich verändern? Habe ich Vorteile oder muss ich Nachteile befürchten?
- Wie wird sich das Gefüge im Team verändern? Wer hat formell bzw. informell das Sagen? Werde ich mich mit meinen Interessen in dem sich verändernden Gefüge behaupten können?

Wenn Teilnehmer erfahren oder zumindest spüren, dass sie mit ihren wesentlichen Bedürfnissen wahrgenommen werden, sind sie viel eher bereit, sich dem Thema gegenüber zu öffnen und auf den Lernprozess einzulassen.

Die Wahrnehmung und Gestaltung von Gruppenprozessen

Insbesondere bei organisationsinternen Veranstaltungen gilt es, neben der Behandlung der Tagesordnung ebenso die Dynamiken innerhalb der Gruppe im Blick zu haben, um auch mit schwierigen Situationen souverän und lösungsorientiert umgehen zu können (s. Kap. 3.7).

Zur Reflexion des eigenen Handelns

Die Fähigkeit, das eigene Handeln aus der Distanz zu überprüfen und die eigene Tätigkeit aus der Sicht der Teilnehmer zu reflektieren, unterstützt zum einen den persönlichen Lernprozess des Vermittlers und zum anderen auch die Weiterentwicklung der Veranstaltungskonzepte.

- Hat der Vermittler die Teilnehmer erreicht?
- Was konnten die Teilnehmer für ihren Arbeitsalltag aus der Veranstaltung mitnehmen?
- Welche Veranstaltungsteile sind gut gelungen?
- Bei welchen gibt es Veränderungsbedarf?

Eine offene Haltung gegenüber Veränderungen und die innere Bereitschaft, sich weiterzuentwickeln, darf daher nicht nur von den Teilnehmern gefordert werden, sondern gleichermaßen von dem Vermittler.

2.2 Methodisch-didaktische Aspekte

Die ausgewogene und nachhaltig erfolgreiche Gestaltung von Informationsveranstaltungen, Trainings und Seminaren ist ein weites Feld, welches wir mit diesem Buch nur streifen können. Wir möchten dennoch einige Gestaltungsprinzipien und methodische Ansätze aufzeigen, deren Beachtung wir als unerlässlich bzw. ausgesprochen gewinnbringend erachten und erfahren haben. Zur Vertiefung empfehlen wir die entsprechenden Angaben im Literaturverzeichnis.

Zielgruppe kennenlernen

Wie bei den Kernprozessen der Organisation gilt es zunächst auch bei der Gestaltung von Seminaren und Informationsveranstaltungen, die Zielgruppen mit ihren Anforderungen und Erwartungen kennenzulernen. Bringen Sie so viel wie möglich über die Zielgruppe in Erfahrung:

- Wer ist Auftraggeber der Veranstaltung?
- Was sind seine Zielsetzungen?
- Wird der Auftraggeber an der Veranstaltung teilnehmen?
- Was interessiert die Zielgruppe an dem Thema wirklich?
- Welche Einstellung haben die Teilnehmer bislang zum Thema?
- Welche Vorerfahrungen haben sie mit dem Thema bereits gesammelt?

- Wie sind die Teilnehmer aktuell von dem Thema betroffen bzw. wie wird dies zukünftig sein?
- Welche Vorkenntnisse hat die Zielgruppe?
- Welchen persönlichen Nutzen/Mehrwert könnten die Teilnehmer von der Veranstaltung haben?
- Welche Informationen könnte die Zielgruppe konkret im Arbeitsalltag anwenden?
- Was wird von der Zielgruppe nach der Veranstaltung erwartet?
- Wie ist die Zusammenstellung der Gruppe in Bezug auf Alter, Geschlecht, Beruf, Bildung, Hierarchieebenen?
- Kennen sich die Teilnehmer? Gibt es hierarchische Abhängigkeiten? Muss mit Spannungen oder Konflikten untereinander gerechnet werden?
- Wie können die Aufmerksamkeit und das Interesse der Zielgruppe geweckt werden?
- Werden die Teilnehmer freiwillig kommen oder wird die Veranstaltung verpflichtend sein?

Weiterhin kann es sinnvoll sein, sich mit den unterschiedlichen Lerntypen auseinanderzusetzen: Wenn also die Zielgruppe, z.B. der Geschäftsführer, eine hohe Affinität zu Zahlen, Daten und Fakten hat, ist es sinnvoll, dies bei der Seminarplanung zu berücksichtigen. Als weitere Auseinandersetzung mit den verschiedenen Lerntypen empfehlen wir z.B. das DISG-Modell (s. Literaturverzeichnis Seiwert/Gay).

Lernziele definieren

Das Definieren von Zielen und das nachfolgende zielorientierte Vorgehen gehören zu den Grundprinzipien des Qualitätsmanagements und macht natürlich auch vor Seminaren oder Trainings nicht Halt. Die zentralen Fragen lauten dabei: Was sollen die Teilnehmer am Ende der Veranstaltung verstanden bzw. gelernt haben? Was soll nach der Veranstaltung anders sein?

Angemessener Ressourceneinsatz zur Erreichung der Lernziele

Der angemessene Ressourceneinsatz ist bereits als Grundsatz in der ISO 9001 verankert, er wird bei Informationsveranstaltungen zum Qualitätsmanagement aber leider viel zu oft missachtet. Die zur Verfügung gestellte Zeit ist eine entscheidende Ressource bei der Gestaltung von Veranstaltungen. Nicht selten wird einfach ein Minimum an Zeit mit einem Maximum an Inhalt gefüllt anstatt zu fragen: Wie viel Zeit benötige ich für die Zielgruppe, um die definierten Lernziele zu erreichen?

Weitere wichtige Fragen:

- Wie groß muss der Raum sein und wie sollte er gestaltet sein, damit ein angenehmes Arbeitsklima entstehen kann?
- Wo sollte der Raum sein, damit sich die Teilnehmer ungestört auf das Thema einlassen können?
- Welche Gruppengröße erscheint im Hinblick auf die Zielgruppe und die Zielsetzung sinnvoll?
- Welche Medien und Arbeitsmaterialien sind erforderlich?

- Was brauchen die Teilnehmer an zeitlicher und personaler Unterstützung, um die angestrebten Veränderungen im Alltag erfolgreich umsetzen zu können?

Wissensvermittlung in „überschaubaren Päckchen“

Heute wird vielerorts von Entschleunigung gesprochen. Auch bei der Wissensvermittlung. Die Vermittlung von möglichst vielen Informationen in kurzer Zeit erscheint vordergründig effektiv. Langfristig gesehen rieselt aber viel zu viel der wohlgemeinten Informationen einfach an den Teilnehmern vorbei. Um Wissen nicht nur einfach mal gehört, sondern auch verstanden zu haben, muss den Teilnehmern Zeit zum Verstehen eingeräumt werden. Diese Zeit sollte zum einen innerhalb der Veranstaltung gegeben sein (z.B. in Form von Arbeitsgruppen-Phasen), zum anderen aber auch im Arbeitsalltag nach der Veranstaltung fest eingeplant werden (z.B. als Arbeitsaufträge, die anschließend gemeinsam reflektiert werden).

Grundüberzeugungen transportieren, Vollständigkeit vernachlässigen

Alle Anforderungen der Norm sind grundsätzlich wichtig und auch im Detail von Bedeutung. Je nach Kenntnisstand der Teilnehmer kann es aber besser sein, die Details erst einmal zu vernachlässigen. Es ist viel mehr damit gewonnen, wenn die Teilnehmer den Sinn und Nutzen des Qualitätsmanagements bzw. einzelner Normenanforderungen für ihre Arbeit verstanden haben. Ihnen im Sinne der Vollständigkeit alles genau zu erläutern, mag sie aber vor lauter Informationen vergessen lassen, wofür das Ganze eigentlich gut ist.

Als gute Mischung für Veranstaltungskonzepte hat sich folgende Regelung bewährt:

- Ein Drittel Bekanntes bzw. Vertrautes,
- ein Drittel Neues,
- ein Drittel Überaschendes/Verblüffendes/Irritierendes.

Überaschende/verblüffende Inhalte „wecken auf“ und regen an. Die Aufmerksamkeit der Teilnehmer ist geweckt und nicht selten werden „Aha-Effekte“ und vertieftes Verstehen möglich.

Überraschend/verblüffend sind Inhalte für die Teilnehmer z.B. dann, wenn der Vermittler Bekanntes oder Vertrautes aus einer ganz anderen Perspektive beleuchtet oder Teilnehmer durch provozierende Thesen aus der Reserve lockt (z.B. ein Vergleich zum Umgang mit Fehlern zwischen Luftfahrt und Medizin oder eine sprachwissenschaftliche Betrachtung des Fehlerbegriffs).

Auswahl des Settings

Die Informationsvermittlung kann in der Gesamtgruppe, in Kleingruppen, in Partner- oder Einzelarbeit erfolgen. Nicht jede Form ist für jedes Thema gleichermaßen geeignet. Im Plenum kann viel durch den Vermittler gesteuert werden, jedoch ist es oftmals schwieriger alle Teilnehmer direkt zu erreichen. In Gruppenarbeit können die Teilnehmer aktiver einbezogen werden, allerdings können sich in Arbeitsgruppen auch Dynamiken entwickeln, die später schwer wieder einzufangen sind. Bei Einzelarbeiten ist jeder ganz persönlich gefragt, es ist oftmals zeitaufwendiger und schwierig, die Ergebnisse der Einzelarbeiten dann wieder für den Gruppenprozess zu nutzen.

Aufbau der Veranstaltung – ein roter Faden

1. **Einstieg**
   - Aufmerksamkeit erzeugen:
     Gestaltung des Raumes mit Willkommensplakat, Zitaten, Bildern, kleinen Aufmerksamkeiten, die zum Thema passen
   - Kennenlernen der Teilnehmer initiieren

2. **Sinnfrage und Interesse/Erwartungen klären**
   Falls nicht bereits im Vorfeld geklärt, muss zunächst nochmals die Bedeutung des Themas bzw. dessen Sinn und Nutzen für die Teilnehmer vorgestellt oder besser noch gemeinsam erarbeitet werden.
   Die Teilnehmer können z.B. gebeten werden, sich zu einer Fragestellung im Raum zu positionieren (z.B. Meine Einstellung zum QM ist positiv. 0 = stimmt gar nicht; 10 = stimmt voll und ganz). Im Rahmen von kurzen Statements werden die Teilnehmer gebeten, ihre Position zu begründen, sodass durch diese Übung (soziometrische Aufstellung) schnell ein differenzierter Einstieg ins Thema ermöglicht wird. Gleichzeitig wird deutlich, wie homogen oder heterogen die Gruppe sich aktuell zu dem Thema verhält.
   Zum inhaltlichen Einstieg können weiterhin sehr gut Texte/Geschichten, Filmsequenzen, praktische Übungen/Seminarspiele etc. genutzt werden.
   Die Abfrage, ob die Teilnehmer konkrete Fragestellungen oder Erwartungen mitbringen, kann im Plenum oder aber auch z.B. in Zweier-Interviews erfolgen.

3. **Ggf. Regeln für die Zusammenarbeit vereinbaren**
   Das Vereinbaren von Regeln für die Zusammenarbeit (z.B. Pünktlichkeit, Handynutzung, gegenseitige Wertschätzung, alle Meinungen sind wichtig …) ist besonders sinnvoll in Veranstaltungen, in denen eine hohe Gruppendynamik zu erwarten ist.

4. **Agenda vorstellen**

5. **Informationsvermittlung**

6. **Anwendung/Übung/Arbeitsphase**

7. **Reflexion und Praxistransfer**

Mit der Veranstaltungsinformation Interesse wecken

Veranstaltungsinformationen lösen bei den Teilnehmern Erwartungen und Hypothesen über den Inhalt und das Ergebnis der Veranstaltung aus:

- Wird es interessant werden?
- Kann ich davon profitieren?
- Muss ich davor Angst haben?

Sie prägen damit bereits im Vorfeld die Ausgangssituation und sollten daher zum einen sehr aufschlussreich formuliert sein und zum anderen dabei gleichzeitig Lust und Interesse am Thema wecken.

Gehirngerechte Informationsvermittlung

Gemäß den Erkenntnissen der Gehirnforschung ist es förderlich, wenn sich die Teilnehmer möglichst viele Erkenntnisse selbst erarbeiten. Eine aktive Auseinandersetzung mit den Inhalten ist für die Gehirn-
aktivität förderlicher als passives Konsumieren von Wissen.

Weiterhin wird der Lernvorgang unterstützt und der Behaltensgrad erhöht, wenn mehrere Sinneskanäle angesprochen werden (Hören, Sehen, Erfahren). Je vielseitiger das Gehirn in Anspruch genommen wird, desto nachhaltiger der Lernprozess.

Abwechslungsreich vermitteln

Gelingt es, den Spannungsbogen in der Veranstaltung aufrechtzuhalten, sind die Aufmerksamkeit, die Aufnahmefähigkeit und die Lernbereitschaft der Teilnehmer hoch.

Förderlich ist dabei der bewusste Einsatz von unterschiedlichen Formen der Vermittlung, teilweise sogar des Entertainments in den verschiedenen Phasen der Veranstaltung. Dies kann aber nur dann erfolgreich sein, wenn der Vermittler sich zuvor gründlich mit der Zielgruppe und ihren Anforderungen/

Erwartungen auseinandergesetzt hat. Durch kreative Techniken können auf leichte Art festgefahrene Denkmuster und verengte Blickwinkel gelöst und neue Lösungsoptionen geschaffen werden. Menschen empfinden Leichtigkeit und Freude, wenn es plötzlich „klick“ macht und sie eine Sache anders wahrnehmen als zuvor. Folgende Methoden können hilfreich sein:

- **Storytelling**

Geschichten werden erzählt seit es Menschen gibt: Sie transportieren Wissen, vermitteln Werte und Normen und beflügeln die Fantasie. Geschichten ermöglichen einen ganz anderen Zugang zum Thema, sie liefern neue Ideen und eröffnen andere Perspektiven.

Geschichten erzeugen Bilder bei den Zuhörern. Bilder bleiben länger im Gedächtnis als reine Sachinformationen. Daher wirken Geschichten oft noch lange nach.

Einen hervorragenden Geschichtenfundus liefern z.B. folgende Bücher:

⇨ Heß, Hans (Hrsg.): Erzählbar; managerSeminare 2011
⇨ Blenk, Detlev: Inhalte auf den Punkt gebracht; Beltz 2006
⇨ Poostchi, Kambiz (Hrsg.): Goldene Äpfel; Via Nova 2013
⇨ Hagmaier, Ardeschyr: Ente oder Adler; Gabal 2010

- **Einsatz von praktischen Übungen/Lernspiele**

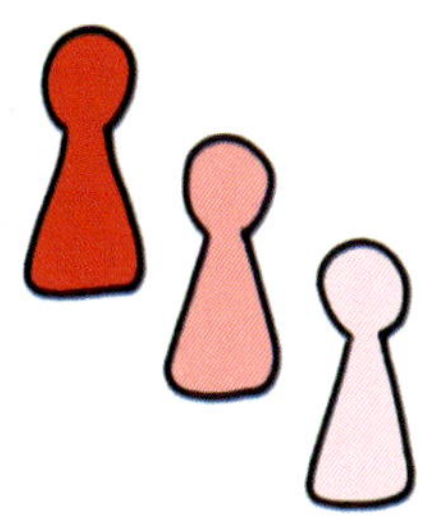

Durch praktische Übungen werden die Lernenden aktiv beteiligt. Entscheidend für den Erfolg eines Lernspiels ist jedoch, dass es zum Thema und zur Zielgruppe passt und somit einen didaktischen Sinn erfüllt. Ist der eigentliche Vortrag langweilig und trocken und entbehrt eine aktive Beteiligung der Teilnehmer, kann der Erfolg der Maßnahme durch ein lustiges Spielchen in der Mittagspause auch nicht gerettet werden.
Werden Seminarspiele erfolgreich eingesetzt, dienen sie nicht nur der allgemeinen Erheiterung, sondern sind eher kleine Lernprojekte, bei denen Erfolge, aber auch Misserfolge durchaus erwünscht sind: in beiden Fällen geeignete Anlässe, um über Stärken, Probleme oder Differenzen nachzudenken. Das heißt zu jedem erfolgreichen Seminarspiel/Lernprojekt gehört immer auch eine Reflexionsphase, in der Teilnehmer und Vermittler die abgelaufenen Prozesse reflektieren und hinterfragen:

„Was an der Aufgabenstellung ist mit dem Qualitätsmanagement vergleichbar?“
„Was hat geholfen, das Problem/die Aufgabe zu lösen?“
So gestaltet können praktische Übungen Lern- und Veränderungsprozesse in Organisationen unterstützen.

Tipp:
Die Firma Metalog® bietet eine Reihe von interessanten Lernprojekten an, von denen viele auch auf das Thema Qualitätsmanagement übertragen werden können. Die Anschaffung dieser Spiele ist nicht ganz kostengünstig und lohnt sich vor allem für den regelmäßigen Einsatz z.B. für die Einführung von neuen Mitarbeitern ins QM-System oder wiederkehrende Veranstaltungen z.B. zum Thema Kundenorientierung.

Weitere Buchempfehlungen zu Lernspielen:
- ⇨ Beermann, Susanne u.a.: Spiele für Workshops und Seminare; Haufe 2008
- ⇨ Dürrschmidt, Peter; u.a.: Methodensammlung für Trainnerinnen und Trainer; managerSeminare 2005
- ⇨ Rachow, Axel (Hrsg.): Spielbar; managerSeminare 2012
- ⇨ Rachow, Axel (Hrsg.): Spielbar II; managerSeminare 2015
- ⇨ Wallenwein, Gudrun: Spiele – Der Punkt auf dem i; Beltz 2003

Verhaltensänderungen brauchen Wiederholung und Zeit

Veranstaltungen, die als Lernziel nicht nur den Wissenserwerb in den Vordergrund stellen, sondern durch das neue Wissen Verhaltensänderungen initiieren wollen, bauen zunächst auf einer Veränderungsbereitschaft der Teilnehmer auf. Diese ist aber bei Weitem nicht immer gegeben – insbesondere dann nicht, wenn für die Teilnehmer die Sinnhaftigkeit der an sie gestellten Erwartungen unklar oder intransparent ist oder die Veränderungen keine persönlichen Vorteile für sie mit sich bringen. Im Kapitel 3.6 zeigen wir auf, dass neue Lerninhalte oder angestrebte Verhaltensänderungen bei den Teilnehmern nicht selten auch mit Angst verbunden sein können.

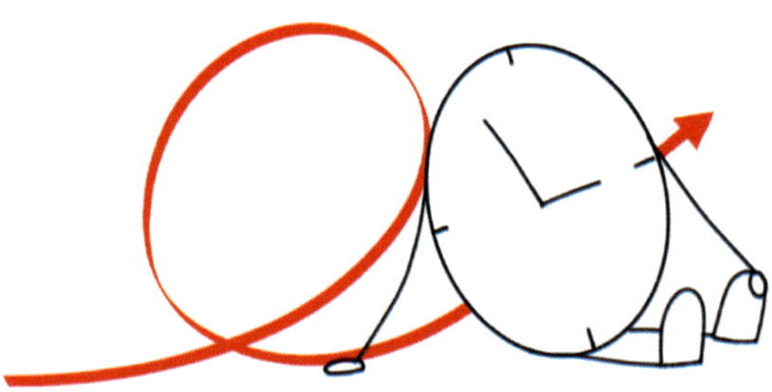

Aber auch dann, wenn neue Inhalte oder Anforderungen angstfrei, sinnerfüllt und transparent vermittelt werden, braucht das Aufgeben von alten Verhaltensweisen Zeit und wiederholtes Üben. Die Veranstaltung mag Begeisterung für neue Inhalte und Verhaltensweisen vermittelt haben, der Alltag aber verführt dazu, immer wieder das gewohnte Verhalten anzunehmen. Daher benötigen die Teilnehmer Unterstützung, Wiederholungen und/oder bewusste Anreize, die ihnen helfen, diese Automatismen zu durchbrechen und ihre Komfortzone zu verlassen.

Praxistransfer, Feedback und Abschluss

Je nach zeitlichem Umfang und Intensität der Veranstaltung fällt diese Phase unterschiedlich aus. Ein guter inhaltlicher Abschluss und ein aktivierender Übergang in den Arbeitsalltag sind auch bei kurzen Veranstaltungen wichtig.

- Was haben die Teilnehmer gelernt?
- Wie wurden ihre Erwartungen erfüllt?
- Was nehmen sie mit?
- Was hat ihnen an dem Seminar gefallen? Was nicht?
- Welche Ziele setzen sich die Teilnehmer? Welche Aufgaben liegen vor ihnen?
- Wie realistisch ist eine kurzfristige Umsetzung der Aufgaben/Anforderungen im normalen Arbeitsalltag?
- Wie können die Teilnehmer durch sich selbst oder andere bei der Umsetzung unterstützt werden?
- Welche Rahmenbedingungen müssen sie selbst oder andere schaffen, damit die Ziele erfolgreich umsetzt werden können?

Ein nachhaltig gelungener Praxistransfer kann nur erfolgen, wenn er konzeptionell bei der Veranstaltungsplanung mit berücksichtigt wird. Dies kann z.B. auch bedeuten, dass Veranstaltungen nicht als Einzeltermine, sondern eher als Prozess geplant werden: Es gibt somit Folgetermine, in denen Gelerntes aufgefrischt und Umsetzungserfolge oder Probleme reflektiert werden.

Der Praxistransfer beginnt damit, dass die Inhalte anschaulich und unterlegt mit alltagsnahen Beispielen vermittelt werden. Durch verschiedene Methoden kann der Praxistransfer unterstützt werden: z.B. durch Bearbeitung oder Erprobung von Fallbeispielen, Vereinbarung von selbstgewählten Arbeitsaufträgen oder Führen von Lerntagebüchern.

Bewertung der Veranstaltung

Auch bei der Bewertung der Veranstaltung folgen wir konsequent der Logik des PDCA-Zyklus und den Anforderungen der ISO 9001. Das bedeutet, dass auch die mit der Veranstaltung verbundenen Ziele und die eingesetzten Methoden in Bezug auf ihre Zielerreichung/Wirksamkeit reflektiert werden müssen, um daraus für Folgeveranstaltungen zu lernen. Als Daten stehen dazu die Lernziele, die Erwartungen der Teilnehmer, die Teilnehmerstimmen zum Veranstaltungsende und ggf. Feedbackbögen zur Verfügung.

Weitere Faktoren, die Lernprozesse unterstützen sind in Kapitel 3.5 beschrieben.

2.3 Visuell vermitteln

2.3.1 Warum?

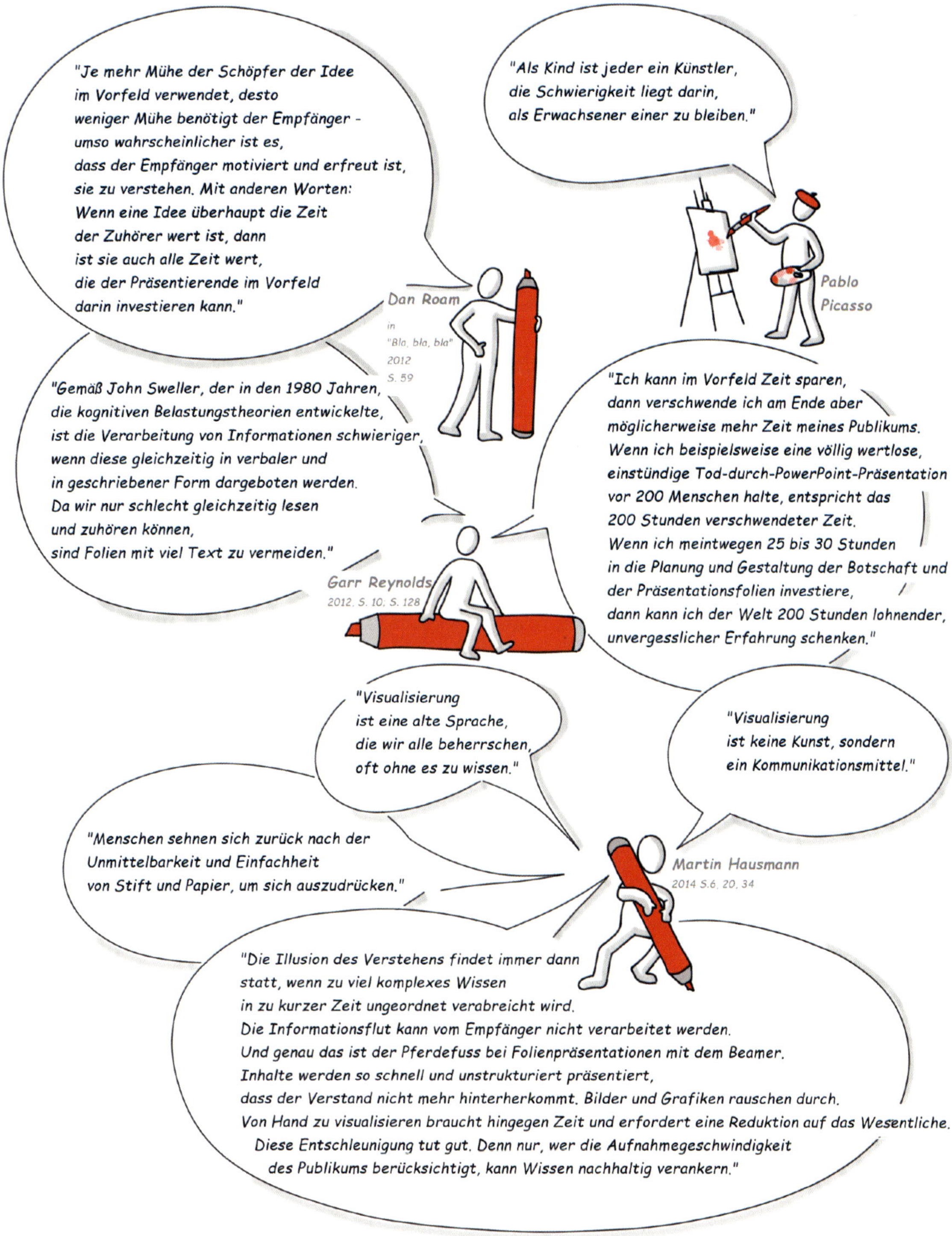

In Ergänzung zu den Zitaten auf der vorherigen Seite und denen in der Einleitung dieses Buches hier noch einige Argumente:

- Bilder erfordern eine Reduktion der Inhalte auf die wesentlichen Aussagen. Wenn diese von den Teilnehmern verstanden wurden, kann das Thema weiter differenziert werden.
- Vereinfachende Bilder schaffen die Grundlage für das Verständnis von komplexen und abstrakten Zusammenhängen.
- Durch Bilder wird der Verstand viel stärker angeregt als durch monotone Textbeiträge. Dies erhöht die Merkfähigkeit der Zuhörer.
- Piktogramme zeigen, wie diese leicht, spielerisch und sogar nationenübergreifend Kommunikationswege ermöglichen oder unterstützen.
- Das Wissen bleibt im Raum. Von 20 PowerPoint-Folien sind immer 19 unsichtbar.
- Fragen und Anmerkungen der Teilnehmer können spontan von Hand in die Darstellungen integriert werden. So entstehen Plakate, zu denen alle etwas beigetragen haben.
- Um Teilnehmerbeiträge gut zu visualisieren, muss der Vermittler diesen aufmerksam zuhören und ggf. nachfragen, sodass er die Kernaussage versteht und bildlich darstellen kann. Teilnehmer erfahren so Wertschätzung für ihre Beiträge und treten in einen intensiven Dialog mit dem Vermittler.
- Die Visualisierung der Teilnehmeraussagen macht diese zu Mitgestaltern der Veranstaltung. Das Wissen und die Kenntnisse der Teilnehmer werden ernstgenommen und integriert.
- Visuelle Aufzeichnungen von Veranstaltungen (Fotoprotokolle) ermöglichen mehr als eine nüchterne Betrachtung der Inhalte. Damit verbundene Gedanken und Gefühle werden erinnert und unterstützen somit ein ganzheitliches Lernen.
- Visualisierungen sind einzigartig. Auch wenn QM-Verantwortliche ein Thema zum hundertsten Mal vermitteln, so sind die Visualisierungen immer besonders und beziehen sich auf die aktuelle Gruppe.
- Bilder inspirieren und bringen die Teilnehmer auf neue Gedanken. Eingefahrene Denkmuster können aufgelöst werden und neue ungewohnte Perspektiven entwickeln sich.
- Bilder regen Emotionen an. Emotionen wiederum erleichtern das Verstehen und Erinnern des Gelernten.

2.3.2 Werkzeuge!

Gut visualisieren zu können hat wenig mit zeichnerischem Talent zu tun.

Das Entscheidende beim Visualisieren ist die Reduktion der Inhalte auf das Wesentliche. Um dieses dann wiederum in ein Bild oder eine Bildmetapher umsetzen zu können, bedarf es häufig nur einiger geometrischer Grundformen (Kreis, Quadrat, Dreieck) sowie einiger Punkte, Linien und Pfeile.

Wie Sie dem Literaturverzeichnis entnehmen können, gibt es inzwischen eine Vielzahl an Literatur zu verschiedensten Visualisierungstechniken. Wir möchten im Folgenden nur einige Tipps zusammenstellen, die ein sofortiges Loslegen ermöglichen und ansonsten auf die weiterführende Literatur verweisen.

Gute Visualisierungen sind nicht verschnörkelt und detailverliebt, sondern einfach und klar. Es geht um die Darstellung von Ideen und Theorien, nicht um Kunst.

Als Tipp: Üben Sie diese Handwerkzeuge täglich. Wenn Sie etwa an einer Sitzung teilnehmen und Ihnen zu den behandelten Themen Bilder in den Sinn kommen, nutzen Sie die Tagesordnung oder ein Notizbuch und visualisieren Sie Ihre eigenen Notizen.

Papier 	⇨ Beste Ergebnisse lassen sich mit weißem Papier erzielen (Recycling-Papiere lassen Farben trüber erscheinen). ⇨ Flipchart-Bögen mit Kästchen stören den Bildeffekt (am besten Rückseite verwenden, dann bleiben die Kästchen als Hilfslinien sichtbar). ⇨ Flipchart-Bögen mit Fadenkreuzen, die für die TN nicht sichtbar sind, helfen beim Zeichnen/Schreiben.	
Moderatorenkoffer	⇨ Ein ganzer Koffer ist nicht unbedingt erforderlich, aber eine Box mit schwarzen und einigen farbigen Stiften ist sinnvoll.	

Stifte

- ⇨ Für Anfänger: Stift mit Rundspitze verwenden, dies garantiert ein gleichmäßigeres Schriftbild; „Profis“ erzielen mit der Keilspitze schönere Effekte (wichtig ist eine gleichbleibende Stifthaltung).
- ⇨ Schwarze, wasserbasierte Stifte verwenden: (diese schlagen nicht auf das nächste Papier durch und verwischen nicht mit einer zweiten Farbe), z.B. Outliner Neuland® Number one oder Edding 30 oder 33.
- ⇨ Nur Stifte mit voller Farbpatrone verwenden, (leere Stifte zum Auffüllen markieren).

- ⇨ Auf nachfüllbare Marker achten.
- ⇨ Wachsmalblöcke z.B. von Stockmar eignen sich, um schnell große Flächen zu färben und damit Farbakzente zu setzen.
- ⇨ Mit Pastellkreiden lassen sich schöne Effekte und Farbverläufe erzielen (nach Fertigstellung mit Haarspray fixieren).

Schrift

- ⇨ Entscheidendes Kriterium: Lesbarkeit,
- ⇨ einzeln stehende Druckbuchstaben,
- ⇨ keine Schnörkel.

Tipp: Wer die Moderationsschrift lernen bzw. üben möchte, findet im Internet entsprechende Vorlagen.

Text

- ⇨ Text, wann immer möglich reduzieren,
- ⇨ auf eine eindeutige Gliederung achten,
- ⇨ Reihenfolge beachten:

  1. Text schreiben,
  2. Textcontainer malen,
  3. Bild ergänzen,
  4. farbliche Akzente setzen.

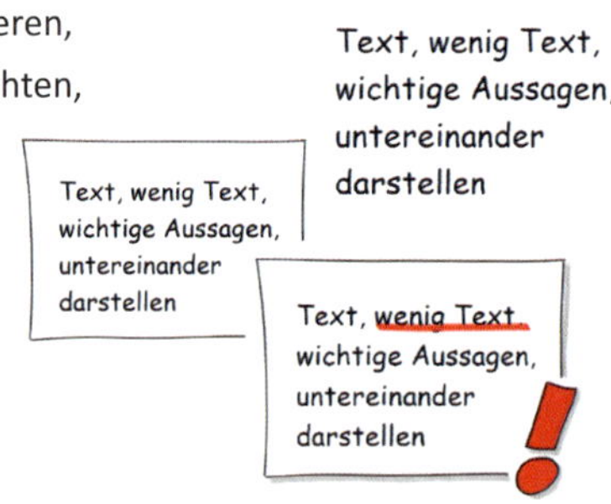

Linien

Aufzählungs-zeichen

- ⇨ Zum Trennen und Verbinden von Inhalten nutzen,
- ⇨ visuelle Aufzählungszeichen helfen, Punkte auseinanderzuhalten bzw. zusammen zu betrachten.

Grundformen

- ⇨ Geometrische Formen wie Rechteck, Quadrat, Dreieck oder Kreis als Basis für Bildideen nutzen.
- ⇨ Das Zeichnen wird erleichtert, wenn man sich das Bild gedanklich in seine Grundformen zerlegt.
- ⇨ Für Anregungen s. bikabolo®-Wörterbücher der Bildsprache oder Fotodatenbanken im Internet (Filter „Illustrationen“/„Vektorgrafiken“ einstellen).

Pfeile

⇨ Mit Pfeilen das Auge des Betrachters lenken,

⇨ mit Pfeilen Richtungen, Beziehungen oder Spannungen andeuten,

⇨ mit Pfeilen Prozesse darstellen,

⇨ breite Pfeile als Textcontainer nutzen.

Textcontainer

⇨ Textcontainer helfen, Inhalte zu strukturieren und gruppieren Themen und Ideen,

⇨ Textcontainer mit einem Symbol verbinden, um die Einprägsamkeit zu erhöhen.

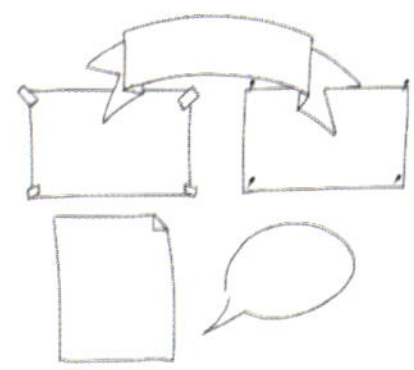

Symbole

⇨ Symbole oder Piktogramme als visuelle Vokabeln nutzen,

⇨ Piktogramme sind aussagekräftig und einfach zu zeichnen,

⇨ für Anregungen s. bikabolo®-Wörterbücher der Bildsprache, Clip-Art-Sammlungen im Internet, Kindermalbücher oder Comics.

Figuren

⇨ Strichmännchen oder einfache Figuren aus O und umgedrehtem „U“ entwickeln,

⇨ Männchen durch kleine Accessoires ergänzen (Haare, Hut, Mütze, Tablett, Stock, Kette …),

⇨ durch Aneinanderreihung von mehreren Figuren Gruppen darstellen.

Bildlandschaften

⇨ Grundmotiv wählen (Weg, Baum, Waage, Schiff, Eisberg, Landkarte, Raumplan, Lupe …),

⇨ Vorlagen nutzen (s. Literaturhinweise),

⇨ für Anfänger: Motiv mit Bleistift vorzeichnen,

⇨ Text auf Moderationskartengröße reduzieren,

⇨ Text mit Bildausschnitten verbinden,

⇨ ggf. fertige Vorlagen nutzen: Bikabolo®Posters.

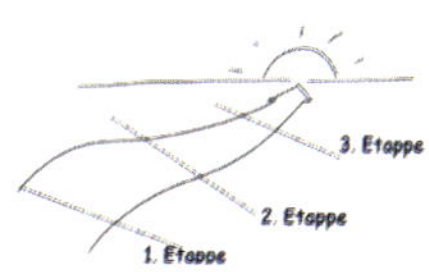

Farben

⇨ Text in Schwarz schreiben,

⇨ eher helle Farben verwenden für Akzente oder Farbfüllungen (damit Motiv oder Text gut sichtbar sind).

⇨ Nicht zu viele Farben verwenden (1 bis 2; sonst wird es zu bunt).

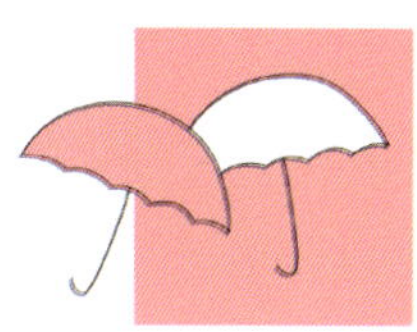

Schatten

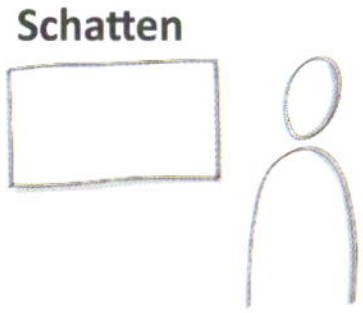

⇨ Schatten verleihen den Motiven eine räumliche Tiefe,

⇨ als Schattenfarbe einen dunklen Grauton wählen,

⇨ Schatten immer von links oder rechts zeichnen,

⇨ Schatten etwas versetzt zeichnen.

Effektlinien

⇨ Mit Bewegungsstrichen Aufmerksamkeit erzeugen oder Dynamik andeuten.

Plakatgestaltung

⇨ Titel mit einem dickeren Stift schreiben und mit farbigem Schatten versehen,

⇨ Titel umrahmen oder in einem Textcontainer darstellen,

⇨ Rahmen für das ganze Flipchart gestalten,

⇨ Thematisches Symbol unten rechts einfügen.

Durchpausen

⇨ Über die Vorlage ein neues Flipchart hängen und einfach durchpausen.

Templates

⇨ Grafische Vorlagen zur Wissensvermittlung, Informationssammlung oder zum Einsatz in Gruppenarbeiten nutzen.

Hilfsmittel

⇨ Moderationskarten,

⇨ bikabolo®workshop cards (vorgestaltete Karten),

⇨ bikabolo®icons (Kartenbox für visuelle Methoden),

⇨ Stattys – statisch aufgeladene Folien, die auf allen glatten Oberflächen ohne Kleber oder Nadeln haften (s. Bezugsquelle unten),

⇨ Bildmotivkarten (z.B. von Metalog® oder managerSeminare),

⇨ App: Rocketpics (Das digitale Wörterbuch bietet rund 1800 handgezeichnete Symbole und Figuren).

Pinnwand/ Metaplan

⇨ Keine Angst vor großen Plakaten,

⇨ Pinnwände nutzen, um mit Karten/Textkontainern sinnhafte Strukturen zu entwickeln.

Aufbewahrung

⇨ Zum Transport immer rollen; Flipchartköcher oder Plakatrollen verwenden.

⇨ Hängend aufbewahren auf längeren Wandhaken oder mit Hilfe von Flipchart-Bügeln.

Gerissene Löcher

⇨ Mit Tesafilm reparieren oder passende Lochverstärker aufkleben.

Bezugsquellen

⇨ www.neuland.com (Moderationsmaterial aller Art)

⇨ www.stattys.com (statisch aufgeladene Folien)

Fehler

⇨ Tipp-Ex, Korrekturtapes oder weiße Aufkleber machen Fehler schnell unsichtbar.

⇨ Ein Stück Flipchartpapier ausschneiden und Fehler überkleben (Korrekturen sind für die Teilnehmer kaum zu sehen).

2.3.3 Methoden!

Die folgenden Methoden und Werkzeuge sollen Ideen und Anregungen zur visuellen Bearbeitung von Normenanforderungen liefern. Sie werden hier nur kurz und knapp skizziert; für weiterführende Informationen weisen wir auf das Literaturverzeichnis im Anhang hin.

Ideen und Anregungen für den Einsatz visueller Methoden zum Kap. 1.4 Kontext

Portfolio-Analyse zur Bewertung von Kontextfaktoren

In einem Portfolio werden mehrere Sachverhalte in Bezug auf zwei Kriterien bewertet und miteinander verglichen, sodass Prioritäten und Entwicklungsmöglichkeiten abgeleitet werden können.

Vorgehen (Die Abbildung bezieht sich auf die „Optimus Kitas"):

1. Mittels Brainstorming alle internen und externen Einflussfaktoren auf das Organisationsgeschehen sammeln und auf Moderationskarten notieren s. Kap. 1.4.1 (für interne und externe Themen verschiedene Kartenfarben wählen),
2. Achsenkreuz visualisieren und beschriften (z.B. Bedeutung für den Erfolg der Organisation niedrig/hoch <> Veränderbarkeit: niedrig/hoch),
3. beschriftete Moderationskarten zuordnen,
4. Ist-Zustand reflektieren: insbesondere für Themen mit hoher Bedeutung, die starken Veränderungen unterliegen, das aktuelle Vorgehen prüfen,
5. ggf. Ziele und Maßnahmen ableiten.

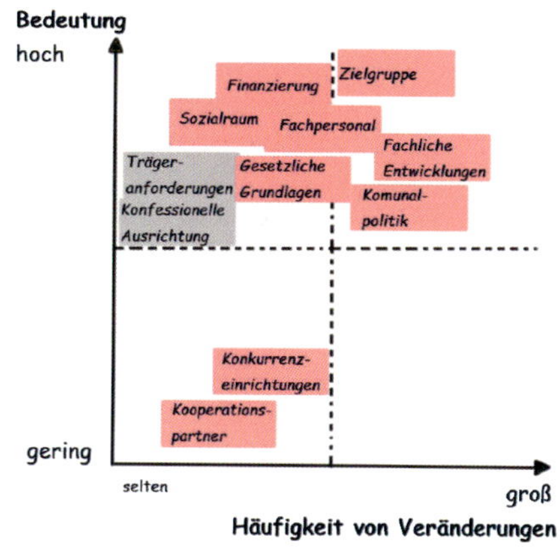

Stakeholder-Analyse zur Betrachtung der interessierten Parteien

Stakeholder sind Organisationen, Personengruppen oder auch Einzelpersonen, die ein Interesse an der bzw. Einfluss auf die Organisation haben (können). In der ISO 9001 werden diese als interessierte Parteien bezeichnet. Eine „Stakeholder-Analyse" ermöglicht die Visualisierung von Beziehungen und Abhängigkeiten und die Darstellung von Störfaktoren und Spannungsfeldern.

Vorgehen (Die Abbildung bezieht sich auf die „Optimus Kitas"):

1. Stakeholder ermitteln (s. Leitfragen zu Kap. 1.4.2) und entsprechend ihrem Einfluss/ihrer Bedeutung auf Moderationskarten festhalten (z.B. Karten für Stakeholder mit großem Einfluss/hoher Bedeutung auf rote Karten),
2. Verbindungslinien zwischen Stakeholdern und Organisation zeichnen,
3. zentrale Anforderungen der Stakeholder ebenfalls auf Moderationskarten notieren,
4. aktuelle Qualität der Beziehung zwischen Stakeholder und Organisation bewerten (z.B. 5 = sehr gut – 0 = sehr schlecht),
5. Verbesserungsmaßnahmen ableiten.

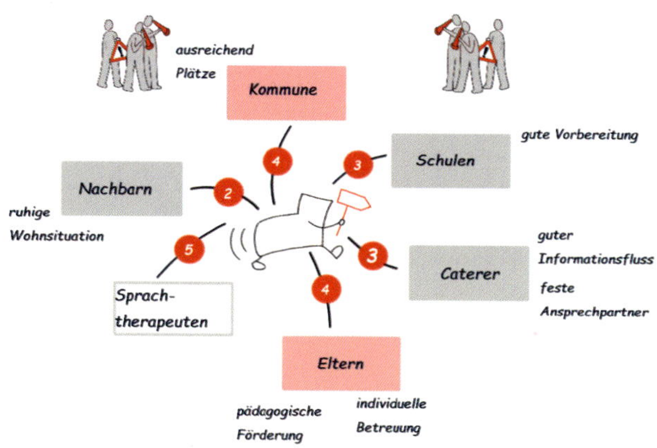

Ideen und Anregungen für den Einsatz visueller Methoden zum Kap. 1.5 Führung

Landschaftsbilder zur Entwicklung der Qualitätspolitik

Landschaftsbilder unterstützen die Teilnehmer bei dem Ausformulieren von Visionen und der Planung von Strategien zu deren Verwirklichung. Dabei wird zunächst die Zukunft skizziert und die Blickrichtung erst danach in die Gegenwart gelenkt.

Vorgehen

1. *Zunächst sollen sich die Teilnehmer gedanklich von der Realität lösen und sich die Organisation entsprechend ihrer persönlichen Wünsche und Ziele in fünf bis zehn Jahren vorstellen.*
   - Wie sieht die Organisation in zehn Jahren aus?
   - Wie sehen die Kunden die Organisation?
   - Auf welche Erfolge kann zurückgeschaut werden?
2. *Im zweiten Schritt gilt es den Weg dahin zu beschreiben.*
   - Welche Etappenziele wollen wir uns setzen?
   - Welche Ressourcen sind dafür erforderlich?
   - Wie kann es uns gelingen alle Beteiligten mitzunehmen?
   - Welche Hindernisse könnten uns den Weg erschweren?
     Wie können wir diese Gefahren umgehen bzw. minimieren?

Durch die Auslage und Einbeziehung von verschiedensten Fotografien (z.B. Kartensets von Metalog®, managerSeminare, Beltz) kann die kreative und intuitive Arbeit der Teilnehmer unterstützt werden.

Kraftfeldanalyse zur Weiterentwicklung der Kundenorientierung

Ziel ist es zu ermitteln, welche Einstellung die betroffenen Personen/-gruppen in Bezug auf eine geplante Veränderung (Zielzustand) haben, wie viel Einfluss sie darauf ausüben (können) und wie v.a. Personen mit negativer Einstellung und hohem Einfluss ggf. für das Vorhaben gewonnen werden können.

Vorgehen

1. *Betroffene Personen/-gruppen auf Karten notieren und in die Matrix einordnen*
2. *Einflussfaktoren diskutieren*
   - Was hält Beteiligte davon ab, den aktuellen Zustand zu verlassen?
     Was hält sie davon ab, das Ziel mit aller Konsequenz zu verfolgen?
   - Was könnte die betroffenen Personen veranlassen, den aktuellen Zustand zu verlassen?
   - Was könnte das Ziel attraktiver machen?
3. *Veränderungsmaßnahmen vereinbaren*

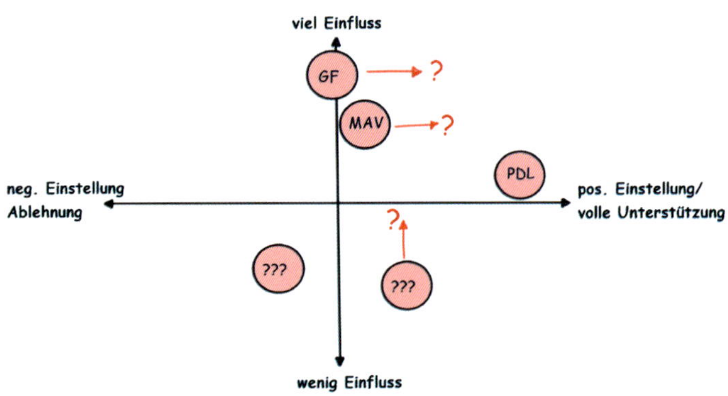

Ideen und Anregungen für den Einsatz visueller Methoden zum Kap. 1.6 Planung

SWOT-Analyse zur Risikoidentifikation

Die SWOT-Analyse ist eine einfache, aber aufschlussreiche Untersuchungsmethode.

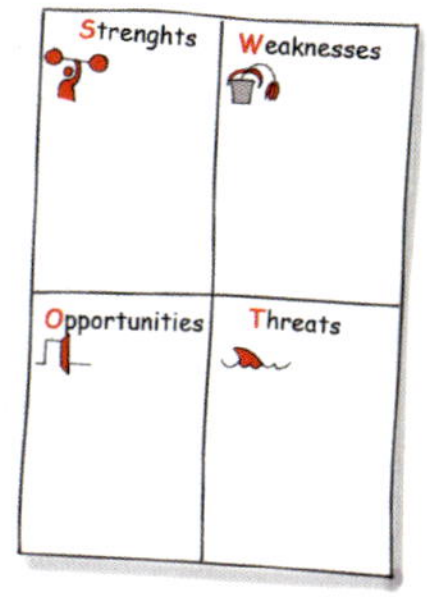

Vorgehen

1. *Übertragung der vier Betrachtungsaspekte auf Flipchart oder Pinnwand*
2. *Sammlung von Informationen zu den einzelnen Feldern mittels Brainstorming und vertiefenden Fragen des Moderators (Was genau …? Wie gewährleisten Sie …? Wie verhindern Sie bislang …? Was tun Sie für …?)*
3. *Bearbeitung der vier Felder:*
   Wie können wir Stärken ausbauen und Chancen nutzen?
4. *Wie können wir Schwächen ausgleichen und Risiken minimieren?*
5. *Ableitung von Zielen und Verbesserungsmaßnahmen*

Fehler-Möglichkeits- und Einfluss-Analyse zur Risikoidentifikation u. -bewertung (FMEA)

Mit einer FMEA lassen sich Fehler und Fehlerquellen systematisch ermitteln und bewerten.

Vorgehen

1. *Betrachtung des Prozesses einschließlich seiner Teilschritte und Schnittstellen (z.B. als Flussdiagramm groß ausdrucken, auf Pinnwand übertragen oder mittels Beamer projizieren) im Hinblick auf ihre Bedeutung (z.B. entscheidende Stellen mit einem Ausrufezeichen oder Klebepunkt markieren),*
2. *Betrachtung des Prozesses mit allen seinen Teilschritten und Schnittstellen im Hinblick auf aktuelle und mögliche Fehler (z.B. entscheidende Stelle mit einem Blitz oder anders farbigem Klebepunkt markieren),*
3. *aktuelle und mögliche Fehler auf Moderationskarten übertragen,*
4. *Visualisierung des Bewertungsschemas (s. unten) auf eine Pinnwand,*
5. *Fehler- und mögliche Fehlerkarten nach und nach auf die Pinnwand übertragen und entsprechend dem Bewertungsschema bearbeiten:*
   - Folgen des Fehlers/möglichen Fehlers listen,
   - Fehlerursachen benennen,
   - Möglichkeiten der bisherigen Entdeckung aufführen,
   - Maßnahmen der bisherigen Fehlervermeidung benennen,
   - Einschätzen der Bewertungskenngrößen,
   - **A**uftreten des Fehlers: 1 = unwahrscheinlich – 10 sehr wahrscheinlich
   - **B**edeutung für Kunden: 1 = keine Folgen – 10 schwere Folgen
   - **E**ntdeckung des Fehler: 1 = sehr wahrscheinlich – 10 unwahrscheinlich
   - Risikoprioritätszahl (RPZ) ermitteln: **A** x **B** x **E**
     Hoher Wert = Großer Handlungsbedarf
6. *Verbesserungsmaßnahmen einleiten,*
7. *ggf. FMEA nach einer Zeit wiederholen, um die Wirksamkeit der eingeleiteten Maßnahmen zu bewerten (RPZ muss niedriger ausfallen).*

Fehler	Folgen	Ursachen	bisherige Entdeckung durch	bisherige Vermeidung durch	Bewertungskenngrößen A B E RPZ

Ideen und Anregungen für den Einsatz visueller Methoden z. Kap. 1.7 Unterstützung

Mindmap zum Thema Ressourcen

Mind-Mapping ist eine Visualisierungsmethode, die die Denk- und Assoziationsstruktur unseres Gehirns optimal nutzt. Mind-Maps entwickeln sich von der Blattmitte kreisförmig nach außen in immer weiteren Verzweigungen.

Vorgehen

1. *Zentrales Thema in die Mitte eintragen (z.B. Ressourcen),*
2. *Hauptäste strahlenförmig vom zentralen Thema einzeichnen (z.B. Personal, Infrastruktur, Prozessumgebung, Wissen, Überwachung und Messung),*
3. *weitere Verzweigungen von den Hauptästen abzweigen (z.B. Stärken und Verbesserungspotenziale oder Nachweismöglichkeiten im Audit).*

Die Zweige und Äste werden beschriftet und wenn möglich werden Schlüsselwörter bildlich dargestellt.

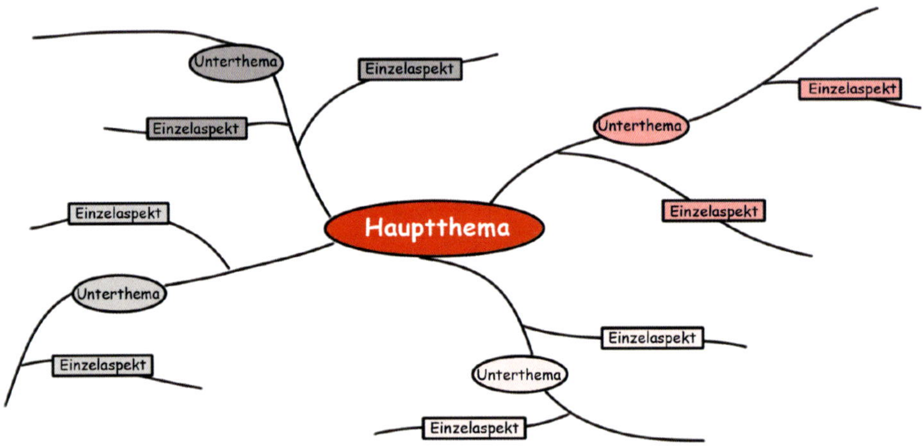

Eisbergmodell zur Reflexion des internen Kommunikationsflusses

Ziel ist es, den sichtbaren/bewussten und unsichtbaren/unbewussten Teil eines Themas und damit die Zusammenhänge von Gefühls-, Sach- und Beziehungsebenen in der Wahrnehmung zu verdeutlichen. Der kleinere Teil des Eisbergs ragt aus der Wasseroberfläche auf und ist damit sichtbar, er symbolisiert die Sachebene, die Fakten. Der weitaus größere Teil ist unsichtbar und wird der Gefühls- und Beziehungsebene zugeordnet.

Vorgehen

1. *Reflexionsthema wählen,*
2. *Tatsachen und Fakten zusammentragen,*
3. *Hypothesen zu nicht sichtbaren Hintergründen, Einstellungen, Erwartungen, inoffiziellen Regeln/Strukturen oder ungeschriebenen Gesetzen zusammentragen,*
4. *Darstellung ggf. mit Bildern/Bildkarten ergänzen,*
5. *Veränderungsbedarf identifizieren und Verbesserungsmaßnahmen einleiten.*

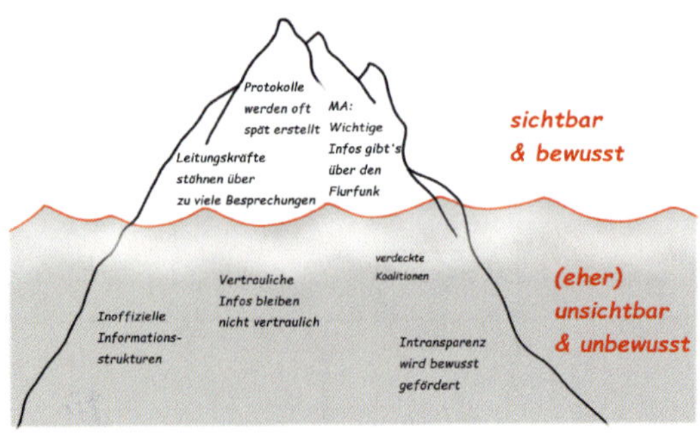

Ideen und Anregungen für den Einsatz visueller Methoden zum Kap. 1.8 Betrieb

Kundenpfadanalyse zur Ermittlung von Kundenanforderungen

Ziel der Kundenpfadanalyse (auch Service-Blueprinting genannt) ist die Visualisierung, Analyse und Optimierung von Dienstleistungsprozessen. Im Vordergrund steht dabei die Wahrnehmung des Kunden.

Vorgehen (Die Abbildung bezieht sich auf die „Optimus Rehaklinik")

1. *Einzelne Prozessschritte auf Moderationskarten notieren und chronologisch ordnen,*
2. *zwei waagerechte Linien auf die Pinnwand übertragen und beschriften:*
   Kundeninteraktionslinie: Prozessschritte, an denen der Kunde direkt beteiligt ist,
   interne Interaktionslinie: Prozessschritte, die für den Kunden nicht sichtbar sind,
3. *Prozessschritte den verschiedenen Linien zuordnen,*
4. *Prozessschritte in Bezug auf die Bedeutung für den Kunden, deren aktuelle Zufriedenheit damit bewerten,*
5. *Anforderungen des Kunden bzgl. der einzelnen Prozessschritte ermitteln und reflektieren,*
6. *Verbesserungsmaßnahmen ableiten.*

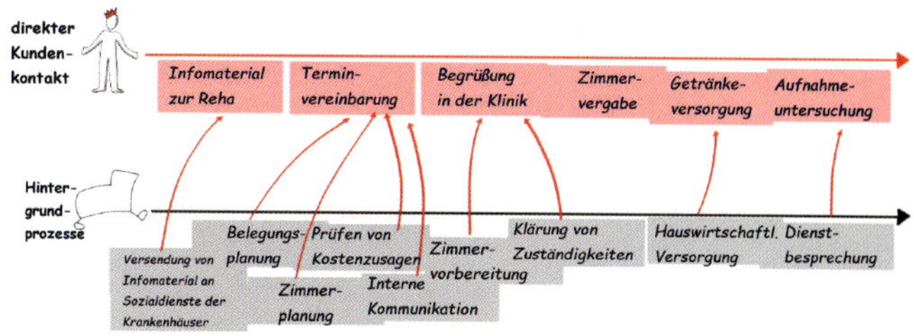

Action-Planning zur Entwicklung neuer Leistungsangebote

Ziel ist es, auf spielerisch fantasiereiche Weise Ideen zu erarbeiten und diese als Realität annehmen.

Vorgehen

1. *Kontext festlegen: Welche Faktoren sind nicht veränderbar (z.B. Anzahl der Mitarbeiter, Standorte, Finanzen), sind der Rahmen der „Fantasie-Welt"?*
2. *Erfolgsgeschichte vorwegnehmen – „Victory-Circle": Eine sehr konkrete Aussage zu dem angestrebten Ziel ins Zentrum stellen.* „Das neue Leistungsangebot ist ein voller Erfolg geworden. Wir feiern den xy.yy.zz und es konnten Hilfen für xy Ratsuchende realisiert werden."
3. *Das Brainstorming wird rückblickend von Tag x unter dem Aspekt moderiert: Was haben wir bereits erreicht? Was haben wir konkret dafür getan?*
   Die Teilnehmer werden ermuntert, auch vermeintlich kleine Dinge aufzugreifen und immer in der Gegenwart zu sprechen.
4. *Aktuelle Situation analysieren „RealityCheck":*
   a) Welche Stärken haben wir zur Verfügung, um das Ziel zu verwirklichen?
   b) Welche Herausforderungen zur Umsetzung erkennen wir schon heute?
   c) Wer hat einen Nutzen davon? Wer profitiert in welcher Form?
   d) Welche möglichen Gefahren oder Fallen lauern auf dem Weg der Umsetzung?
5. *Reflexion und Vereinbarung der konkreten nächsten Umsetzungsschritte, Maßnahmenplanung.*

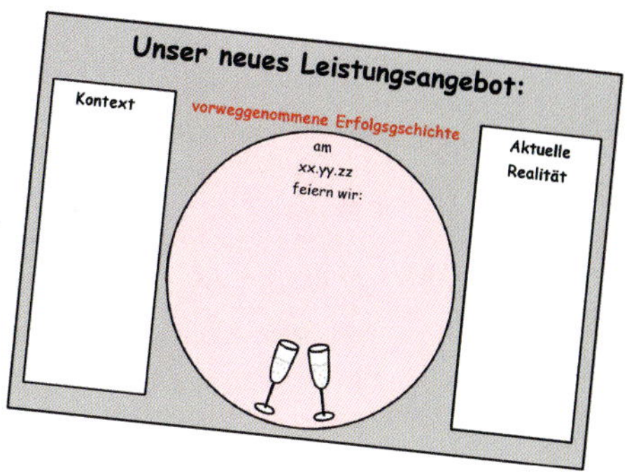

Ideen und Anregungen für den Einsatz visueller Methoden zum Kap. 1.9 Bewertung

Turtle-Modell zur Bewertung von Risiken

Das Turtle-Modell (Schildkröten-Methode) fasst zentrale Inhalte der Revision der ISO 9001 sehr anschaulich zusammen und kann auch zur Analyse von prozessbezogenen Risiken gut herangezogen werden.

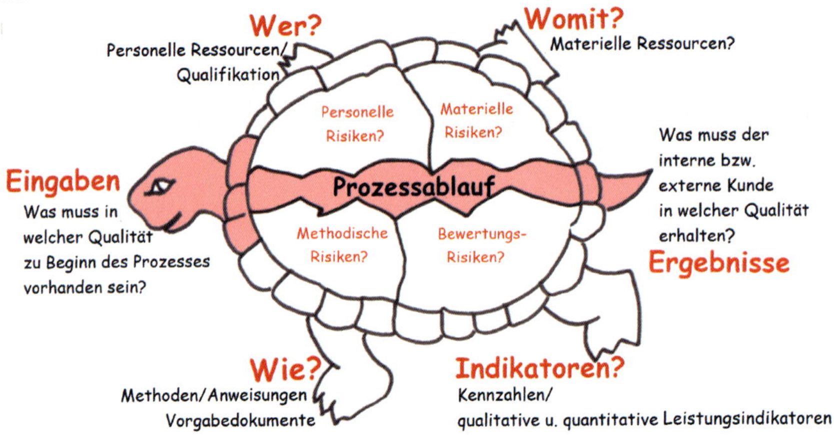

Vorgehen

1. *Schema der Schildkröte auf Pinnwand übertragen, Kopf und Schwanz der Schildkröte stellen die Eingaben sowie das Ergebnis des Prozesses mit Leistungsindikatoren dar. Die vier Beine stehen für die Stützen des Prozesses:*
   - materielle Ressourcen (Infrastruktur),
   - personelle Ressourcen (Anzahl der Mitarbeiter, Kompetenz),
   - Methoden/Anweisungen (Qualitätskriterien, dokumentierte Informationen),
   - Qualitative und quantitative Leistungsindikatoren.
2. *Kopf, Schwanz und Beine entsprechend der Vorgaben des Modells ausfüllen (Ist-Zustand darstellen),*
3. *Risikopotenziale der vier Stützen (Material, Personal, Methoden, Bewertung) erfassen und bewerten,*
4. *Verbesserungsmaßnahmen ableiten.*

Balance-Score-Card zum Einsatz in der Managementbewertung

Ziel ist es, das QM-System oder einzelne Qualitätsziele aus vier wichtigen Perspektiven zu beleuchten. Die vier Dimensionen zeigen sowohl bei der Ist-Analyse, der Zielformulierung, der Ideenentwicklung oder bei der Maßnahmenplanung auf, in welche Richtungen die Überlegungen gehen müssen und welche Abhängigkeiten und Beziehungen bestehen.

Vorgehen

1. *Ziel in den Mittelpunkt eintragen (z.B. Einführung eines Fehlermanagements)*
2. *Rückblickende Betrachtung:*
   - Wie haben die Mitarbeiter das Thema aufgegriffen?
   - Welche Veränderungen haben sich bei Prozessen und Abläufen ergeben?
   - Welchen Nutzen konnten Kunden bislang erfahren?
   - Welche finanziellen Investitionen waren erforderlich?
3. *Aktuelle Zielplanung reflektieren, ggf. anpassen und neue veränderte Maßnahmen planen*

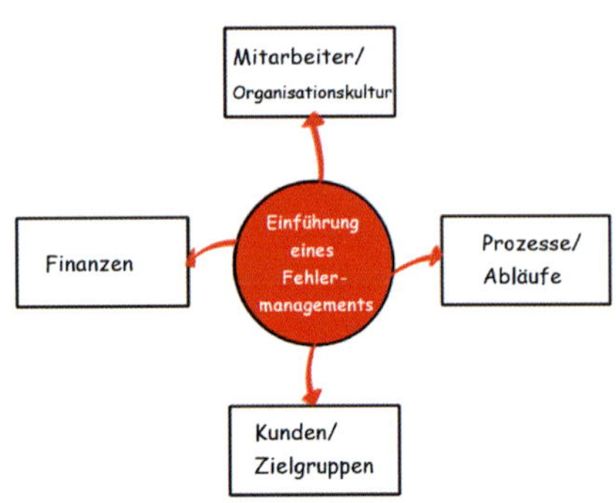

Ideen und Anregungen für den Einsatz visueller Methoden zum Kap. 1.10 Verbesserung

Fischgrätdiagramm zur Analyse von Fehlerursachen

Durch eine Ishikawa-Analyse (Name des Erfinders der Methode) können die Teilnehmer ein besseres Verständnis für das Problem und seine vielfältigen Ursachen gewinnen. Ziel der Methode ist es, Ursache-Wirkungs-Zusammenhänge systematisch zu ermitteln und übersichtlich darzustellen.

Vorgehen **(Die Abbildung bezieht sich auf die „Optimus Familienbildungsstätte"):**

1. *Problem definieren bzw. konkretisieren,*
2. *„Fischgerippe" auf Pinnwand übertragen und mit Haupteinflussgrößen (Mensch, Maschine, Material, Milieu und Methode) beschriften oder Abwandlungen von diesen (z.B. Management statt Maschine),*
3. *mit Hilfe von Brainstorming möglichst viele denkbare Ursachen für das Problem sammeln,*
4. *jede gefundene Ursache einer Hauptkategorie zuordnen,*
5. *Einzelursachen hinterfragen, um weitere Nebenursachen aufzudecken,*
6. *Ursachen mit Klebepunkten gewichten,*
7. *Verbesserungsmaßnahmen.*

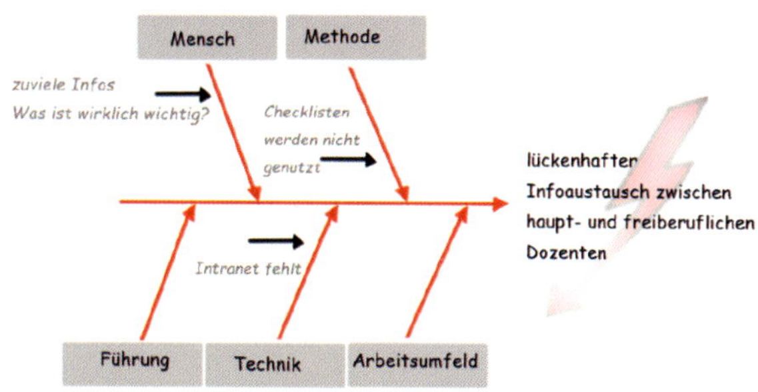

Stärkenorientierte Interviews zum Umgang mit Fehlern

Mit stärkenorientierten Interviews kann ein positiver, an Erfolgen orientierter Zugang zu neuen Themen oder Zielen erschlossen werden. Die Methode beruht auf dem Konzept der wertschätzenden Erkundung (Apriciative Inquiry s. Kap. 3.3.b, 3.3.d) und basiert auf der Annahme, dass es in Organisationen entsprechend dem Veränderungsvorhaben immer schon etwas Positives/Funktionierendes gibt. Die Auseinandersetzung mit den Erfolgsgeschichten stärkt alle Beteiligten und ermöglicht Lernchancen.

Vorgehen

1. *Aufstellen eines Interviewleitfadens für Zweier-Gespräche,*
2. *Durchführen der Interviews:*
   - Erzählen Sie von einem positiven Fehlererlebnis!
   - Welche Faktoren/Umstände haben zu diesem positiven Erlebnis geführt?
   - Was würden Sie empfehlen, wenn es darum geht, mehr dieser positiven Erlebnisse im Umgang mit Fehlern zu ermöglichen?
3. *Zusammentragen der Ergebnisse im Plenum auf einem vorbereiteten Plakat,*
4. *Vereinbarung von Verbesserungsmaßnahmen.*

3 Verankern

3.1 Grundauffassungen und Gestaltungsprinzipien

„Auf der Welt gibt es nichts, was sich nicht verändert, nichts bleibt ewig so wie es einst war."
Dschuang Dsi (etwa 365–290 v. Chr.), chinesischer Philosoph

Einer der Grundsätze des Qualitätsmanagements (QM) nach ISO 9000 ist die Verbesserung. Demnach legen Organisationen, wenn sie erfolgreich sein wollen, einen Schwerpunkt auf die stetige Weiterentwicklung ihrer Leistungsprozesse. Im Gesundheits- und Sozialwesen ist damit meistens keine maximale Qualitätssteigerung gemeint, sondern angesichts knapper Ressourcen die Erzielung des besten Verhältnisses von Aufwand und Kosten zur Leistung. Die Anforderungen, die aus unterschiedlichsten Richtungen an die Leistung gestellt werden, verändern sich, wenn auch je nach Arbeitsgebiet in unterschiedlichen Tempi. Verbesserungs- und Anpassungsprozesse sind daher unumgänglich.

Verbesserung ist aber auch ein Grundprinzip menschlichen Lebens. Das Leben strebt nach Entwicklung und Verbesserung. Menschen, angefangen bei kleinen Kindern, streben nach Zielen oder wünschenswerten Zielobjekten. Diese Triebfeder der Motivation mag etwa durch Sozialisationserfahrungen beeinträchtigt worden sein, sie mag sich nur auf den privaten Lebensbereich beziehen – aber der Impuls wohnt jedem Menschen inne.

Verbessern heißt zum Besseren verändern. Wenn Organisationen sich selbst bzw. ihre (Leistungs-)Prozesse/ihre Qualität verändern wollen, müssen sie sich damit auseinandersetzen, unter welchen Bedingungen Veränderungsprozesse gelingen und welche Einflussfaktoren dabei von Bedeutung sind. Denn auch wenn Menschen den Fortschritt im Allgemeinen schätzen, so stehen sie Veränderungen in ihrem eigenen Umfeld häufig zunächst skeptisch gegenüber. Das gilt zumindest immer dann, wenn sie diese nicht selbst beeinflussen können.

Wichtig erscheint es uns auch zu erwähnen, dass Verbesserung zwar ein zentrales Ziel des Qualitätsmanagements ist, dass es aber auch fortlaufend darum geht, Gutes und Bewährtes zu erhalten und zu schützen. Regelmäßige Reflexionen sollen frühzeitig auf Veränderungs- und Verbesserungsbedarfe hinweisen und der Organisation einen Weiterentwicklungsprozess in angemessenen Schritten bzw. Stufen ermöglichen.

In den folgenden Kapiteln haben wir die aus unserer Sicht zentralen Themen für die Verankerung eines nachhaltig erfolgreichen Qualitätsmanagement-Systems zusammengestellt. Qualitätsmanagement ist kein linear planbarer und technisch ablaufender Prozess. Erfolgreiche Verbesserungen lassen sich nicht einfach anordnen. Qualität erfolgreich managen fängt bei der Haltung von Leitungskräften und Mitarbeitern an, setzt sich über den Einsatz von Techniken und Methoden fort und macht die Beachtung von bewährten Ansätzen der Organisationsentwicklung erforderlich.

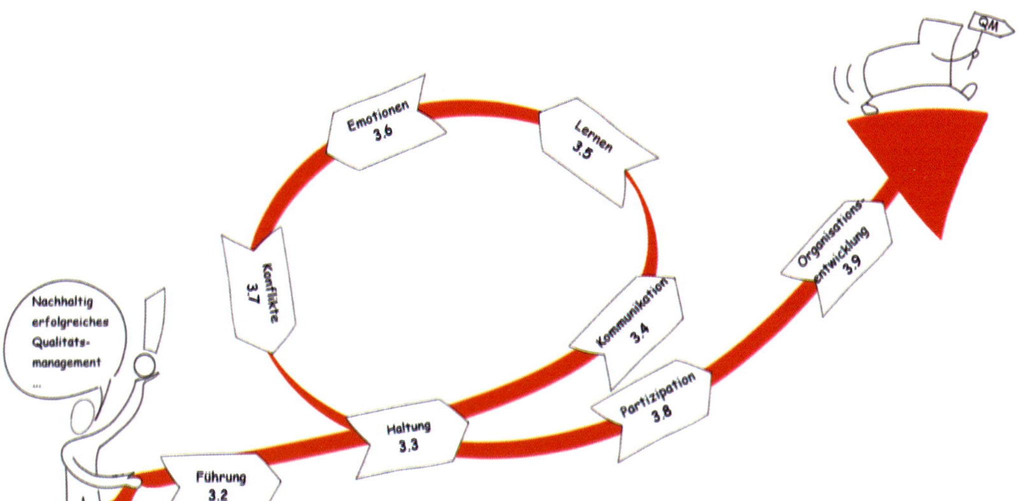

Die Theorie des Qualitätsmanagement-Ansatzes und die Anforderungen der ISO 9001 sind (relativ) einfach. Die Umsetzung oftmals nicht. Um Qualitätsmanagement langfristig erfolgreich in Organisationen zu verankern, braucht es mehr als kognitiv erlernbares Know-how. Aus langjähriger Berater- und Trainererfahrung wissen wir, wie schwierig der Weg sein kann und wie viele Hürden auf ihm liegen können. Viel zu viele QM-Prozesse verlaufen im Sand, werden nur für die Zertifizierung aufrechterhalten und/oder an den Mitarbeitern vorbei geführt. Und dennoch erleben wir immer wieder, dass sich Qualitätsmanagement lohnt! Im Folgenden zeigen wir die für uns zentralen Grundauffassungen und Gestaltungsprinzipien für einen nachhaltig erfolgreichen QM-Prozess auf und erläutern diese. Nachhaltig erfolgreiche Veränderungsprozesse in Organisationen brauchen Techniken und Methoden. Noch wichtiger sind für uns die Einstellungen und Haltungen der QM-Verantwortlichen. Wenn wir in diesem Kapitel von QM-Verantwortlichen sprechen, meinen wir alle Mitglieder der Organisation, die eine aktive Rolle im QM-System einnehmen (bzw. einnehmen müssten) – von der obersten Leitung über QM-Beauftragte, interne und externe Auditoren bis zu externen Trainern und Beratern.

Dr. Benedikt Sommerhoff, Leiter der Deutschen Gesellschaft für Qualität regional, sagt: „Wir modernen Qualitätsmanagerinnen und Qualitätsmanager sind Organisationsentwickler" (Sommerhoff, Deutsche Gesellschaft für Qualität 2012, Leitthesen für Qualität in Deutschland, http://www.qualitaetsleitbild.de/interviews/interview-dr-sommerhoff). Dem stimmen wir zu. Wir sind jedoch auch der Meinung, dass sich dafür einige grundlegende Strategien des Qualitätsmanagements vor allem in Ausbildung und Umsetzung weiterentwickeln müssen. Unser Ziel ist es, Qualitätsmanagement in einem größeren Kontext zu betrachten und mit anderen erfolgreichen Theorien und Systemen zu vernetzen.

Dieses Kapitel schlägt einen Bogen vom klassischen Qualitätsmanagement über Lerntheorien und Konfliktmanagement bis hin zur Organisationsentwicklung. Die Fülle der angesprochenen Themen führt dazu, dass viele Aspekte nur gestreift werden. Zur Vertiefung verweisen wir auf die Literaturübersicht im Anhang. Das Kapitel liefert keine Patentrezepte, aber dennoch eine Reihe von Grundauffassungen und Gestaltungsprinzipien, deren Berücksichtigung die Chance auf einen nachhaltigen Verbesserungsprozess erheblich vergrößern. Es kann gewissermaßen als roter Faden zur Reflexion und Weiterentwicklung der eigenen Strategien und Vorgehensweisen genutzt werden.

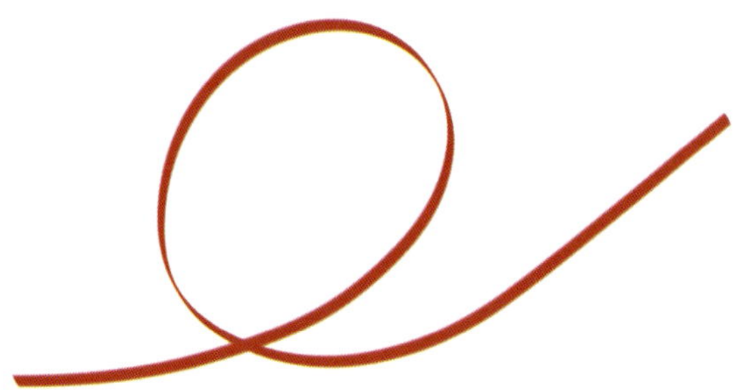

3.2 Qualitätsmanagement braucht aktive und achtsame Führung

„Wie oft verglimmen die gewaltigsten Kräfte, weil kein Wind sie anbläst!“
Jeremias Gotthelf (1797–1854), Schweizer Schriftsteller

a. Engagierte Führung

Dass Qualitätsmanagement aktive und motivierte Führungskräfte braucht, ist keine neue Weisheit. Die ISO 9001 formuliert dies seit vielen Jahren als Grundsatz und widmet der obersten Leitung ein ganzes Kapitel. Wissenschaftliche Studien belegen, dass der wichtigste Erfolgsfaktor für Veränderungen in Organisationen die Führung ist (z.B. IBM: Studie – Making Change Work, 2008). Auch wenn dies in der Theorie also hinlänglich bekannt ist, so ist es doch bei Weitem nicht selbstverständlich, dass Leitungskräfte Qualitätsmanagement als eines ihrer wichtigsten Steuerungsinstrumente verstehen und einsetzen.

Das Engagement der obersten Leitung ist der Ausgangspunkt für einen nachhaltig erfolgreichen Qualitätsmanagement-Prozess. Die Leitung muss die Ziele und die Richtung klar vorgeben und nachvollziehbar begründen. Die Mitarbeiter müssen den Sinn und Zweck des Qualitätsmanagements für ihre eigene Arbeit verstehen und wirklich begreifen können (s. Kap. 3.4). Und die Leitung muss die Ressourcen ermitteln, die für den QM-Prozess erforderlich sind und zur Verfügung stellen. Die knappen Ressourcen im Gesundheits- und Sozialwesen stellen ein großes Problem dar. Dieses Problem löst sich nicht, indem man anspruchsvolle Ziele formuliert (z.B. die Entwicklung und Etablierung eines umfassenden QM-Systems) und Mitarbeiter ohne die erforderliche Ausrüstung auf den Weg schickt. Allen ist klar, dass es grob fahrlässig ist, ohne Training, Wanderschuhe und der Tour entsprechendem Equipment in den Bergen zu klettern. In Organisationen dagegen sollen neue herausfordernde Ziele ohne entsprechendes Wissen und eine angemessene Ausrüstung erreicht werden? Fraglich, aber alltäglich. Leider sind QM-Beauftragte ohne angemessene zeitliche Ressourcen und Mitarbeiter an der Basis ohne Kenntnisse über grundlegende QM-Ziele keine Seltenheit.

Gebraucht wird ein klares „Ja“ der Leitung. Ein „Jein“ bzw. nur ein schwaches Bekenntnis reicht nicht aus, um die für den QM-Prozess erforderliche Energie und Kreativität freizusetzen. Ist Qualitätsmanagement ein echtes „Herzensthema“ der Leitung? Echte Begeisterung gibt es nur dann. Und wenn Begeisterung zu viel verlangt scheint, dann ist doch zumindest die klare Überzeugung wichtig, dass Qualitätsmanagement die Einrichtung weiterbringen kann. Nur so können positive Energien freigesetzt werden, die auf andere überspringen können und zum Mitmachen anregen. Denn die Einführung eines QM-Systems ist eine große Herausforderung für die gesamte Einrichtung über alle Abteilungs- und Hierarchiegrenzen hinweg und betrifft damit alle Mitarbeiter. Gerade die Mitarbeiter sind es ja, die mit dem System arbeiten sollen. Sie sind es, die die Neuerungen und Veränderungen des Qualitätsmanagements auch als Besserungen empfinden sollen. Dies kann nur gelingen, wenn ihnen zunächst klar und deutlich Wertschätzung für ihr bisheriges Tun entgegengebracht wird (s. Kap. 3.1) und sie den QM-Prozess von Anfang an mitgestalten können (s. Kap. 3.8). Führungskräfte müssen den Mitarbeitern vermitteln, dass durch Qualitätsmanagement nicht alles neu bzw. anders wird. Bewährtes wird gezielt erhalten und verschafft damit Stabilität. Unstimmigkeiten, Schnittstellenprobleme, häufige Fehler dagegen sollen reduziert und optimiert werden.

Nicht zuletzt ist zum QM-Engagement der Führung zu sagen, dass dieses zwar für viele operative Aufgaben (z.B. Dokumentenlenkung, Durchführung von Schulungen) an Mitarbeiter (QM-Beauftragte) delegiert werden kann, dass es aber durchgängig über alle Phasen des QM-Prozesses einer aktiven Steuerung durch die oberste Leitung bedarf. Mit dem Engagement der Führungskräfte steht und fällt der Erfolg des QM-Systems.

b. Achtsame Führung

Veränderungen erfordern von uns allen die Fähigkeit, uns neuen Situationen anzupassen und uns neu zu orientieren. Häufig ist dies verbunden mit Angst und Verunsicherung. Dies gilt natürlich auch für Qualitätsmanagement-Themen. Bestrebungen nach Standardisierung und Transparenz schüren Befürchtungen von Wegrationalisierung von Arbeitsplätzen oder vor dem Verlust von Individualität und persönlichen Freiräumen. Nur selten werden diese Ängste aber offen thematisiert. Sie werden „versteckt“ hinter allen möglichen anderen Widerständen: „Lass uns die Zeit besser in die Arbeit mit den Klienten investieren!“, „Unsere Arbeit ist so individuell, die kann man gar nicht standardisieren!“ Möglicherweise werden durch einen QM-Prozess Macht und Einfluss neu verteilt oder Mitarbeiter fühlen sich durch neue Kontrollschritte in ihrer Person infrage gestellt. Leitungskräfte müssen sensibel sein für die Bedürfnisse und Befürchtungen der Mitarbeiter. Sie können ein nachhaltig erfolgreiches QM-System nur mit ihnen, nicht gegen sie aufbauen. Nur in einem Klima, das von Vertrauen geprägt ist, stellen Mitarbeiter Wissen und Informationen ohne Argwohn zur Verfügung (s. Kap. 3.3). Und dieses Wissen und diese Informationen sind für den Aufbau und die Weiterentwicklung des QM-Systems unabdingbar.

Die Wirksamkeit eines Qualitätsmanagements ist damit untrennbar verbunden mit der Organisationskultur. Ein nachhaltig erfolgreiches Qualitätsmanagement braucht eine Kultur, in der die Leitungskräfte Mitarbeitern zuhören, in der Mitarbeiter Wertschätzung für ihre Leistungen erfahren und in der auch Leitungskräfte ihre eigene Arbeit kritisch reflektieren. Leitungskräfte müssen eine Idee davon haben, was unter der Oberfläche vorgeht/vorgehen kann, wenn zwei oder mehr Menschen in Beziehung zueinander stehen. Sie müssen verstehen, dass Gruppen Zeit brauchen, um sich neu zu formieren, und dass ein QM-Prozess nicht auf Knopfdruck passiert.

Soll der QM-Prozess die Phase der Einführung überleben und als effektives Instrument der Problemlösung etabliert werden, müssen Leitungskräfte sich mit dem Aufbau und dem Erhalt guter Beziehungen befassen und in das Funktionieren von Gruppen investieren. Die Kommunikations- und Dialogkultur in Gruppen wird durch das Vertrauen geprägt, das sich zwischen Leitung und Gruppe sowie innerhalb der Gruppe entwickelt hat.

c. Flexibilität und Konsequenz

Ein Ziel von Qualitätsmanagement ist es, Ordnung und Orientierung in Organisationen zu verbessern. Dies bezieht sich auf die Regelung von Aufgaben und Zuständigkeiten genauso wie auf die Dokumentenlenkung. Leitungskräfte sollten sich bewusst sein, dass eine neue Ordnung erst nach einer Phase der Unordnung entstehen kann. Der Ansatz des Qualitätsmanagements, dass durch eine gute Planung Risiken und Fehler minimiert werden können, ist richtig und wichtig. Dennoch haben Veränderungsprozesse immer unvorhersehbare und nicht planbare Anteile. Das muss keineswegs negativ sein, das Abkommen vom ursprünglichen Weg kann große Potenziale bieten. Erforderlich für die Entdeckung solch unvorhergesehener Chancen ist eine offene Haltung gegenüber neuen Impulsen und Beweglichkeit in Bezug auf die Strategien zur Zielerreichung.

Wenn also eine Gruppe von Bergsteigern unerwartet auf eine Wetteränderung trifft, macht es keinen Sinn trotz schlechter Bedingungen weiterzugehen oder das Ziel der Gipfelbesteigung grundsätzlich aufzugeben. Es ist ein zentraler Ansatz des QM, Planungen/Veränderungen zu Ende zu bringen, damit Organisationen von dem Neuen profitieren können. Ziele zu fokussieren ist wichtig, darf aber wiederum nicht dazu führen, die Achtsamkeit für Mitarbeiter und andere interne Themen zu verlieren. Diese beiden Variablen im Gleichgewicht zu halten, ist sicherlich eine der schwierigsten Anforderungen, die von QM-Verantwortlichen ausbalanciert werden müssen. Sie dürfen sich nicht in Planungsprozessen verlieren und damit die Offenheit für die Menschen und die Entwicklungen im Umfeld verlieren. Gleichzeitig erfordert jede neu geschaffene Ordnung eine gewisse Konsequenz in „Einhaltung und Pflege“, ansonsten sind alle Mühen schnell vergebens.

Eine Hilfe kann es sein, parallele Projekte wie z.B. die EDV-Umstellung der Leistungsdokumentation oder die Entwicklung eines neuen Leistungsangebotes zu visualisieren. So können Belastungsspitzen erkannt und vermieden werden. Denn vor allem die Gleichzeitigkeit verschiedener Entwicklungen in Organisationen kann einen enormen Stressfaktor darstellen.

d. Bedingungen beherrschen und Gestaltungsspielräume schaffen

Die Schaffung von beherrschten Bedingungen ist eine zentrale Forderung der ISO 9001 (s. Kap. 8.5.1). Gemeint ist damit, Inhalte und Rahmenbedingungen der Leistungserbringung nicht der freien Interpretation jedes Mitarbeiters zu überlassen, sondern angemessen für das jeweilige Arbeitsfeld zu definieren. Das heißt in einem Operationssaal eines Krankenhauses wird es vermutlich mehr Vorgaben für die Arbeitsprozesse geben als in der Schulsozialarbeit oder der Wohnungslosenhilfe. Neben Einflussgrößen von Kostenträgern und Behörden spielen die Größe des Teams, das Erfordernis der Wiederholung von immer gleichen Prozessen und das organisationsinterne Bestreben zur Standardisierung eine bedeutende Rolle.

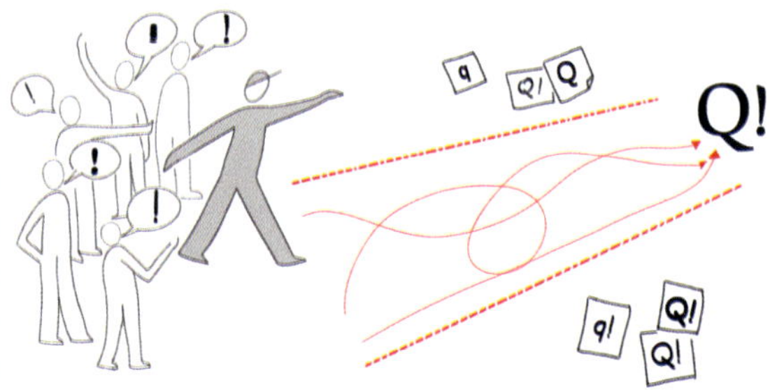

Die ISO fordert dazu auf, die beherrschten Bedingungen und das dadurch geschaffene Regelwerk z.B. im Rahmen von Audits immer wieder zu reflektieren. Beherrschte und damit durch die Leitung steuerbare Bedingungen zu schaffen, bedeutet aber keineswegs Standardisierung um jeden Preis.

Mitarbeiter sollten nicht nur zu Erfüllungsgehilfen von unzähligen Checklisten degradiert werden. Mitarbeiter brauchen Handlungsspielräume, um ihre Potenziale zu entfalten und zufriedenstellend arbeiten zu können. Die Größe dieser Handlungsspielräume ist wiederum abhängig von der Qualifikation, von der Kompetenz und vom Aufgabenfeld der Mitarbeiter. Manchmal sind Arbeitsfelder durch Vorgaben des Gesetzgebers, von Kostenträgern und Behörden bereits sehr stark eingeschränkt. Gerade dann ist es wichtig, die verbliebenen Gestaltungsmöglichkeiten durch das interne Qualitätsmanagement nicht noch weiter zu reduzieren, sondern bewusst zu erhalten. In nicht wenigen Organisationen hat sich leider mit der Zeit eine Tendenz entwickelt, für alles, was vorkommen könnte, eine Regelung zu finden, auf die man sich im Fall der Fälle beziehen kann. Treten Fehler oder Probleme auf, geht es dann nicht in erster Linie um deren Lösung, sondern darum, wer zuständig ist und wem ein Regelverstoß nachgewiesen werden kann. Das hat mit der Schaffung von beherrschten Bedingungen, wie sie die ISO 9001 fordert, nichts mehr zu tun.

Im Rahmen von Audits sollte somit auch hinterfragt werden, ob die vorhandenen Regelungen wirklich „nur der guten Ordnung" dienen oder eher eine „Beamtenmentalität" stützen und der Delegation von Verantwortung dienen. Nicht selten erleben Mitarbeiter einen eklatanten Widerspruch, wenn von ihnen Mitdenken und unternehmerisches Handeln gefordert wird, aber Audits durchgeführt werden, um zu klären, wer seine Arbeit nicht gemäß den Vorgaben ausführt (s. Doppler/Lauterburg, Changemanagement, S. 109). Das Finden einer ausgewogenen Balance zwischen Stabilität und Beherrschbarkeit auf der einen Seite und Flexibilität und Kreativität auf der anderen Seite ist eine der großen Herausforderungen, die ein QM-System für Organisationen mit sich bringt. Qualitätsmanagement braucht überzeugte, idealerweise begeisterte Unterstützer (s. Kap. 3.6). Ohne kreative Entfaltungsmöglichkeiten wird aber keine Begeisterung entstehen. Qualitätsmanagement darf Mitarbeiter und Leitungskräfte nicht entmündigen und ihres kreativen Potenzials berauben.

Zusammenfassend: Erfolgreiche Führung im und mit Qualitätsmanagement setzt sich zusammen aus einer Ausgewogenheit von Handlung (aktivem Tun) und Haltung (Bewusstsein, Achtsamkeit, Offenheit). Die Einstellungen und Haltungen der QM-Verantwortlichen sind für uns die wichtigsten Schlüsselfaktoren für ein nachhaltig erfolgreiches Qualitätsmanagement.

3.3 Qualität managen durch Haltung und mentale Modelle

„Wir sind, was wir denken. Alles, was wir sind, entsteht aus unseren Gedanken. Mit unseren Gedanken formen wir die Welt.“
Buddha (ca. 544–420 v. Chr.), indischer Religionsstifter

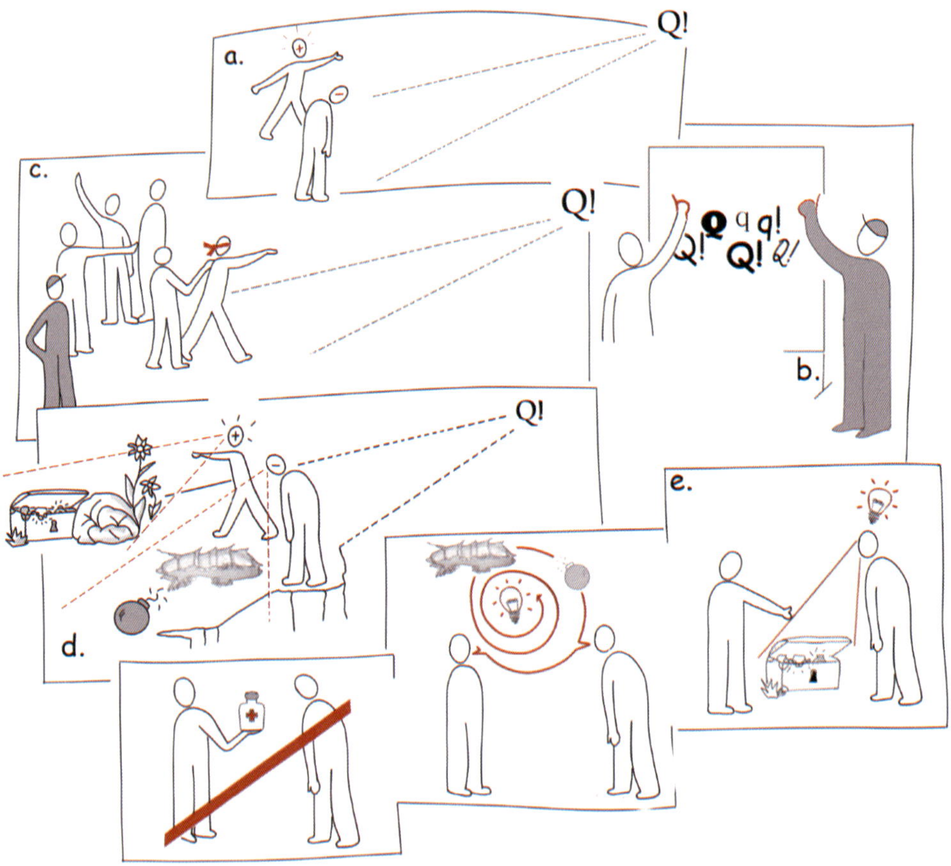

a. Haltungen und mentale Modelle

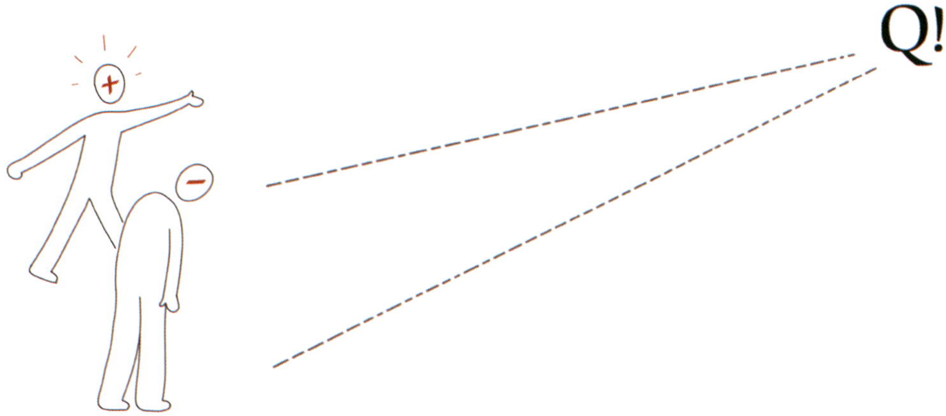

„Haltung ist die Art und Weise, wie wir uns zu uns selbst und zu unserer Umwelt in Beziehung bringen, wie wir uns mit unserer Außen- und Innenwelt auseinandersetzen, wie wir Beziehungen gestalten, in welchen Schienen wir denken und wahrnehmen. Sie umschreibt, was wir für ‚wahr nehmen' oder für falsch halten" (Königswieser, Einführung, 2013, S. 39). Gemäß diesen Worten von Roswita Königswieser, einer Pionierin der Systemischen Organisationsberatung, haben sich dabei für uns in Anlehnung an die Grundsätze der systemischen Beratung (ebd., S. 35, S. 40) einige Charakteristika einer förderlichen Haltung von QM-Verantwortlichen bewährt. Demnach sollten QM-Verantwortliche von folgenden Thesen überzeugt sein:

- Organisationen funktionieren **nicht mechanisch linear** und sind damit auch nicht direkt auf Knopfdruck beeinflussbar.
- Die Mitarbeiter sind **die eigentlichen Experten** für ihre Aufgaben.
  Sie müssen nicht belehrt, sondern aktiv eingebunden werden.
- Durch Impulse kann die **Selbststeuerung** von Mitarbeitern und Teams angeregt werden. Was die Menschen bzw. die Gruppen aus diesen Impulsen machen, ist jedoch nicht genau planbar und vorhersehbar.
- Entwicklungsprozesse brauchen Phasen der **Reflexion**.
- Es geht nicht darum, Mitarbeiter zu verändern, sondern allenfalls deren Sichtweisen. Erst **veränderte Denkschienen** ermöglichen Problemlösungen und Verhaltensänderungen.
- Es gibt **keine allein Schuldigen**. Alle Beteiligten haben Anteile an der jetzigen Situation.
- Es gibt **keine Objektivität**. Jedes Verhalten eines Mitarbeiters erscheint sinnvoll, wenn der Kontext bekannt ist und verstanden wird.
- **Alle** Menschen und alle Teams **suchen** im Grunde nach Möglichkeiten der **Verbesserung** und Weiterentwicklung.
- Lernen ist ein **freiwilliger Akt**. Menschen verändern ihr Verhalten nur, wenn sie das selbst wollen.

Eine solche Haltung entwickelt sich nicht von heute auf morgen und eine solche Haltung im Arbeitsalltag zu leben, ist nicht immer einfach. Sie bedeutet eine permanente Auseinandersetzung auch mit sich selbst. Ohne Reflexion geht das nicht. Aber eine solche Haltung hat erheblichen Einfluss auf die Gestaltung eines QM-Systems. QM-Verantwortliche, die die oben aufgeführten Thesen grundsätzlich verstehen und für sich bejahen, entwickeln QM-Systeme, die auf Vertrauen basieren und in denen sich Entwicklungsmöglichkeiten für alle Beteiligten eröffnen. QM-Verantwortliche, die nicht an das Potenzial der Mitarbeiter glauben, entwickeln direktive, hochstandardisierte Systeme mit ausgefeilten Kontrollschritten, die Mitarbeiter zu Ausführungsgehilfen des QM-Handbuches degradieren. Die Kritik am Qualitätsmanagement und in welch kontraproduktive Richtung es sich entwickeln kann, ist umfangreich und nicht selten auch berechtigt (z.B. Warzecha, Problem Qualitätsmanagement, 2009). Im Rahmen dieses Buches wollen wir uns mit dem beschäftigen, „was sein kann", wenn die Möglichkeiten und Chancen eines Qualitätsmanagement verantwortungsvoll genutzt werden.

Peter M. Senge, der als großer Management-Vordenker gilt, führt in seinem Buch „Die fünfte Disziplin" die Bedeutung von mentalen Modellen aus (Senge, Die fünfte Disziplin, 2011, S. 193). Demnach sind mentale Modelle tief in uns verwurzelte innere Vorstellungen vom Wesen der Dinge. Es sind in der Regel verallgemeinerte Bilder und Annahmen, die uns persönlich helfen, die Welt zu verstehen und sich in ihr zurechtzufinden. Damit bestimmen unsere mentalen Modelle aber nicht nur, wie wir die Welt interpretieren, sondern auch wie wir handeln. Die Grundüberzeugung, „dass Risiken schlecht sind", hat Einfluss auf die Art und Weise wie QM-Verantwortliche QM-Systeme gestalten. Sie werden vermutlich viele detaillierte Vorgaben machen, Freiräume klein halten und Wert auf engmaschige Kontrollen legen. Senge führt weiter aus: „... dass es nicht darum geht, ob ein mentales Modell richtig oder falsch ist, da alle Modelle Vereinfachungen sind. Problematisch wird es, wenn mentale Modelle im Verborgenen operieren – wenn sie unterhalb der bewussten Wahrnehmungsschwelle liegen" (ebd., S. 196). Demnach ist es wichtig, diese Grundannahmen, die wir alle haben, aus dem Verborgenen an die Oberfläche zu holen und zu überprüfen. Nur so können sie verändert und weiterentwickelt werden. Andersfalls laufen noch so gut geplante Verbesserungsvorhaben früher oder später ins Leere. Das Sicherheitsbedürfnis des oben benannten Qualitätsmanagers verändert sich nicht durch gute Auditergebnisse und andere positive Bestätigungen. Das Bedürfnis nach Sicherheit würde unterschwellig immer mitgestalten: „Die Auditergebnisse sind schließlich nur eine Momentaufnahme und ggf. hat der Auditor nur nicht gründlich genug geprüft." Erst durch das Aufdecken und reflektieren von mentalen Modellen wird Veränderung möglich.
Wir glauben, dass die Arbeit mit Haltungen und mentalen Modellen in der Aus- und Weiterbildung von QM-Verantwortlichen einen Stellenwert bekommen muss, da hier bedeutende Erfolgsfaktoren für ein erfolgreiches QM-System erschlossen werden könnten.

b. Wertschätzung:
„Es gibt immer etwas, das funktioniert."

Mitarbeiter interpretieren den Beginn eines neuen QM-Prozesses häufig als Abwertung ihrer bisherigen Arbeit: „Was wir bis jetzt gemacht haben, ist offensichtlich nicht gut genug." Wenn sie darüber hinaus mit ihrer fachlichen Expertise nicht einbezogen wurden/werden, erleben sie sich auch als Person abgewertet.

Dabei gehört Wertschätzung genauso wie Respekt und Akzeptanz zu den wichtigsten Faktoren von Arbeits- und Lebenszufriedenheit. Wenn Mitarbeiter sich als Person und mit ihrer Leistung wertgeschätzt fühlen, sind sie bereit, ihre kreativen Leistungspotenziale und ihre Ideen in Veränderungsprozesse einzubringen. Ohne diese kreativen Kräfte aus der Mitarbeiterschaft ist es wohl unmöglich, Veränderungen erfolgreich umzusetzen.

Ausgangspunkt für Veränderung ist also die Wertschätzung des Geleisteten und Gegenwärtigen. Und mag dies auf den ersten Blick auch problematisch sein, so geht es immer zunächst darum, das bislang Positive (und dies gibt es immer) herauszukehren und ehrlich zu betonen. Die Wertschätzung des Bestehenden nährt die Kraft der Selbststeuerung und den Eigenantrieb zu Weiterentwicklung. Veränderungen müssen nicht von außen angeordnet werden: Das Bewusstsein für erforderliche Veränderungen ist fast immer bei Mitarbeitern oder Gruppen vorhanden, wenn auch nicht immer offensichtlich. Diese Veränderungen umzusetzen ist viel leichter, wenn die Initiative von den Mitarbeitern selbst und nicht von der Leitung oder gar externen Beratern kommt. Die Instrumente des Qualitätsmanagements wie z.B. interne Audits können Leitungskräfte und Mitarbeiter dabei unterstützen, erforderliche Veränderungen zu identifizieren und in Angriff zu nehmen. Immer vorausgesetzt, Mitarbeiter erfahren im Audit Wertschätzung und identifizieren den Veränderungsbedarf weitestgehend selbst (s. Kap. 3.4).

c. Vertrauen:
„Alle Menschen wollen etwas Sinnvolles tun."

Wie oben bereits skizziert, entstehen komplett unterschiedliche QM-Systeme je nachdem, ob die gestaltende Kraft „Vertrauen" oder „Misstrauen" heißt. Vertrauen ist wichtig für die Gestaltung belastbarer Beziehungen, dies gilt in der Arbeitswelt genauso wie im Privatleben. Leitungskräfte brauchen Vertrauen in die Kompetenz der Mitarbeiter, Vertrauen in deren Fähigkeit, die wichtigen Themen zur Sprache zu bringen, soweit angemessene Kommunikationsräume dafür vorhanden sind (s. Kap. 3.8). Mangelt es an Vertrauen und ist das Bedürfnis nach Kontrolle hoch, entstehen bürokratische und völlig überreglementierte QM-Handbücher. Leitungsverantwortung wird an Handbücher übertragen, jedes kleinste Detail ist geregelt und im Fall von Fehlern werden Mitarbeiter gesucht, die das umfangreiche Regelwerk missachtet haben. Standardisierung ist ohne Zweifel wichtig. Dennoch darf sie nicht übertrieben werden. Mitarbeiter brauchen Handlungsspielräume, um kundenorientiert, flexibel und für sich selbst befriedigend arbeiten zu können, und Leitungskräfte müssen diesen Freiraum aushalten können.

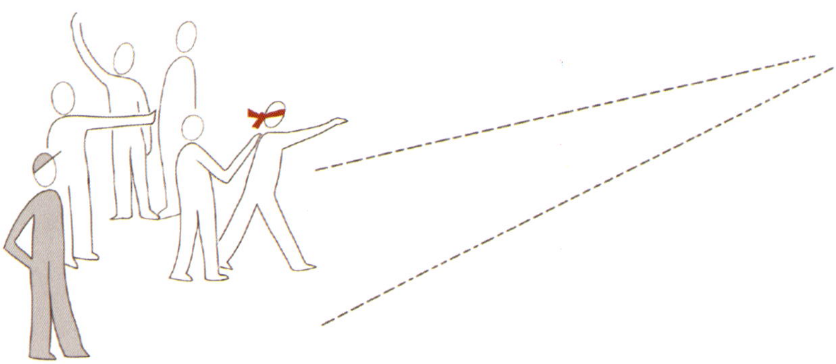

Mitarbeiter sind keine Maschinenteile, die zu funktionieren haben, sie interessieren sich im Allgemeinen durchaus für die ganze Perspektive der Organisation. Wenn Partizipation aber über lange Zeit ein nachgeordnetes Thema in der Organisation gewesen ist, darf man nicht erwarten, dass Mitarbeiter von „heute auf morgen" einem Umschwung vertrauen. Partizipation hat viel mit der Organisationskultur zu tun und Kulturveränderungen brauchen Zeit.

**d. Stärkenorientierung:
„Aus Stärken können wir besser lernen als aus Problemen."**

Im Alltag einer Einrichtung wird vieles als Problem wahrgenommen. Auch der Blick des Qualitätsmanagements lenkt uns zumindest vermeintlich auf all die Dinge, die nicht oder noch nicht gut funktionieren. Es gilt Probleme zu identifizieren, zu analysieren und Gegenmaßnahmen zu treffen. Gleichermaßen ist es aber auch lohnenswert, einen Blick auf all das zu werfen, was bereits funktioniert.

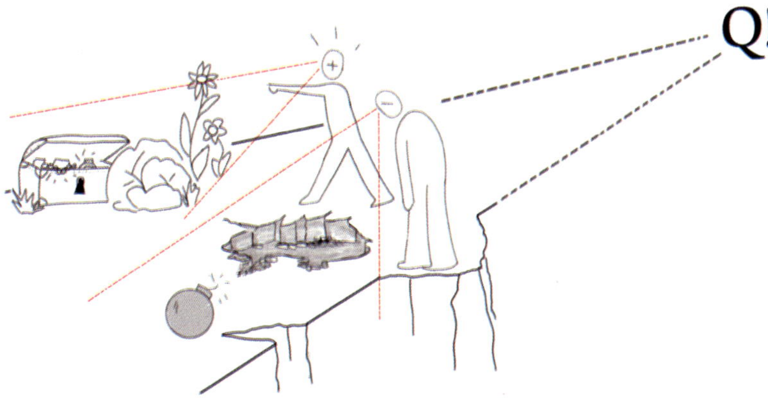

Der Weg zur kontinuierlichen Verbesserung kann genauso über die Analyse des Funktionierenden gehen: Der Ansatz der wertschätzenden Erkundung (Appreciative Inquiry – AI) geht davon aus, dass wir aus dem, was funktioniert, sogar mehr lernen können, als aus dem was nicht funktioniert (s. zur Bonsen, Maleh, Appreciative Inquiry, 2001). Dies setzt die Annahme voraus, dass es in jeder Einrichtung/ in jedem auch noch so „chaotischen" Team etwas gibt, das funktioniert. Die Untersuchung der Erfolgsgeschichten fördert nicht nur schlummernde Potenziale ans Tageslicht, sondern stärkt die Identifikation und die Motivation der Mitarbeiter. Der Einstieg in einen QM-Prozess fällt viel leichter, wenn Mitarbeiter und Leitungskräfte sich ihre Potenziale vergegenwärtigen als wenn sie nur mit Schwachstellen und Defiziten konfrontiert werden.

Stellen Sie sich eine Pflegeeinrichtung vor, in der es verstärkt Beschwerden von Angehörigen gibt. Naheliegend ist es natürlich, diesen Beschwerden auf den Grund zu gehen und entsprechende Gegenmaßnahmen einzuleiten. Ganz sicher wird es in der Einrichtung aber auch zufriedene Angehörige geben. Was macht diese Angehörigen zufrieden? Von welchen positiven Erlebnissen können die Mitarbeiter im Zusammenhang mit Angehörigen berichten und was können sie aus diesen „Geschichten" lernen? Welche Empfehlungen leiten sich daraus für die Zukunft ab? Aus positiven Erlebnissen lernt es sich leichter als aus Defiziten. Die Dialoge über Erfolgsgeschichten sind anregend und inspirierend. Die Frage: „Wie bekommen wir mehr dieser Erfolgsgeschichten?" rückt das „Wir" in den Vordergrund. Betont wird die Gestaltung der Zukunft.

Manchmal ist die Orientierung an Stärken und Potenzialen allerdings leichter als gesagt. Da gibt es unzuverlässige Kollegen, nervige Sitzungen, fehlende Informationen ... Allzu oft sehen wir nur das Negative an anderen oder sogar an uns selbst. Manchmal gehört ein gewisses Training dazu, die positive potenzialorientierte Brille aufzusetzen und die Augen für die vielfältigen Stärken zu öffnen und die Blicke dafür zu schärfen.

e. Ursachenanalyse: „Erst verstehen, dann handeln."

„Die meisten Menschen sind auf Lösungen fixiert. Sie sind nicht wirklich daran interessiert, Probleme und ihre Zusammenhänge zu verstehen. Sie stellen sofort die Frage: ‚Was ist zu tun?' Die entscheidende Frage wird in der Regel nicht gestellt: ‚Was ist los?'". So bringen die Management- und Organisationsberater Klaus Doppler und Christoph Lauterburg (Change Management, 2008, S. 106) das menschliche Bestreben, sich lästige Probleme schnell und tatkräftig vom Hals zu schaffen, auf den Punkt.

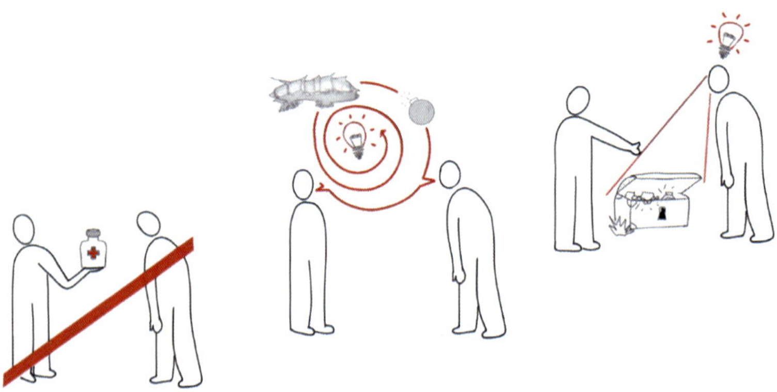

Grundsätzlich ist der Prozessschritt „Ursachenanalyse" in der ISO 9001 in dem Kapitel „Nichtkonformitäten und Korrekturmaßnahmen" fest verankert und auch die klassischen Qualitätswerkzeuge (z.B. Fischgrätdiagramme/Ishikawa-Diagramme) bieten durchaus Reflexionsmethoden dafür an. Im Arbeitsalltag wird dennoch häufig zu wenig Zeit für eine umfassende Ursachenanalyse verwendet, weil schnelle Lösungen scheinbar zum Greifen nah sind oder weil man sich scheut, neben den sachlichen Problemaspekten auch die zwischenmenschlichen Störungen in die Analyse einzubeziehen. Nicht selten werden so Lösungen produziert, die selbst Teil des Problems sind bzw. dieses nur noch weiter verstärken:
Mitarbeiter beklagen sich über Schnittstellenprobleme zwischen zwei Arbeitsbereichen. Daraufhin werden schriftliche Regelungen darüber abgefasst, wer für welche Aufgaben zuständig ist. Obwohl die neuen Regelungen recht detailliert sind, wird dennoch weiter um Einzelheiten gestritten. Glauben Sie, es wäre eine Lösung, die Regelungen noch exakter zu fassen? Wohl eher nicht, aber das Hinterfragen, das Öffnen von Themen, das Verlangsamen der Lösungsfindung bis alles Wesent-

liche zur Sprache gekommen und geklärt ist, braucht Mut, Zeit und Flexibilität. Belohnt wird dieses Vorgehen mit einer wesentlich höheren Wahrscheinlichkeit von akzeptierten und tragfähigen Lösungen.

3.4 Qualität managen durch Kommunikation und Qualifizierung

„Ich kann freilich nicht sagen, ob es besser werden wird, wenn es anders wird; aber so viel kann ich sagen: es muss anders werden, wenn es gut werden soll!"
Georg Christoph Lichtenberg (1742–1799), deutscher Naturwissenschaftler

a. Kommunikation von Sinn und Nutzen

Jeder Veränderungsprozess stellt besondere Anforderungen an die Kommunikation. Leitungskräfte der mittleren Ebenen und Mitarbeiter müssen zunächst die Notwendigkeit zur Veränderung verstehen – wirklich verstehen – damit in ihnen eine Bereitschaft zur Veränderung reifen kann. Damit sie sich mit viel Energie für das Veränderungsvorhaben einsetzen ggf. auch mit Leidenschaft für das Thema engagieren, müssen die Beweggründe und Ziele nicht nur transparent und klar vorgestellt werden. Sie müssen in der Breite mit den wesentlichen Pro- und Kontraargumenten diskutiert werden. Den Beteiligten müssen die Beweggründe und die Dringlichkeit bewusst werden und sie müssen eine realistische Einschätzung davon erhalten, was dies konkret für sie persönlich, für ihr Team bzw. ihren Arbeitsplatz bedeutet. Leitungskräfte der mittleren Ebenen und Mitarbeiter müssen gewissermaßen für das Veränderungsvorhaben geworben werden. Dazu gehört neben einer überzeugenden Präsentation auch der Austausch von verschiedenen Sichtweisen. Häufig werden in QM-Projekten nur die Informationen kommuniziert, die zum Ausführen der jeweiligen Aufgaben erforderlich sind. Doch so wird Mitarbeitern nur eine sehr eingeschränkte Perspektive eröffnet. Auf diese Weise kommt das Verständnis für das große Ganze, das für die Bejahung eines solchen Prozesses wichtig ist, bei der Mitarbeiterschaft nicht an.

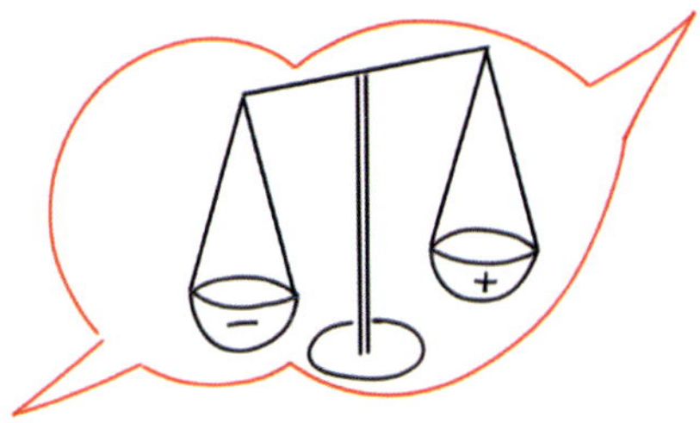

Der Oldenburger Wissenschaftler Joseph Rieforth benennt drei Faktoren zur Steigerung der Motivation zur Mitarbeit und Verantwortungsübernahme: Verstehbarkeit, Handhabbarkeit und Sinnhaftigkeit (Rieforth, Prozessgesaltung, Zeitschrift Konfliktdynamik, Ausgabe 4/2012, S. 329). Mitarbeiter müssen die anstehenden Veränderungen und die damit zusammenhängenden Schritte verstehen können. Sie müssen diese für sich persönlich und/oder die Organisation als sinnhaft einstufen und sie müssen das Veränderungsvorhaben als handhabbar begreifen, also Möglichkeiten der aktiven Mitgestaltung sehen. Je klarer diese Faktoren bejaht werden können, desto größer ist die Bereitschaft zur Mitwirkung.

Die Kommunikation der QM-Ziele und -Inhalte hat zu Beginn des Prozesses sicherlich eine besondere Bedeutung. Die Kommunikation von Ergebnissen und Fortschritten ist eine fortlaufende Aufgabe. Wichtig ist, dass es nicht nur eine einseitige Kommunikationsrichtung gibt (Leitung informiert Mitarbeiter), sondern Mitarbeiter auch immer wieder zur Reflexion des Prozesses eingeladen werden und Fragen zu Sinn und Nutzen stellen können. Natürlich benötigen diese Kommunikationsprozesse und Reflexionsschleifen Zeit. Es ist leider ein weit verbreiteter Irrglaube, dass man diese Zeit einsparen kann. Im Gegenteil, nicht selten wird Beschleunigung durch Entschleunigung möglich. Reflexionsphasen und Auszeiten ermöglichen es, große Hürden rechtzeitig zu erkennen und zum wirklichen Kern der Probleme vorzustoßen.

b. Beantwortung zentraler Fragen

Achtsames Qualitätsmanagement bedeutet, dass QM-Verantwortliche für die Vielschichtigkeit der Organisation und ihrer Themen sensibel sind und die damit verbundenen Informationen offen und vorbehaltlos erheben. Zusammenfassend geht es uns um die Beantwortung folgender oder ähnlicher Fragen und vor allem um die Berücksichtigung der Antworten bei der Gestaltung des QMs:

- Wie klar ist Mitarbeitern und Leitungskräften der **Sinn und Zweck** des Qualitätsmanagements?
- Wie ist die **Haltung** der Leitungskräfte?
  Welche Rolle spielt deren Bedürfnis nach Kontrolle und Macht?
  Wie ist der Umgang mit Fehlern?

- Wie viel **Wertschätzung** erfahren Mitarbeiter und Leitungskräfte für ihre Arbeit?
- Welche Rolle spielt **positives Feedback** bereits heute in der alltäglichen Arbeit?
- Wie **konsequent und systematisch** werden bislang Veränderungsvorhaben in der Organisation angegangen?
- Welche **Befürchtungen und Vorbehalte** haben die Mitarbeiter und Leitungskräfte, wenn es darum geht, Qualitätsmanagement einzuführen bzw. weiterzuentwickeln?
- Welche Personen oder Personengruppen zählen zu den **Unterstützern** des QM? Mit welchen Argumenten?
  Wer, welche Personen oder Personengruppen zählen eher zu den **Gegnern**? Mit welchen Argumenten?
- Wer kann als **Multiplikator** für das Qualitätsmanagement gewonnen werden?
- Wie **belastet** sind die Mitarbeiter und Leitungskräfte aktuell durch das operative Tagesgeschäft oder andere strategische Projekte?
  Wie viel Neues können Sie aktuell aufnehmen und umsetzen?
  Wie viel Engagement kann von ihnen erwartet werden?
- Gibt es **tiefergehende Probleme** in der Organisation bzw. in den Teams (bzw. einen dahingehende Verdachtsmomente), die zunächst bearbeitet bzw. gelöst werden müssen?
- Haben Mitarbeiter und Leitungskräfte eine **klare und reale Vorstellung** davon, was das Qualitätsmanagement und der QM-Prozess für sie **persönlich** bedeutet?

Die Diskussion dieser Fragen kann zum Beispiel im Rahmen des Projektteams erfolgen (s. Kap. 3.8). QM-Verantwortliche sollten die Fragen in dem Bewusstsein stellen, dass Aussagen, die am Anfang eines QM-Prozesses geäußert werden, meist nur einen Teil der Wirklichkeit wiedergeben. Es lohnt sich, diese Fragen so lange zu diskutieren, bis ein vollständiges und stimmiges Bild entsteht. Von besonderer Bedeutung ist dabei die Offenheit gegenüber kritischen Kommentaren. Mehr als einmal haben wir es erlebt, dass fachlich versierte Mitarbeiter von Beginn an die Ziele für falsch oder unrealistisch hielten. Leitungskräfte ließen nicht zu, dass diese Bedenken als Korrektiv wirkten (s. Kap. 3.6). Wohl jeder kennt die Tatsache, dass teuer erarbeitete Projekte nach kurzer Zeit nicht mehr umgesetzt werden, ja manchmal nach ebenso kurzer Zeit vergessen sind.

c. Austausch über verschiedene Sichtweisen

Psychoanalytische und kognitive Theorien zeigen, wie sehr die Wahrnehmung verzerrt sein kann. Es geht nicht darum herauszufinden, welche Wahrnehmung die Richtige ist, sondern zunächst einmal zu akzeptieren, dass es unterschiedliche Wahrnehmungen gibt.

Es gibt Gebäude, bei denen es einen großen Unterschied bedeutet, ob der Betrachter sie von hinten oder von vorne sieht: Vorne ist die Fassade bestens hergerichtet, die Rückseite ist hingegen vom Verfall bedroht. In jedem Fall wird dasselbe Bauwerk gesehen. Und wenn sich die Betrachter nicht über ihren jeweiligen Standpunkt austauschen, bzw. diesen auch mal verlassen, könnte sicherlich ein Streit über das Gesehene entstehen. Beide haben recht mit dem, was sie gesehen haben. Es wäre nicht förderlich, den einen von der Richtigkeit der Perspektive des anderen zu überzeugen. Interessant ist aber der Austausch über die verschiedenen Wahrnehmungen und vielleicht wird es dadurch möglich, den eigenen Standpunkt – zumindest für einen Moment des Verstehens – zu verlassen und die Perspektive des anderen einzunehmen.

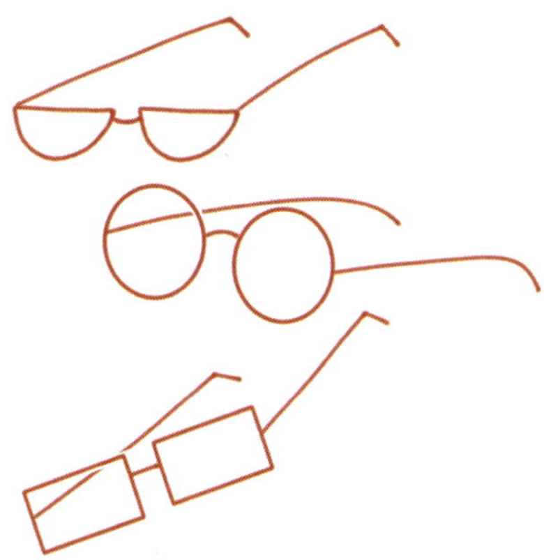

Der Austausch individueller Sichtweisen ermöglicht das Entstehen von gemeinsam verstandenen Bildern über die Wirklichkeit. Der erste Schritt, diese Sichtweisen sichtbar werden zu lassen, ist das Schaffen von Bedingungen, die Mitarbeiter und Leitungskräfte motivieren, tiefer zu blicken und allen Beteiligten helfen, „sehen“ zu lernen. Es geht hier nicht um eine einseitige Motivation: Leitung muss ihre Ziele und Beweggründe transparent und authentisch darstellen, aber sie muss auch offene Ohren und Augen für die Sichtweisen und ggf. auch für die Befürchtungen der Mitarbeiter entwickeln. Dieses „Sehen und Verstehen“ lernen hat einen entscheidenden Einfluss auf durchgängig alle Veränderungsvorhaben der Organisation bzw. ist ein entscheidender Bestandteil einer guten Organisationskultur.

Kommunikationsprozesse werden gerne als selbstverständlich betrachtet. Wir sollten sie eher als etwas auffassen, um das wir uns aktiv kümmern müssen. Wenn im Rahmen eines QM-Prozesses auch die Qualität der Kommunikationsprozesse hinterfragt wird, wenn es gelingt, ein Verständnis für unterschiedliche Wahrnehmungen unter Führungskräften und Mitarbeitern zu entwickeln, können sich Kommunikationsprozesse grundlegend wandeln. Insbesondere das Lösen von linearen Zuschreibungen („Das ist so! Die sind so! Die können nicht anders! ...“) und das Begrüßen von unterschiedlichen Sichtweisen stärken bei Weitem nicht nur die Qualität der Leistungserbringung, sondern haben erheblichen Einfluss auf die Zufriedenheit aller Beteiligten.

d. Kommunikation von Fehlern

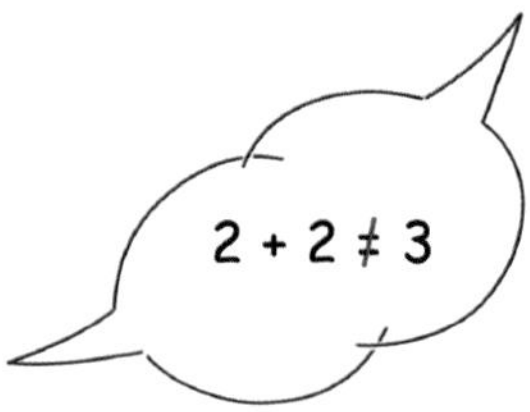

Ein zentraler Aspekt im Qualitätsmanagement ist der Umgang mit Fehlern. Fehlermanagement beginnt mit dem Erkennen und Erfassen von Fehlern. Dies ist aber nur in einer offenen, angstfreien Kommunikationsatmosphäre möglich, die frei ist von Schuldzuweisungen, Sanktionen und Abwertungen. Die Lernchancen, die in jedem Fehler stecken, entwickeln sich nicht durch das Führen von Fehlersammelkarten. Lernen aus Fehlern wird dann möglich, wenn die Kultur der Organisation Misserfolge und Missgeschicke als menschlich und manchmal sogar als notwendig für das Weiterkommen ansieht. Ein wertschätzender Umgang mit Fehlern eröffnet wertvolle persönliche und organisationsbezogene Entwicklungschancen. Dies ist aber nur möglich, wenn es gelingt, Fehler unabhängig von Personen zu betrachten. Erst wenn Mitarbeiter die Erfahrung machen, dass die Schuldfrage tatsächlich nicht gestellt wird, können sie sich nach und nach diesem Thema öffnen. Niemand spricht gerne über persönliche Missgeschicke und Pannen. Auch andere auf positive Art und Weise auf ihnen unterlaufene Fehler aufmerksam zu machen, ist nicht einfach, aber eine große Chance. Aus unserer Sicht ist ein veränderter Umgang mit Fehlern ein langer Prozess. Er gelingt leichter, wenn im Arbeitsalltag häufiger wertschätzend Feedback geäußert wird und die Mitarbeiter echte Anerkennung erfahren. In der Konfliktbearbeitung gibt es den Ansatz der transformativen Mediation (nach Bush/Folger 1994 in Faller/Faller, Wirtschaftsmediation, 2014 S. 56). Dieser geht davon aus, dass es für die Veränderungsbereitschaft von Mitarbeitern wichtig ist, sie zunächst in den für sie sensiblen Themen zu stärken bzw. zu verhindern, dass sie hierin geschwächt oder beschädigt werden. Zu diesen sensiblen Themen zählen im Arbeitsleben häufig die Akzeptanz der Rolle und der Fachlichkeit. Wenn also eine Leitungskraft oder ein Mitarbeiter befürchtet, dass ein Eingeständnis eines Fehlers zu Schaden an seinem Ansehen und seiner Akzeptanz führt, wird sie/er den Fehler eher vertuschen, Kritik abwehren oder Schuld an andere verteilen. Erfährt sie/er aber eine Stärkung in den für sie/ihn wichtigen Themen und muss sie/er keine persönliche Beschädigung befürchten, wird sie/er „innerlich beweglicher“, lernbereiter und offener Verbesserungen gegenüber (s. Kap. 3.7).

e. Reflexion durch Audit und Managementbewertung

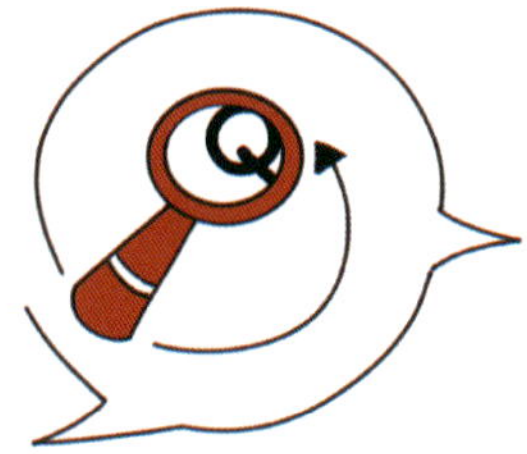

Ein QM-System auf Basis der ISO 9001 baut auf mindestens zwei Reflexionsschleifen auf: die Managementbewertung und das Interne Audit. In beiden Instrumenten liegt eine große Chance, zumindest dann, wenn sie nicht allein auf einen formalen Prozess des Abhakens und der Daten-/Dokumentenanalyse reduziert werden. Die Managementbewertung ist das zentrale Steuerungsinstrument der Leitung: Lohnt sich der Aufwand? Sind wir auf dem richtigen Kurs? ... Die ISO 9001 schreibt diese Aufgabe ganz klar der obersten Leitung zu. Aber kann diese alle Fragen auch „richtig“ beantworten? Sind nicht die Sichtweisen und Perspektiven aus allen Beteiligungsgruppen dabei von Bedeutung? Aus unserer Erfahrung heraus ist eine Managementbewertung dann besonders wertvoll, wenn sie den Querschnitt über die Meinungen der verschiedenen Aufgabenbereiche und Hierachieebenen der Organisation abbildet. Die Steuerungsfunktion bleibt bei der obersten Leitung, aber sie ist in der Lage ganz anders zu steuern, wenn sie eine 360 Grad-Perspektive hat und nicht nur ihren eigenen Ausschnitt betrachtet (s. Kap. 3.8).

Audits dagegen fußen grundsätzlich auf der Einbeziehung der ausführenden Mitarbeiter. Nicht selten fehlt es der Auditpraxis an Lebendigkeit und Inspiration. Es ist ermüdend und frustrierend, wenn von Jahr zu Jahr die gleichen formellen Auditfragen gestellt und kleinste Fehlerchen zu großen Problemen stilisiert werden, während die wirklich dringenden häufig zwischenmenschlichen Baustellen unbeachtet bleiben. Echte Entwicklungsmöglichkeiten tun sich dadurch selten auf. Warum nicht die Kommunikation in den Auditgesprächen beleben, durch das Aufgreifen von Themen, die gerade ganz aktuell im Alltag Bedeutung haben? Themen, die den Mitarbeitern wichtig sind. Warum nicht mehr bewusstes Feedback über das Gesehene/Erlebte einbinden? Dabei sollte natürlich jedem Auditor klar sein, dass es sich aus positivem Feedback am leichtesten und angenehmsten lernt (s. Kap. 3.3). Durch positives Feedback wird das Selbstwertgefühl in hohem Maße gestärkt. Bereits jetzt effektives Handeln wird unterstützt und kann ausgeweitet werden. Bewusstes und geplantes Feedback, wie es im Audit erfolgt, kann das Erreichen der gewählten Lernziele unterstützen. Bewusstes, gezieltes Feedback kann in Beziehungen außerordentlich einflussreich sein, vor allem, wenn Leistungen besprochen werden. Organisationen und Teams brauchen valides, nützliches Feedback, das zu neuen Erkenntnissen führt und bei der Weiterentwicklung unterstützt. Zusätzlich braucht es ein geschütztes Klima und einen passenden Rahmen wie z.B. Mitarbeiterjahresgespräche dafür. Natürlich muss auch Negatives thematisiert werden dürfen, manchmal unter der Überschrift konstruktive Kritik. Allerdings wird bei dieser Technik gerne übersehen, dass positive Rückmeldungen oft nachhaltigere Wirkungen haben als Kritik.

Wie bereits unter dem Aspekt „Stärkenorientierung“ beschrieben, hilft uns ein optimistisches Weltbild, Veränderungsvorhaben in Angriff zu nehmen. Dies bedeutet für Auditoren, ihren Gesprächspartnern mit wohlwollender Aufmerksamkeit zu begegnen und ihre Fragen auf ihre Wirkung hin zu überprüfen. Fragen sind nie neutral. Sie verraten immer einiges über die Weltsicht, die Zielsetzung und die Haltung des Fragenden und sie haben immer eine Wirkung auf den Gesprächspartner. Hier ein Beispiel zum Thema Kundenzufriedenheit:

Variante A: Worüber beschweren sich Kunden bei Ihnen häufig? Was glauben Sie vermissen Kunden in Ihrer Einrichtung? Wie könnten Sie noch besser auf Kundenbeschwerden reagieren? Was müssten Sie tun, um die Anzahl der Beschwerden zu reduzieren?

Variante B: Welche positiven Rückmeldungen haben Sie in der letzten Zeit von Kunden erhalten? Wodurch konnten Sie ihre Kunden in den letzten Wochen am meisten beindrucken?
Was, glauben Sie, ist ausschlaggebend dafür, dass sich Ihre Kunden so positiv äußern? Was müssten Sie tun, um noch mehr solcher Rückmeldungen zu erhalten?

Während Variante A sich an Defiziten orientiert, fragt Variante B nach Erfolgen. Variante B unterstützt ein Lernen aus Erfolgen. Es geht darum, mehr davon zu bekommen. Manchmal neigen Leitungskräfte und Mitarbeiter dazu, in einer Art Problemtrance zu versinken („Das ist alles so viel ... das schaffen wir nie.“). Dann ist es wichtig, genau hinzuhören und die Erfolge und Ressourcen aufzuspüren. Vieles, was aktuell als problematisch befunden wird, ist in der Vergangenheit oder an anderer Stelle in der Organisation bereits erfolgreich gelöst worden. In welchen Teams funktioniert z.B. der Informationsfluss gut? Warum? Was kann daraus für andere Teams gelernt werden?

Eine weitere Grundannahme des AI-Ansatzes ist (s. Kap. 3.3), dass sich Organisationen in die Richtung entwickeln, auf die sie ihre Aufmerksamkeit lenken: Eine problemorientierte „Brille“ deckt mehr Probleme auf ggf. provoziert sie diese sogar, eine erfolgsorientierte „Brille“ lenkt die Aufmerksamkeit auf Stärken und lässt diese wachsen. Die Grundannahmen der wertschätzenden Erkundung können aus Sicht der Autoren z.B. sehr gut die Praxis der internen Auditierung bereichern. Wenn Auditoren sich neben der Konformitätsbewertung Zeit nehmen, Stärken zu thematisieren, zu festigen und auszubauen, hat dies erheblich Einfluss auf die Motivation der Mitarbeiter. Der Arbeitsalltag ist weit mehr als eine Ansammlung von Problemen, die es zu lösen gilt.

f. Qualifikation der QM-Verantwortlichen

QM-Verantwortliche müssen angemessen für ihre Aufgaben qualifiziert sein, auch dies lässt sich bereits aus den Anforderungen der ISO 9001 herauslesen. Das Fachwissen zur Norm selbst ist wichtig, aber aus unserer Sicht nur ein Teil der Qualifikation. QM-Verantwortliche, insbesondere QM-Beauftragte sollten verborgene Dynamiken in der Organisation erkennen und verstehen können. Sie benötigen Fähigkeiten zur Beobachtung und zu klarer Kommunikation. Sie müssen in der Lage sein, sowohl die Sprache der Mitarbeiter wie auch die der Leitung zu sprechen. Das Implementieren eines komplexen QM-Systems wie der ISO 9001 erfordert nicht nur QM-bezogenes Fachwissen, sondern besonders auch Fingerspitzengefühl im Umgang mit den Mitarbeitern. QM-Beauftragte müssen Gruppen moderieren und leiten können. Sie müssen aber auch eine Idee von gruppendynamischen Prozessen haben. Gruppen reagieren oft anders als die Summe ihrer einzelnen Mitglieder. Gerade wenn Mitarbeiter verunsichert sind, rücken sie intern enger zusammen und schotten sich gegenüber anderen Gruppen in der Organisation ab. QM-Beauftragte sollten dafür sensibel sein und über angemessene Interventionsmöglichkeiten verfügen, die ihnen helfen, die gruppenübergreifende Zusammenarbeit zu fördern.

In den vergangenen Jahren hat sich z.B. die Rolle des Auditors verändert. Der „neue Auditor" versteht seine Rolle auch als Moderator und Coach. Er unterstützt mit seiner Arbeit Veränderungsprozesse. Er hilft Verantwortlichen, ihre Prozesse gemeinsam mit internen Kunden und Lieferanten zu optimieren. Dr. Benedikt Sommerhoff, Leiter der Deutschen Gesellschaft für Qualität regional, appelliert an QM-Verantwortliche, nicht mehr länger „den Ordnungsdienst zu stellen, der Hilfspolizisten in die Bereiche entsendet, um Verstöße gegen die zahlreichen Regeln zu identifizieren ..."(Sommerhoff, Leithesen für Qualität in Deutschland, Deutsche Gesellschaft für Qualität 2012, http://www.qualitaetsleitbild.de/interviews/interview-dr-sommerhoff). Damit sich ein solch neues Rollenverständnis bei zum Teil langjährig tätigen Praktikern entwickeln kann, bedarf es intensiver Auseinandersetzung und Reflexion der dem eigenen Verhalten zugrundeliegenden mentalen Modelle (s. Kap. 3.3).

g. Qualifikation der mittleren Leitungsebene

Auch wenn der Aufbau eines QM-Systems eindeutig eine strategische und organisatorische Aufgabe der obersten Leitung ist, so müssen insbesondere auch die mittleren Leitungskräfte mitgenommen werden. Sie sind zwar nicht die zentralen Entscheider, müssen aber in QM-Prozessen vieles mitentwickeln, mittragen und kommunizieren. Für die Mitarbeiter sind sie häufig die ersten Ansprechpersonen bezüglich Wünschen und Verärgerungen, die im Rahmen der Gleichzeitigkeit von Arbeitsalltag und QM-Prozess entstehen. Sie können Gefühlslagen der Mitarbeiter gut wahrnehmen und schnell bzw. wenn möglich präventiv konstruktiv beeinflussen.

Mittlere Leitungskräfte kommunizieren nach oben und unten. Sie transformieren Gesamtziele in ihr Arbeitsfeld und repräsentieren nach innen und außen. Daher kommt insbesondere der Qualifikation der mittleren Leitungsebene eine hohe Bedeutung zu. Diese Qualifikation bezieht sich auf grundlegende Informationen zum QM am Anfang eines Prozesses, kann sich aber auch über ein Leitungskräfte-Coaching über einen längeren Zeitraum fortsetzen.

h. Qualifikation der Mitarbeiter

Wie bereits oben erwähnt, ist es von entscheidender Bedeutung, dass die Mitarbeiter über die grundlegenden Ziele des Qualitätsmanagements informiert sind und unterschiedliche Perspektiven dazu kommuniziert werden. Schon häufiger haben wir das Bild einer Bergwanderung genutzt. Die Motivation in der Wandertruppe ist eine andere, wenn alle genau wissen, wo es hingeht und wie lange es dauert, als wenn man einfach mehr oder weniger ziellos mitläuft. Nur Mitarbeiter, die die für sie relevanten Anforderungen der Norm verstehen und für ihr Arbeitsfeld mit Sinn füllen können, werden sie auch erfolgreich und wirksam umsetzen. Alles andere führt früher oder später zu einer offenen oder verdeckten Ablehnung der Anforderungen, der Regelungen oder des gesamten Systems. Insbesondere QM-Themen wie Fehler- und Beschwerdemanagement machen es erforderlich, dass Mitarbeiter und Leitungskräfte sich intensiv mit ihren eigenen Einstellungen und Umsetzungsstrategien auseinandersetzen. Es ist absolut erfolglos, eine Prozessbeschreibung zum Fehlermanagement in die Teams weiterzugeben und zu erwarten, dass ab diesem Zeitpunkt alle auftretenden Fehler aufwändig dokumentiert werden. Leitungskräfte aller Ebenen und Mitarbeiter müssen für den Umgang mit Fehlern sensibilisiert und qualifiziert werden. Der Umgang mit Fehlern hängt maßgeblich mit der Organisationskultur zusammen und die ändert sich nicht alleine durch die Herausgabe einer neuen Prozessbeschreibung.

Manchmal glauben QM-Verantwortliche, sich die Zeit für Qualifikationsprozesse sparen zu können und starten mit einer mittelmäßig bis schlecht eingespielten Mannschaft. Wenn es glücklich läuft, lassen sich schnell ein paar Erfolge erzielen, aber dann türmen sich die Folgen unzureichender Vorbereitung und Qualifikation aufeinander und verzehren Kraft und Energie, sodass am Ende ein mageres Ergebnis steht. Und manchmal heißt es dann: „Qualitätsmanagement haben wir auch schon gemacht ... hat auch nichts gebracht.“ Daher lieber langsam starten, die Ziele entsprechend der zur Verfügung stehenden Ressourcen wählen, die Mannschaft trainieren, um für möglicherweise später auftretende Unstimmigkeiten gerüstet zu sein. Das Tempo anziehen ist nur empfehlenswert, wenn die Spur stimmt, die Truppe trainiert ist und zusammenbleibt.

3.5 Veränderungen managen heißt: Lernen ermöglichen

„Ich bin immer bereit zu lernen, aber nicht immer, mich belehren zu lassen."
Oscar Wilde (1854–1900), irischer Schriftsteller

Lernen bedeutet, neue Kenntnisse, Fähigkeiten, Einstellungen oder Verhaltensweisen zu erwerben oder bestehende zu verändern. Dabei wird das vorhandene Wissen mit neuen Informationen verknüpft. Lernen ist ein Prozess, es geschieht die ganze Zeit. Eigentlich können wir Menschen gar nicht anders – wir lernen lebenslang – unser Gehirn ist sozusagen auf Lernen programmiert und unsere Umwelt zwingt uns immer wieder dazu. Lernen ist immer mit einer bewussten und/oder unbewussten Absicht verbunden. Es geht um Problemlösung, Wissenserweiterung oder vielleicht auch einfach um Spaß am Lernen. Wir lernen besser, wenn wir ein klares Ziel vor Augen haben und wenn der Prozess des Lernens selbst Spaß macht.

Lernen folgt dem Interesse, in einer Welt mit vielerlei Herausforderungen und Hindernissen zurechtzukommen und dabei ein Leben zu führen, in welchem Sicherheit und Zufriedenheit überwiegen. Erst die Hindernisse und Probleme machen Lernen notwendig und geben ihm zugleich einen Sinn.

In seinem Psychologie-Klassiker „Grundformen der Angst“ (1961) beschreibt Fritz Riemann die Ambivalenz des Menschen zwischen dem Streben nach Dauer, Beständigkeit und Verlässlichkeit und dem Bedürfnis nach Wandlung und Entwicklung. Ob ein Mensch eher veränderungsbereit oder stabilitätsliebend ist, ist ein Persönlichkeitskriterium. Beide Bedürfnispole sind in allen Menschen grundsätzlich vorhanden, jedoch mit unterschiedlicher Ausprägung. Eine ausgewogene Balance zwischen Wandel und Beständigkeit hat einen hohen Einfluss auf die Lern- und Veränderungsbereitschaft aller Menschen.

a. Lernen aus Erfahrungen

Im PDCA-Zyklus ist das „Lernen“ unter dem „Act = Handeln, Anpassen“ zu finden. Ein Plan wird umgesetzt und überprüft. Die entscheidende Frage und damit der nächste Schritt ist, was kann aus den Überprüfungsergebnissen gelernt werden? Was muss und kann an der Planung verändert bzw. verbessert werden? Was ist, wenn ein Plan nicht umgesetzt wurde bzw. nicht umgesetzt werden konnte, wenn Probleme, Hindernisse oder Fehler auftreten? Es wird deutlich, ob getroffene Entscheidungen und getätigte Handlungen zielführend waren. Falls nicht, wird ein zweiter Versuch oder ein neuer Ansatz gestartet. Um genau diesen anderen Ansatz geht es im Qualitätsmanagement. Die vielleicht dringende Plan- oder Verhaltensänderung ist nicht immer einfach. Nachhaltige Veränderung ist nicht möglich, wenn nur mechanisch an einigen Stellschrauben gedreht wird, ohne den Hintergrund zu verstehen. Veränderung braucht Einsicht

und diese wiederum kann durch die Gewinnung von neuen Erkenntnissen entstehen. Lernen heißt damit auch, vergangene Erfahrungen neu zu bewerten, und bedeutet, Konsequenzen daraus zu ziehen.

Manchmal ist es leichter, ganz neue Pläne zu machen als die erforderlichen Konsequenzen aus alten Fehlern zu ziehen. Wenn Organisationen den PDCA-Zyklus konsequent befolgen, heißt das auch, dass nicht jede Planung im ersten Wurf perfekt sein muss. Diese Annahme entlastet und ermöglicht Kreativität. Dies macht aber nur Sinn, wenn die Ergebnisse des ersten Ansatzes Einfluss auf die erneute Planung haben. Ansonsten herrscht Kreativität, aber keine Wertschöpfung.

Mit Lernen ist also bei Weitem nicht immer der Erwerb neuen Wissens gemeint. Erfahrungslernen basiert auf einer offenen und kritischen Reflexion. Erfahrungslernen lebt von Feedback, von zeitnahem, stärkenorientiertem und konkretem Feedback. Lernen ist gewissermaßen eine Schlüsselkomponente für einen erfolgreichen Qualitätsmanagementprozess. Damit könnte man auch als Ziel eines QM-Prozesses formulieren, Leitungskräften und Mitarbeitern das Lernen zu lehren. Es geht darum, die Lernfähigkeit der Organisation und ihrer Gruppen zu erhöhen. Das bedeutet aber auch, dass QM-Verantwortliche sich fragen müssen, ob sie die „richtigen" Lernräume und Lernformate (Stichworte: Frontalbeschallung, selbstorganisiertes Lernen ...) anbieten.

b. Lernen durch neues Wissen

Lernen ist erfolgreich, wenn der Lernende das neu erworbene Wissen behalten und nutzen kann. Damit neues Wissen vom Arbeitsspeicher des Gehirnes aufgenommen wird und eine Chance hat, im Langzeitspeicher verankert zu werden, reicht es nicht aus, Lernende als Konsumenten von Wissen zu betrachten. Hinzu kommt, dass es „unser Gehirn mag, Gelerntes beizubehalten und sich bemüht, Neues immer wieder in bisher bestehende Konstruktionen über die Welt zu integrieren. Das verschafft uns Sicherheit und Stabilität" (Messer, Inhalte merk-würdig vermitteln, 2013, S. 14).

Lernende müssen selbst zu Gestaltern ihres Lernprozesses werden. Echtes Lernen basiert auf Freiwilligkeit. Die besondere Aufgabe liegt laut Messer darin, den Lernstoff so anzubieten, dass Lernende beste Rahmenbedingungen bekommen, um sich neues Wissen selbstorganisiert aneignen zu können. Konkret heißt dies, möglichst reichhaltige, multimediale, interessante und kommunikationsorientierte Umgebungen zu schaffen, die die subjektiven Erfahrungsbereiche der Lernenden ansprechen (s. Kap. 2). Um gute Lernbedingungen zu schaffen, bedarf es anregender Lernsituationen. Fehler müssen als Teil des Lernens akzeptiert werden, damit Lern- und Veränderungsprozesse von Mitarbeitern nicht als Bedrohung aufgefasst werden. Es bedarf geschützter Räume, in denen zugehört und die Unterschiedlichkeit als Reichtum aufgefasst wird. Geschützte Räume, die das Ausprobieren neuer Strategien und Verhaltensweisen ermöglichen. Neben Lern- und Dialogräumen, Methodik und Didaktik geht es auch hier wieder um die Haltung des Lehrenden/des Vermittlers. Um Menschen auf einen Lernprozess mitzunehmen, muss der Lehrende eine Einladung aussprechen. Damit ist nicht ein formulierter Text gemeint, sondern vielmehr eine offene und willkommene Haltung.

c. Faktoren, die Lernen beschleunigen

Aus unserer Erfahrung sind es vor allem folgende Faktoren, die Lernprozesse fördern und unterstützen:

- **Lernen braucht Notwendigkeit und Ziele**
  Warum neues Lernen, wenn alles gut läuft? Warum das Vertraute in Frage stellen, wenn das Vertraute nicht anfängt zu stören? Unsere Motivation zum Lernen ist dann am größten, wenn das, was wir lernen wollen, in unserer persönlichen Wahrnehmung Relevanz und Bedeutung hat.

- **Lernen durch Selbststeuerung**
  Das selbst gesteuerte Lernen hat in den 1990er Jahren stark an Bedeutung gewonnen. Es basiert darauf, dass Mitarbeiter sich Inhalte selbst aneignen, weil sie die Notwendigkeit dazu erkannt haben und dabei durch eine zum Lernen anregende Umgebung und Didaktik unterstützt werden. Dieses Idealbild des autonomen Lernenden steht im Gegensatz zum traditionellen Bild des Schülers im Schulalltag, denn der ist abhängig vom Lehrer, der für ihn alle wichtigen Entscheidungen trifft.

- **Lernen durch Vertrauen**
  Lernen von und mit anderen geht leichter, wenn der Lernende dabei z.B. den Teilnehmern und dem Leiter vertrauen kann, dass sie ihn begleiten und unterstützen werden in der Phase, in der das Neue mehr Unsicherheit auslöst als Gewinn und Freude. Lernen geht leichter, wenn es in einer zeitweilig geschützten Atmosphäre erfolgen kann, in der Üben und Fehlermachen erlaubt sind und in der nicht gleich der Ernstfall geprobt werden muss. Damit Vertrauen funktioniert, muss in eine entsprechende Kultur investiert werden (s. Kap. 3.3.c).

- **Lernen durch Praxisbezug und Umsetzungsorientierung**
  Das Lernthema muss Bedeutung haben für unser alltägliches Tun. Die Anstrengung des Lernens gewinnt ihren Sinn und ihre Attraktivität durch die Bedeutung, die es für unsere persönliche Arbeit hat. Dort, wo der Einzelne diese Bedeutung nicht herstellen kann, versiegt die Motivation zum Lernen rasch.
- **Lernen durch praktische Übungen und Reflexion**

  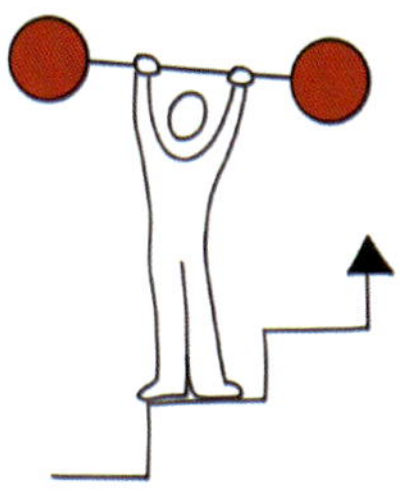

  Hierbei geht es um das Ausprobieren und das Sammeln von praktischen Erfahrungen. Selbermachen macht Lernen nachgewiesenermaßen deutlich effektiver als reines Beobachten.

  Der PDCA-Zyklus fordert neben der Planung und der Umsetzung Phasen der systematischen Reflexion. Reflexionsschleifen ermöglichen ein vertiefendes Verstehen und neue Erkenntnisse. Wiederholungen können den Prozess der Abspeicherung im Langzeitgedächtnis positiv beeinflussen.

- **Lernen durch die richtige Dosierung des Lernstoffs**
  Um Lernstoff richtig dosieren zu können, müssen sich Lehrende/Vermittler genau mit der Zielgruppe und ihren Anforderungen auseinandersetzen, um sie inhaltlich genau dort abholen zu können, wo sie gerade stehen.
- **Lernen durch Spaß und Begeisterung**

  Wie viel Zeit investieren Sie freiwillig in ein Thema, das Ihnen keinen Spaß macht? Wie gut können Sie Inhalte behalten, wenn diese für Sie keine offensichtliche Bedeutung haben?
  Nach dem Neurobiologen Gerald Hüther braucht das Gehirn Begeisterung (Hüter, Begeisterung, http://www.gerald-huether.de/populaer/veroeffentlichungen-von-gerald-huether/texte/begeisterung-gerald-huether/index.php). Wenn wir etwas nicht lernen können, liegt es daran, dass wir nicht begeistert sind. Damit wir uns für etwas begeistern können, muss es bedeutsam für uns selbst sein.
  Positive Emotionen unterstützen das Lernen. Humor und Spaß sind kein Selbstzweck, sondern dienen dem Lernerfolg (s. Kap. 3.6).

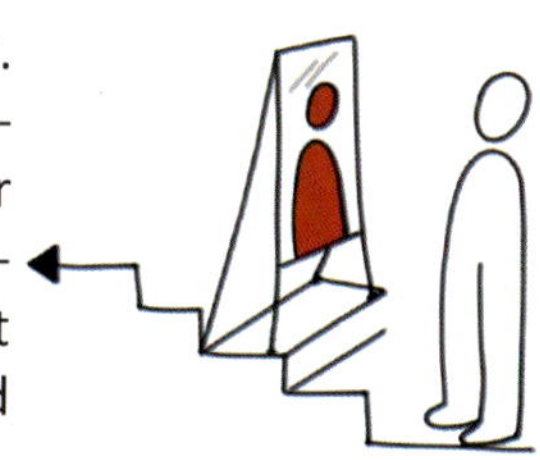

- **Lernen durch Feedback**
  Sehr oft wird Feedback geben mit Kritik und Lob verwechselt. Aber es geht nicht um Bewertungen, sondern um das Rückmelden von Wirkungen (Nicht: „Dein Verhalten war gut oder schlecht!“, sondern: „Dein Verhalten hat bei mir folgende Reaktion ausgelöst.“). Feedback kann nur erfolgreich eingesetzt werden, wenn in der Beziehung zwischen Feedbackgeber und Feedbacknehmer Respekt, Vertrauen und Offenheit existiert.

3.6 Veränderungsprozesse verlaufen nicht emotionslos

„Begeisterung ist darum so schätzbar,
weil sie der menschlichen Seele die Kraft einflößt,
ihre schönsten Anstrengungen zu machen und fortzusetzen."
Samuel Smiles (1812–1904), englischer Arzt, Biograph und Sozialreformer

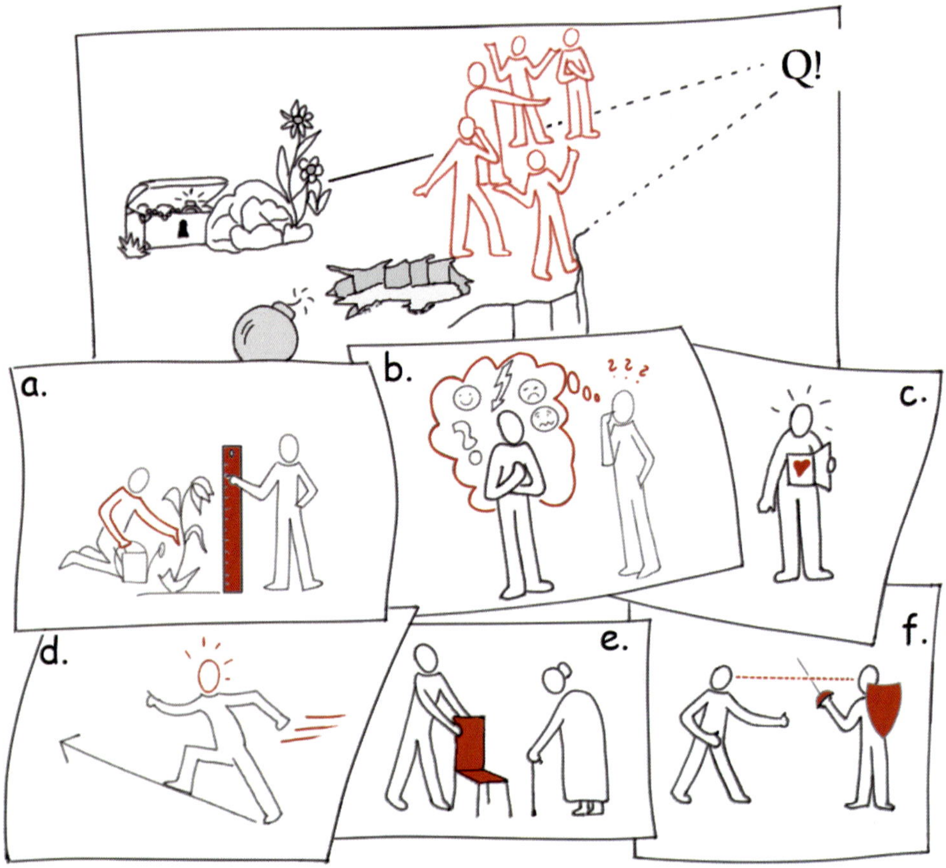

Viele QM-Verantwortliche versuchen, mit wohlsortierten (Sach-) Argumenten, guten Ratschlägen und klaren Belehrungen Veränderungen in Organisationen anzustoßen und zu lenken. Ihre Erwartung ist, dass Mitarbeiter ihre Logik verstehen und die daraus resultierenden Anforderungen umsetzen. In der Regel funktionieren so angeschobene Veränderungsvorhaben nicht oder nur mit enormer Anstrengung, was zu Frust, Hilflosigkeit oder Wut bei allen Beteiligten führen kann. Das Streben nach Sachlichkeit ist nicht falsch, aber aus unserer Sicht nicht allein ausreichend für nachhaltig erfolgreiche Veränderungsprozesse. Auch die Ergebnisse der Gehirnforschung belegen: Es gibt keine rein rationalen Entscheidungen oder Verhaltensweisen. Die Gefühle sind immer beteiligt und in den meisten Fällen sogar dominant.

a. Betrachtung von harten und weichen Faktoren

Einer der Grundsätze der ISO 9001 lautet „faktengestützte Entscheidungsfindung“. Damit ist gemeint, dass Entscheidungen auf Grundlage der Analyse und Auswertung von Daten und Informationen wahrscheinlich eher zu den gewünschten Ergebnissen führen. Viel zu schnell wird dann aber alles, was sich nicht beschreiben, planen und messen lässt, ausgeklammert. Erst wenn harte und weiche Faktoren zusammen betrachtet werden, entsteht ein vollständiges Bild und damit die Basis für gelungene Veränderung.

Die meisten Probleme in Organisationen sind von zwischenmenschlichen Interaktionen geprägt. Dies geht nie emotionslos. Gefühle sind ein wesentlicher Bestandteil unseres Lebens, auch des Arbeitslebens. Der oben benannte Grundsatz der ISO 9001 vermittelt uns, dass wir uns nicht von unseren Gefühlen in unseren Entscheidungen beeinflussen lassen sollen. Sicherlich wäre es auch genauso falsch, sich einseitig auf emotionale Aspekte zu beziehen und Zahlen, Daten und Fakten außer Acht zu lassen bzw. gar nicht erst zu erheben. Es ist entscheidend, beide Seiten zu beachten, d.h. Zahlen, Strukturen und Abläufe genauso wie die Qualität der Arbeitsbeziehungen und diese in einem gute Sinne auszubalancieren (vgl. Faller/Fechler/Kerntke, Systemische Konfliktmanagement-Modelle, 2014, S. 10).

b. Hypothesenbildung

Ein Bestandteil systemischer Organisationsberatung ist die systemische Schleife (Königswieser, Systemische Organisationsberatung, 2013, S. 45 ff.). Der Grundgedanke ist dem PDCA-Zyklus gar nicht so fern. Auch die systemische Schleife beginnt mit der Informationssammlung, die im PDCA-Zyklus zur Planungsphase gehört. Allerdings geht es hier um alle relevanten Informationen und weit über die harten Fakten hinaus. Das heißt, wenn in einem Qualitätszirkel Schnittstellenprobleme identifiziert werden, geht es zum einen um die Fakten: Wie oft tritt das Problem auf? Wer ist davon betroffen? Welche Konsequenzen hat es? Weitere wichtige Informationen könnten sich z.B. auf einzelne Teammitglieder (Gibt es z.B. Wortführer und Stimmungsmacher?) oder Beziehungsstrukturen (Gibt es Konflikte innerhalb des Teams?) beziehen. Der Informationssammlung folgt der Schritt der Hypothesenbildung. Hypothesen dienen an dieser Stelle als erklärende Konstrukte der Wirklichkeit. Sie weisen auf Beziehungsdynamiken und Wechselwirkungen hin und versuchen, den verborgenen Sinn von Problemen zu erfassen. Ziel ist es, sich über diese Hypothesen, die manchmal nur auf vagen Informationen, Ahnungen, Annahmen oder Interpretationen beruhen, auszutauschen, sodass ein vollständigeres Bild „der Wirklichkeit" entsteht. So können Informationsdefizite der Grund für die Schnittstellenprobleme sein, vielleicht gibt es aber auch verdeckte Konflikte zwischen einzelnen Teammitgliedern, die zu den Schnittstellenproblemen führen. Hypothesen sind keine Festschreibungen, sie müssen reflektiert, vielleicht verworfen und weiterentwickelt werden. Manchmal gibt es viele sehr unterschiedliche Hypothesen, dann müssen weitere Informationen eingeholt werden. Hypothesen gehören zur Planungsphase. Sie ermöglichen ein vollständigeres Bild und helfen bei der Auswahl der „richtigen" Interventionen. Der Wirtschaftswissenschaftler Bernd Schmid vergleicht Organisationen mit Eisbergen (Schmid, Systemische Organisationsentwicklung 2014, S. 1). Sie sind nur zu einem kleinen Teil an der Oberfläche zu sehen. Sie zu begreifen und zu gestalten ist eine komplexe Angelegenheit, die nicht mit einer Teilperspektiven-Optimierung und Patentrezepten zu bewältigen ist.

c. Achtsamkeit gegenüber den eigenen Emotionen

Edgar H. Schein, Mitbegründer der Organisationspsychologe und Organisationsentwicklung, führt in seinem Buch „Prozessberatung für die Organisation der Zukunft" (2010, S. 119) anschaulich aus, dass „wir paradoxerweise aber gerade dann am meisten nach unseren Gefühlen handeln, wenn wir uns ihrer am wenigsten bewusst sind und uns die ganze Zeit über vortäuschen, uns ausschließlich auf unser Urteil zu verlassen und damit häufig überhaupt nicht merken, wie sehr unsere Gefühle unsere Urteile beeinflussen." Wenn wir das Bild der „Bergsteiger-Gruppe" noch einmal bemühen, könnte das heißen, dass ein Gruppenmitglied sich unentwegt mit Wetterdaten beschäftigt und für den Rückweg plädiert. Die Wetterdaten sind objektiv betrachtet nur bedingt bedrohlich, vielleicht geht es diesem Gruppenmitglied um die Führungsposition in der Gruppe oder er ist persönlich erschöpft, traut sich aber nicht dieses zuzugeben.

Ist uns etwas nicht bewusst, können wir es auch nicht reflektieren und steuern. Setzen wir uns jedoch mit unseren Emotionen auseinander und erforschen die Auslöser, haben wir die Wahl, ob wir diesen Gefühlen nachgeben oder nicht. Nicht Impulsivität per se führt zu Schwierigkeiten. Problematisch sind Handlungen, zu denen wir uns hinreißen lassen aufgrund von Impulsen, die man als solche gar nicht richtig erkennt und versteht und daher auch nicht richtig bewertet hat.

d. Begeisterung als Motor für Entwicklung

Es kann derjenige durch Veränderungen führen, der in der Lage ist, eine resonanzfähige emotionale Vision zu entwickeln und diese authentisch und mit Überzeugung vermittelt. Emotionen sind wichtig, denn hier entsteht die Begeisterung für das Projekt oder die Aufgabe. Emotionen sind also der eigentliche Motor und ein Indikator, ob und wie stark ein Thema für uns persönlich für das Team und für die Organisation Sinn macht. Damit stellt sich die Frage, ob alle Beteiligten die Begeisterung und Energie aufbringen, ein Projekt durch seine Höhen und Tiefen voran zu treiben.

Viele der unter Kapitel 3.8 kurz skizzierten Dialogmethoden fokussieren nach einer Beschreibung des aktuellen Ist-Standes die Entwicklung von Visionen. Die Kraft, die aus gemeinsamen Visionen entstehen kann, setzt viel Antrieb und Energie frei für die Entwicklung erster Schritte bzw. konkreter Umsetzungsmaßnahmen.

e. Achtsamkeit für die Bedürfnisse der Beteiligten

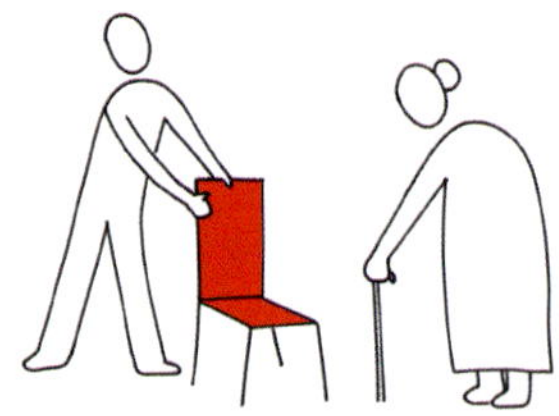

Veränderungsprozesse sind häufig mit Ängsten verbunden. Vertrautes wird in Frage gestellt, Neues ist noch nicht wirklich da. Es beginnt eine Art Schwebesituation zwischen Alt und Neu, die je nach Thema und Situation durchaus belastend sein kann. Wichtig ist es, Ängste, und Befürchtungen und andere Bedürfnisse ernst zu nehmen und nicht dagegen zu argumentieren (s. Kap. 3.2).

f. Wertschätzung von Widerständen

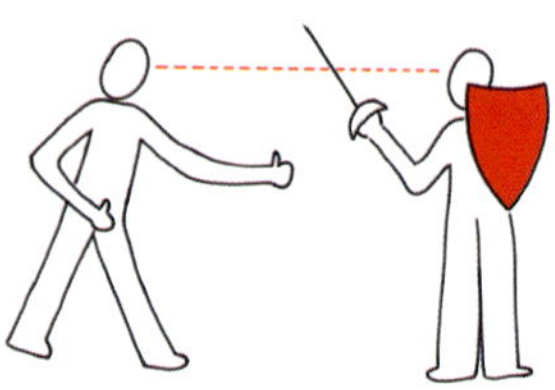

Widerstände entwickeln sich aus sehr unterschiedlichen Situationen: Mitarbeitern fehlen angemessene Informationen zum Verständnis; die zur Verfügung gestellten Informationen lösen Ängste aus; Mitarbeiter fühlen sich von dem Veränderungsvorhaben überfordert ...

Widerstände entstehen auch, wenn Mitarbeiter den Eindruck haben, von „Außen“ entwickelte Verbesserungsmaßnahmen greifen in ihren persönlichen Wirkungsbereich, vielleicht sogar in ihre Privatsphäre ein. Widerstände entwickeln sich, wenn Gefühle und Ängste von Mitarbeitern missachtet werden. Besonders groß ist die Angst bzw. der entstehende Widerstand, wenn Veränderungsmaßnahmen „einfach so“, d.h. intransparent „von oben“, angeordnet und/oder unter Druck und Zwang durchgesetzt werden. Selbst wenn Mitarbeiter Pro-Argumenten für Veränderungen also sachlich zustimmen könnten, lehnen sie sie aufgrund mangelnder Wertschätzung dennoch ab und reagieren mit Widerstand. Widerstand gegen Veränderungsprozesse kann sich auf unterschiedlichsten Wegen zeigen.

Um mit Widerständen konstruktiv umzugehen, ist es daher wichtig, den Hintergrund des Widerstandes zu verstehen. Klaus Doppler hat dem Umgang mit Widerständen in seinem Buch Change Management ein ganzes Kapitel gewidmet (Doppler/Lauterburg, Change Management 2008, S. 345). Er stellt unter anderem mehrere Grundsätze zum Umgang mit Widerständen auf. Dazu zählt zum einen, dass Widerstände immer eine verschlüsselte Botschaft enthalten. Wenn Menschen sich gegen etwas sträuben, haben sie Befürchtungen und Ängste. Die Ursachen für Widerstände liegen seiner Meinung nach immer im emotionalen Bereich. Zum anderen führt die Nichtbeachtung von Widerständen zu Blockaden. Verstärkter Druck führt lediglich zu stärkerem Gegendruck. Konstruktiv mit Widerständen umgehen bedeutet daher, die unterschwellige emotionale Energie aufnehmen, und den Bedenken, Ängsten und Befürchtungen Raum geben, um gemeinsam neue Absprachen zu treffen bzw. ein verändertes Vorgehen zu planen (s. Kap. 3.7.e).

3.7 Veränderungen bringen Konflikte mit sich

„Nicht der Konflikt an sich ist das Problem, sondern die Art und Weise, wie wir damit umgehen."

Kurt Faller, Mediator

a. Konflikte sind unvermeidbar

Ein Ziel des Qualitätsmanagements ist es, durch klare Regelung von Aufgaben, Rollen und Schnittstellen ein hohes Qualitätsniveau sicherzustellen. Klare Regelungen zu Aufgaben, Rollen und Schnittstellen reduzieren auch Konflikte. Allerdings sind diese Regeln nicht einfach so da. Sie sind das Ergebnis eines mehr oder weniger intensiven Aushandlungsprozesses und müssen immer wieder an sich verändernde Anforderungen angepasst werden. Konflikte entstehen, wenn diese Regelungen autoritär von der Leitung vorgegeben werden. Konflikte entstehen aber auch, wenn die Regelungen unter den Beteiligten ausgehandelt werden. Konflikte im beruflichen Alltag sind normal.

Darüber hinaus strebt Qualitätsmanagement nach Verbesserung durch Veränderung. Ein Übergang von alten zu neuen Regeln, Prozessen oder Mustern ist nicht mit einem Sprung zu schaffen und schon gar nicht ohne Konflikte oder Krisen. Es kostet viel Kraft und Mut, von einem gewohnten Zustand in einen neuen, zunächst ungewohnten Zustand zu wechseln. Es gibt keine Garantie, dass das Neue, auf das man zustrebt, auch wirklich eintrifft und funktioniert. Gleichzeitig müssen Leitungskräfte und Mitarbeiter sich von etwas lösen, mit dem sie sich vielleicht über Jahre identifiziert haben. Damit gibt es bereits in jedem Veränderungsprozess einen Konflikt zwischen Neu und Alt, zwischen Reformern und Bewahrern. Beide Positionen haben für den Erfolg des Veränderungsvorhabens eine wichtige Bedeutung. Aber das Aushandeln der mit den Rollen verbundenen Interessen ist laut den Gründungsmitgliedern der Gesellschaft für Systemdesign Faller, Fechler und Kerntke oftmals schwierig. „In der Praxis kommt es deshalb schnell zu Lagerbildungen. In einem als Werte- und Kulturkonflikt zwischen Alt und Neu erlebten Spannungsfeld nehmen die Protagonisten die gegnerische Position nur noch in ihren negativen Extremen war: als ‘Blockierer‘ bzw. ‘Zerstörer‘“(Faller/Fechler/Kerntke, Systemische Konfliktmanagement-Modelle, 2014, S. 70).

Eine weitere feststehende Größe in Veränderungsprozessen ist, dass der Übergang von einem gewohnten Zustand in einen neuen veränderten Status mit Instabilität oder Unordnung verbunden ist. Auch das bedeutet, dass mit Konflikten zu rechnen ist. Für das Gelingen von Veränderungsprozessen ist es wichtig, den trennenden Sichtweisen und Gefühlen und auch den tieferliegenden Bedenken Raum zu geben (s. Kap. 3.6). Sie wollen gehört und integriert werden. Das kann zeitaufwändig sein. Doch erst dann kann sich die gemeinsame Energie konzentriert auf die Gestaltung des Veränderungsvorhabens ausrichten.

Die Bedeutung nicht bearbeiteter Konflikte ist nicht zu unterschätzen. Ungelöste Konflikte verursachen hohe Kosten (s. unten), derer sich Leitungskräfte und Mitarbeiter in den seltensten Fällen wirklich bewusst sind. Wichtig ist es auch zu beachten, dass nicht ausgetragene Konflikte immer und immer wieder ans Tageslicht kommen.

b. Konflikte sind Chancen

Die produktive Bearbeitung von Konflikten ist in die ISO 9001 nicht integriert. Mit der 2015er Revision ist allerdings der Risikobegriff in die Norm eingegangen. Risiko wird in der ISO 9001 definiert als „eine Auswirkung von Ungewissheit auf ein erwartetes Ereignis“. An dieser Stelle möchten wir ausdrücklich dazu einladen, die unter 1.6.1 geforderte Risikobestimmung nicht nur im Hinblick auf fehlende Prozesseingaben, Fehlerquellen und Schnittstellenprobleme durchzuführen, sondern Spannungsfelder und Konfliktpotenzial ausdrücklich mit in den Betrachtungsfokus zu rücken. Die Chance liegt darin, Energien, die sich in Konflikten häufig in destruktiven Formen ausdrücken, wieder in ein produktives zielgerichtetes Vorgehen umzuwandeln.

Hinter Konflikten liegen in der Regel Themen, Informationen oder Bedürfnisse, die bislang noch nicht zur Sprache gekommen sind, die aber wichtig sind. Konflikte entstehen nicht nur innerhalb von Veränderungsprozessen, sie weisen nicht selten auch auf bisher nicht erkannten Veränderungsbedarf hin. Häufig sind es nicht ausgesprochene Interessen von Mitarbeitern, Schnittstellenprobleme oder ungeklärte Rollenverteilungen-/Rolleninterpretationen etc., die meist nicht nur die direkten Konfliktparteien betreffen, sondern auch andere indirekt Beteiligte. Hier hilft eine forschende, neutralisierende und wertschätzende Haltung, damit bisher nicht Ausgesprochenes thematisiert werden kann. Dies ist Voraussetzung für ein sehr viel tieferes Verständnis für das, worum es wirklich geht.

Nicht zuletzt schult ein produktiver Umgang mit Konflikten alle Beteiligten und ermöglicht soziales Lernen. Auch für den QM-Prozess als solchen ist es wichtig zu erkennen, dass Konflikte und Fehler nicht personalisiert werden dürfen („Die anderen sind schuld!“). Es geht nicht darum, Verantwortung zu verschieben, sondern zu erkennen, dass alle Beteiligten Anteile an der aktuellen Situation haben. Nicht Mitarbeiter oder Teams stehen mit „ihren“ Problemen im Vordergrund, sondern neben den Sachthemen werden auch Zusammenhänge, Beziehungen und strukturelle Ursachen aufgegriffen. Die Fähigkeit zur internen Problemlösung und zur Konfliktregelung stärkt Leitungskräfte, Mitarbeiter und Teams, sie trägt maßgeblich zur Qualitätsentwicklung bei und sichert damit die Existenz der Organisation.

c. Konfliktkosten

Qualitätsmanager kennen qualitätsbezogene Kosten, Fehlerkosten und Fehlerverhütungskosten (s. Kamiske/Brauer, Qualitätsmanagement von A bis Z, 1999, S. 77, S. 181; Kamiske, Handbuch QM-Methoden, 2013, S. 4, S. 44). Qualitätsmanagement und Kosten stehen in einem direkten Zusammenhang, zumal sich über Investitionen ins Qualitätsmanagement auch das System als solches bewähren muss. Leider wird in der QM-Literatur nie der Einfluss von Konflikten auf qualitätsbezogene Kosten thematisiert. Allerdings ist dieser nicht unerheblich:
Konflikte behindern die Arbeit von Einzelnen und Teams, sie beanspruchen Zeit, sie ziehen Energie und Aufmerksamkeit von der eigentlichen Leistungserbringung ab, sie führen zu Fehlern, beeinflussen die Kundenzufriedenheit, sie führen dazu, dass Mitarbeiter (innerlich) kündigen: „... 30–50 % der wöchentlichen Arbeitszeit von Leitungskräften werden direkt oder indirekt mit Reibungsverlusten, Konflikten oder Konfliktfolgen verbracht“, so die Konfliktkostenstudie der KPMG AG Wirtschaftsprüfungsgesellschaft (KPMG 2009, S. 20). Die Auswirkungen von Konflikten können enorm sein. Ein Grund mehr, sich auch im Rahmen des Qualitätsmanagements stärker mit diesem Thema auseinanderzusetzen.

d. Konfliktsignale erkennen

Um zum einen im Konfliktfall handlungsfähig zu bleiben und zum anderen die Folgen von unterdrückten Konflikten zu vermeiden, ist es wichtig, Konflikte frühzeitig zu erkennen und bewusst zu thematisieren.

Dies erfordert eine hohe Sensibilität für Konfliktsignale, die bei Weitem nicht immer so greifbar sind wie Aggressionen, offene Feindseligkeit und Ablehnung. Leisere Signale wie Desinteresse und passives Verhalten werden eher wohlwollend im eigenen konfliktvermeidenden Interesse als stillschweigende Zustimmung interpretiert denn als Ablehnung oder Widerstand. Häufig wird nur bei einem kompletten Zusammenbruch der Kommunikation das Geschehen als Ganzes in Frage gestellt. Nicht selten ist es dann zumindest für interne Interventionsmöglichkeiten schon zu spät.

Der österreichische Organisationsberater und Konfliktforscher Friedrich Glasl unterscheidet u.a. zwei dominante Äußerungsformen von Konflikten in Organisationen. Er spricht von heißen und kalten Konflikten (Glasl, Konfliktmanagement 2013, S. 74). In überhitzten Konfliktkulturen kämpfen die Leitungskräfte und Mitarbeiter für die Durchsetzung ihrer jeweils eigenen positiven persönlichen und organisationsbezogenen Ziele und das sehr engagiert und hochemotional. In unterkühlten Konfliktkulturen geht es Leitungskräften und Mitarbeitern vornehmlich darum, etwas zu verhindern, von dem sie einen negativen Einfluss auf sich oder ihre Arbeit vermuten. Emotionen wie Verärgerung und Wut werden zurückgehalten, da sie als Zeichen von Schwäche empfunden werden. Zum Ausdruck kommen sie eher als verdeckt blockierendes Verhalten, zynische Bemerkungen oder sarkastische Abwertungen des Gegners. „Während sich im heißen Konflikt die Konfliktparteien überschätzen, entsteht in der Kälte ein Selbstbild der Schwäche, Wertlosigkeit und Unterlegenheit", hält Glasl fest (Glasl, Zeitschrift Konfliktdynamik 2/2014, S. 102). Kalte Konflikte, zu denen Organisationen des Gesundheitswesens laut Glasl eher neigen (ebd., S. 105), bleiben durch ihre eher indirekten Signale und heimlichen Auseinandersetzungen häufig lange Zeit unentdeckt bzw. motivieren nicht zum Handeln, da sie zumindest auf den ersten Blick als nicht so destruktiv eingeschätzt werden.

Die Auseinandersetzung mit den unterschiedlichen Konfliktkulturen kann für QM-Verantwortliche sehr hilfreich sein, um zum einen Konfliktsignale richtig zu deuten und zum anderen frühzeitig und angemessen darauf reagieren zu können.

Bei der Einschätzung von Konflikten können auch die verschiedenen Eskalationsstufen nach Glasl (Glasl, Konfliktmanagement 2013, S. 234) hilfreich sein. Aus der Einschätzung des Eskalationsgrades lassen sich verschiedene Strategien zur Konfliktbearbeitung ableiten (ebd., S. 395). So kann zwischen zwei verhärteten Fronten vielleicht gut ein unbeteiligter Kollege als Moderator eingesetzt werden, wogegen bei einer fortgeschrittenen Eskalation, in der es bereits gegenseitige Beschädigungen gegeben hat, der Einsatz eines professionellen externen Mediators/Vermittlers notwendig ist. Mediation ist ein vertrauliches und strukturiertes Verfahren, bei dem Parteien mithilfe eines oder mehrerer Mediatoren freiwillig und eigenverantwortlich eine einvernehmliche Beilegung ihres Konfliktes anstreben. Externe Mediatoren können aufgrund ihrer Professionalität und Stellung die aufgekommenen Themen und Konfliktfelder konstruktiver und vorurteilsfreier aufgreifen und bearbeiten als organisationsinterne Vermittler.

e. Mit Konflikten umgehen

Konflikte in Veränderungsprozessen auszutragen ist eine besondere Herausforderung. Um Konflikten aus dem Weg zu gehen, werden Dinge versprochen, die später nicht eingehalten werden (können), oder es werden Scheinlösungen gefunden, mit denen man sich „abfindet". Indem aber Themen tabuisiert werden, können sie nicht bearbeitet und gelöst werden.

Es ist wichtig, die unterschiedlichen Bedürfnisse, Geschwindigkeiten und Temperamente der Beteiligten und die sich daraus ergebenden Spannungen wahrzunehmen und angemessen aufzugreifen. Ein Qualitätsmanagement ist dann erfolgreich, wenn es gelingt, die Verschiedenartigkeit der Beteiligten als Stärke für den Prozess verfügbar zu machen und sie nicht als Hindernis zu sehen.

QM-Verantwortliche sind tagtäglich mit Konfliktthemen konfrontiert. Sie können allein durch ihre Haltung und ihr methodisches Vorgehen einen wirksamen Umgang mit Konflikten unterstützen. Durch ihre Gesprächsführung und ihre Moderation von konflikthaften Gesprächen können sie einen geschützten Raum schaffen, der es ermöglicht, Anforderungen und Interessen zu äußern, die die Beteiligten ansonsten vielleicht für sich behalten hätten. Durch ihre Art der Fragestellung können sie Perspektivwechsel anregen (s. unten) und einseitige Schuldzuschreibungen vermeiden. Sie können Gespräche über unterschiedliche Wertvorstellungen und mentale Modelle anregen und diese so gestalten, dass Teilnehmer sich respektvoll zuhören ohne zu bewerten.

Auch das Vereinen der Beteiligten auf die grundsätzlichen Ziele der Organisation/des Teams bzw. des Projektes oder auf die Qualitätsziele kann helfen, Lösungswege zu finden, die für alle gangbar sind. Faller nennt dies „Triangulierung": Neben den Interessen der Konfliktparteien gibt es immer auch die Arbeitsaufgabe mit ihren dazugehörigen Anforderungen als dritte Größe (vgl. Faller/Fechler/Kerntke, Systemische Konfliktmanagement-Modelle, 2014, S. 50). Je höher die Identifikation mit den vereinbarten Zielen ist, je bedeutungsvoller das Leitbild der Organisation für die Mitarbeiter, desto leichter ist es, im Konfliktfall die Anforderungen des Arbeitsfeldes in den Mittelpunkt zu rücken.

Für den Umgang mit Konflikten kann auch eine Analyse auf den folgenden drei Ebenen von Bedeutung sein (Faller, Konfliktfest durch Systemdesign, 2014, S. 42):

- **Die Ebene der Personen:**
  Welche Konfliktparteien gibt es?
  Wer ist indirekt betroffen und wer ist Zuschauer?
- **Die Ebene der Sache:**
  Worum geht es?
  Welche Ziele und welche Abläufe der Organisation sind betroffen?
- **Die Ebene des Systems:**
  Wie ist die Konfliktkultur?
  Welchen Einfluss haben die Organisationstruktur und das Umfeld der Organisation auf den Konflikt?

In der revidierten ISO 9001 wird die Auseinandersetzung mit dem Kontext der Organisation gefordert, um das QM-System entsprechend der sich daraus ergebenden Erfordernisse ausrichten zu können. Gemeint sind mit dem „Kontext der Organisation“ nicht nur wirtschaftliche und gesetzliche Rahmenbedingungen, sondern auch andere interne Einflussfaktoren wie Leitbilder und Visionen sowie die Organisationskultur – zu der immer auch der Umgang mit Konflikten zählt.

f. Mediative Grundhaltung

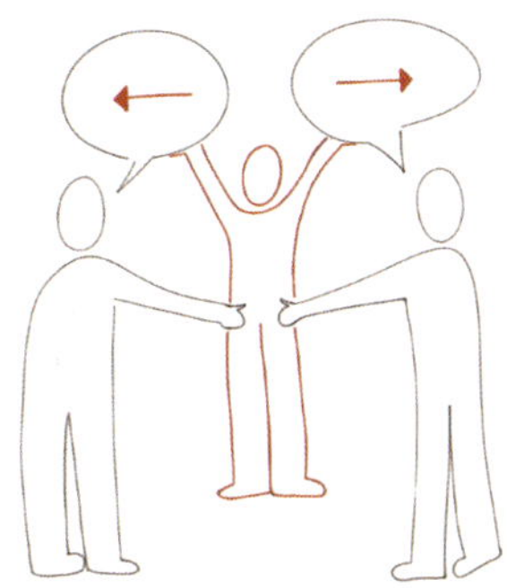

QM-Verantwortliche verfügen in der Regel nicht über eine Ausbildung im Bereich der Mediation. Gleichwohl sind sie regelmäßig mit Konfliktsituationen konfrontiert, bei denen ihre Fähigkeiten als Vermittler oder Schlichter gefordert werden. Daher ist es für den nachhaltigen Erfolg des Qualitätsmanagements wichtig, dass QM-Verantwortliche typische Konfliktquellen erkennen und einschätzen können. Voraussetzung für QM-Verantwortliche, um im Konfliktfall angemessen agieren zu können ist, dass sie von allen Konfliktparteien akzeptiert werden und eine möglichst neutrale und lösungsoffene Grundhaltung einnehmen. Unter der Überschrift „Mentale Modelle“ (s. Kap. 3.3) haben wir bereits einige Charakteristika einer förderlichen Haltung für QM-Verantwortliche skizziert, die sich besonders auch im Umgang mit Konflikten bewährt.

g. Fähigkeiten zum Perspektivwechsel fördern

Wenn zwei Parteien in einem Konfliktfall den gleichen Sachverhalt schildern, dann können schon zwischen diesen Schilderungen Welten liegen. Wahrnehmung ist offensichtlich mehr als nur ein objektives Registrieren und Verarbeiten dessen, was um uns herum geschieht. Es ist ein Vorgang im Menschen, bei dem viele der eigentlich vorhandenen Informationen ausgeblendet werden. Damit wird klar, dass jeder Mensch sein eigenes Bild von der Wirklichkeit konstruiert (s. Kap. 3.4).

Aus der schier unendlichen Menge an Informationen können wir immer nur einen begrenzten Ausschnitt wahrnehmen und für „wahr" nehmen. Niemand sieht die Wirklichkeit objektiv. Die Akzeptanz dieser Tatsache ist im Grunde der erste Schritt zur Konfliktbearbeitung – aber gerade dieser Schritt ist nicht einfach. Viele Veränderungsprozesse scheitern nicht unbedingt am eigentlichen Thema, sondern an scheinbar unversöhnlichen Positionen, die sich gegenüberstehen. Erst die Bereitschaft, die eigene Wahrnehmung als eine von mehreren Möglichkeiten zu akzeptieren, macht es überhaupt möglich, sich in eine andere Perspektive einzudenken und einzufühlen. In der Erkenntnis, dass sich eine Situation für jemand anderen gänzlich anders darstellen kann als für einen selbst und dass beide Darstellungen nebeneinander stehen können, ohne angezweifelt, abgewertet und bekämpft zu werden, liegt die große Chance der Konfliktbearbeitung.

QM-Verantwortliche können durch ihre Art der Gesprächsführung dazu beitragen, dass unterschiedliche Wahrnehmungen aufgegriffen und thematisiert werden. Mit systemischen Fragetechniken (z.B. zirkuläre Fragen: Was meinen Sie, wie die Kollegen aus Team B das Problem sehen?) können sie den Perspektivwechsel anregen und das Interesse der Beteiligten wecken. Durch das Verlassen der eigenen Perspektive wird echtes Verstehen möglich und nicht selten wird dadurch deutlich, dass zuvor völlig konträr erscheinende Positionen gar nicht so weit auseinanderliegen und die dahinterliegenden Ziele und Bedürfnisse durchaus vereinbar sind. Erst der Austausch von Sichtweisen, die sich jeder über die Realität gebildet hat, führt zu gemeinsam verstandenen Bildern der Realität, auf Basis derer akzeptierte Lösungswege gefunden werden können.

h. Konfliktprävention

Veränderung findet selten ohne Konflikte statt. Auch wenn es also nicht darum geht, Konflikte grundsätzlich zu vermeiden, so kann doch manches Konfliktpotenzial bei kluger Planung des Qualitätsmanagements und seiner einzelnen Phasen im Vorfeld vermieden werden. Dazu gehört zum Beispiel die Herstellung von größtmöglicher Transparenz und Partizipation. Wir empfehlen, wie bereits oben erwähnt, die Aufforderungen der ISO 9001 zur Identifikation von Risiken ausdrücklich auch auf die Identifikation von Konfliktpotenzial auszuweiten. Die Analyse der Abläufe und Schnittstellen ist fester Bestandteil des Qualitätsmanagements. Häufig wird dabei der Blickwinkel auf Fehler und strukturelle Probleme gelenkt. Wenn dabei auch die möglicherweise unterschiedlichen Positionen und Interessen der Beteiligten mit in den Betrachtungsfokus genommen werden, ist dies ein großer Beitrag zur Konfliktprävention.

Folgende Fragen können darüber hinaus einen veränderten Umgang mit Konflikten anregen:

- Wie sind Veränderungsprozesse in der Organisation in der Vergangenheit gelaufen?
  Was waren Stolpersteine oder Fehler?
  Wie ist der rückblickende Umgang mit Konflikten in diesen Veränderungsprojekten?
  Gab es Konflikte, die nicht bearbeitet wurden?
  Welche Auswirkungen hatten diese Konflikte auf den Veränderungsprozess und auf die Beteiligten?
  Wo bestehen noch heute Kränkungen, die zu beachten wichtig wären?
- Gibt es bezüglich des Verbesserungsvorhabens gegensätzliche Positionen und Interessen?
  Gibt es vermeintliche Gewinner und Verlierer?
- Gibt es Beteiligte, die Angst vor dem Verlust von Verantwortung oder Einfluss haben könnten?
- Wer ist an dem QM-Prozess beteiligt bzw. davon „betroffen"?
  Wie stehen die Beteiligten dem Veränderungsvorhaben gegenüber? (Freude, Angst …)
- Welche aktuellen Spannungsfelder gibt es in der Organisation?
  Inwieweit beeinflussen diese das aktuelle Veränderungsvorhaben?
- Welche Kompetenzen haben die Leitungskräfte und Mitarbeiter im Umgang mit Konflikten?

- Wie werden alltägliche Konflikte geregelt?
- Welche offiziellen oder inoffiziellen Anlaufstellen gibt es bereits heute für Konflikte (MAV, vertrauliche und persönliche geschätzte Mitarbeiter ...) innerhalb der Organisation?
- Wie können Konflikte früher erkannt und erfasst werden?

Das Themenfeld des Konfliktmanagements/der Mediation ist groß. Wir sind überzeugt, dass QM-Verantwortliche durch die Beschäftigung mit dem Thema Mediation viele Kompetenzen erwerben bzw. vertiefen können, die für die Implementierung und Weiterentwicklung eines nachhaltig erfolgreichen QM-Systems wichtig sind. Präventiv tätig werden heißt, vorrausschauend agieren. Ein wegen schlechter Straßen verunglücktes Fahrzeug zu bergen ist etwas ganz anderes, als sich um die Verbesserung der Straßen zu kümmern. Qualitätsmanagement will aber nicht nur Schäden ausbessern, sondern Leistungsabläufe und Kommunikationswege klären, verbessern und absichern. Eine Verknüpfung von Qualitäts- und Konfliktmanagement sichert den Weiterentwicklungsprozess der Organisation langfristig und nachhaltig.

3.8 Veränderungen basieren auf Partizipation

„Mit nur einer Hand lässt sich kein Knoten knüpfen."
Mongolisches Sprichwort

a. Schlüsselthema: Einbeziehung

Die Einbeziehung der Beteiligten ist bereits eines der Grundprinzipien, die der ISO 9001 vorangestellt sind (s. Kap. 2). In diesem Abschnitt reduzieren wir die Beteiligten auf die Mitarbeiter. Unserer Erfahrung nach gehört die Partizipation zu den wichtigsten und zugleich auch zu den anspruchsvollsten Grundprinzipien. Theoretisch ist dies Leitungskräften, QM-Beauftragten und Beratern in der Regel klar. Praktisch umgesetzt wird es oft nur bei kleinen operativen Aufgaben (z.B. Erstellung einer Prozessbeschreibung), bei strategischen Themen häufig gar nicht, halbherzig oder unzureichend. Fest steht, dass Leitungskräfte immer die zentralen Entscheidungen treffen. Partizipation ist nicht mit Demokratisierung zu verwechseln. Die Einbeziehung der Mitarbeiter darf aber nicht nur ein Randthema sein oder zum „Schein" erfolgen. Sie muss zum Schwerpunkt werden, auch wenn dies den methodischen und zeitlichen Aufwand eines QM-Prozesses deutlich erhöht. Das zentrale Argument dafür ist, dass ansonsten alle Veränderungsbemühungen entweder von Anfang an am Widerstand der Mitarbeiter scheitern oder früher oder später „im Sande" verlaufen. Das heißt, wenn die Organisation zeitliche, materielle oder personelle Ressourcen in Veränderungsprozesse investiert, dann richtig, und mit angemessener Beteiligung.
Veränderung funktioniert nur über Beteiligung. Aber nicht nur Beteiligung bei der Problemlösung, sondern auch bei der Wahrnehmung und beim Erkennen von Problemen (s. Kap. 2 und 3.4.d). Solange Mitarbeiter, und hier nehmen wir auch ausdrücklich die Leitungskräfte in den Kreis der Beteiligten mit auf, nicht lernen, Probleme selbst zu erkennen und an Lösungen dafür zu arbeiten, solange ist es unwahrscheinlich, dass sie Lösungen von Dritten akzeptieren und umsetzen werden. Warum etwas verändern, wenn es gar kein Problem gibt?

b. Glaube an die Gestaltungskraft und Selbstverantwortung der Mitarbeiter

Das Ausmaß von Partizipation, das QM-Verantwortliche anstreben bzw. ermöglichen, hängt sehr stark von ihrem Bild des Menschen und seiner Beziehung zu Arbeit und Verantwortung ab (s. Kap. 3.3). Lassen sich QM-Verantwortliche z.B. eher von der Grundüberzeugung leiten, dass die meisten Menschen eine Abneigung gegen Arbeit haben und ihr versuchen aus dem Wege zu gehen, bauen sie ein völlig anderes QM-System auf, als wenn sie sich von dem Gedanken leiten lassen, dass alle Menschen etwas Sinnvolles tun und Verantwortung übernehmen wollen.
Langmaack und Braune-Krickau (Langmaack/Braune-Krickau, Wie die Gruppe laufen lernt, 2010, S. 77) fassen das Menschenbild der Humanistischen Psychologie wie folgt zusammen: „Es appelliert an die wachstumsorientierten und gesunden Kräfte, die auch im Stande sind, schwierige Entwicklungswege zu beschreiten. Es

fördert das, was den Menschen ausmacht, nämlich seine Fähigkeit zu schöpferischer Formgebung, zu abstraktem Denken und Zuordnen von Fakten und Gefühlen. Es nutzt sein Vergangenheitsbewusstsein ebenso wie das Bewusstsein für Mitverantwortung an der Gestaltung der Umwelt.“ Die Humanistische Psychologie basiert auf dem Optimismus, der auf die positiven menschlichen Möglichkeiten und auf die Fülle ihrer Entfaltung setzt, in dem er dem Menschen von Kindheit an Gutes zutraut und ihn ermutigt, anstatt ihm von Vornherein mit Misstrauen und Demütigungen zu begegnen.

Sicherlich gibt es auch Mitarbeiter, die sich eher im privaten Umfeld entfalten und die froh sind, wenn sie in ihrem Arbeitsfeld keine unternehmerische Verantwortung tragen müssen. Dennoch sind die meisten Mitarbeiter weder faul noch dumm. Sie lassen sich verhältnismäßig leicht in Veränderungsprojekte einbinden und zur Mitarbeit aktivieren, wenn sie die Ziele verstanden und als sinnvoll eingestuft haben.

c. Mitarbeiter erreichen

Manchmal muss man aus den Mitarbeitern erst noch Beteiligte machen. Sie sehen sich aufgrund ihres eigenen Weltbildes oder den Erfahrungen der Vergangenheit vielleicht eher als Betroffene und damit als Opfer des Veränderungsprozesses. Betroffene haben keine Wahl, Beteiligte hingegen können mitgestalten. Sie müssen nicht, aber sie können den Veränderungsprozess beeinflussen. Werden sie aktiv, engagieren sie sich für ihre eigene berufliche Zukunft.

Partizipation muss direkt und offensiv angeboten werden. Den Mitarbeitern muss klar sein, wie sie von geplanten Veränderungen betroffen sind bzw. betroffen sein könnten. Leitungskräfte müssen klar kommunizieren, welche Themen, in welchem Umfang partizipativ gelöst werden sollen.
Mitarbeiter sind von den im Rahmen des Qualitätsmanagements zu behandelnden Themen unterschiedlich weit entfernt. Sie müssen inhaltlich dort abgeholt werden, wo sie sind und ihr Interesse an dem Thema ist nicht einfach da, sondern muss geweckt werden. Christoph Lauterburg und Klaus Doppler (Doppler/Lauterburg, Change Management, 2008, S. 115) haben dazu folgende Frageliste aufgestellt. Diese kann von QM-Verantwortlichen gut dazu benutzt werden, um die zentralen Fragen der Mitarbeiter zu beantworten (s. Kap. 3.4.b)

- Weshalb kann nicht einfach alles so bleiben wie es ist?
- Was machen denn andere, die sich in einer ähnlichen Lage befinden?
- Was ist eigentlich das konkrete Ziel des Vorhabens?
- Gibt es keine Alternativen?
- Warum gerade so vorgehen und nicht anders?
- Welche Risiken kommen da auf uns zu? Was können wir verlieren?
- Was werden wir in Zukunft anders oder neu machen müssen?
- Welche Rolle sollen wir bei dieser Veränderung spielen?
- Können wir uns diesen Veränderungsschritt zutrauen?
- Können wir denen vertrauen, die das Ganze geplant haben?
- Könnten wir uns nicht noch etwas Zeit lassen?

Ergänzend:

- Was wird sich verändern und was bleibt wie es ist?

Wie bereits in Kap. 3.3 erwähnt sind die Faktoren „Verstehbarkeit, Handhabbarkeit und Sinnhaftigkeit“ entscheidend für den Zugang der Mitarbeiter zu Veränderungsvorhaben. Erst wenn spürbar ist, dass Mitarbeiter die Probleme erkennen und Impulse zur aktiven Mitarbeit vorhanden sind, macht es Sinn die nächsten Schritte zu gestalten. Doppler und Lauterburg halten fest: „Wer Wert legt auf den Typus von Mitarbeiter, der im Unternehmen mehr sieht als nur den Job, um sich seinen Lebensunterhalt zu verdienen, einen Mitarbeiter, der sich in seiner beruflichen Tätigkeit entwickeln will, der muss diesen Menschen das persönliche Gespräch und die Gelegenheit bieten, sich mit Fragen des Sinns auseinanderzusetzen“ (ebd. S. 138).

d. Den Querschnitt der Organisation einbeziehen

Leitungskräfte, QM-Beauftragte und Berater wissen nie genug über die gegebene Situation und die aktuellen Probleme der Organisation, um die „richtigen“ Verbesserungsmaßnahmen anstoßen zu können. Sie brauchen zwingend das Wissen der Mitarbeiter, um Qualitätsmanagement- bzw. Verbesserungsprozesse planen und gestalten zu können. Bewährt hat sich hier die Bildung eines QM-Projektteams oder einer Steuerungsgruppe, die sich nicht allein aus den Leitungskräften zusammensetzt, sondern einen Querschnitt der Organisation abbildet: Eine Gruppe, die alle beteiligten Arbeitsbereiche und Hierarchien abbildet und eine gute Balance zwischen Jung und Alt bzw. zwischen „alten Hasen“ und Neulingen gewährleistet. Die Entscheidungsbefugnis bleibt bei der obersten Leitung, aber Entscheidungen können so unter Abwägung der verschiedenen Interessen besser und mit höherer Akzeptanz gefällt werden. Unter guter Führung kann das Zusammenwirken einer solch gemischten Gruppe sehr befruchtend wirken und zu Ergebnissen mit hoher Akzeptanz in der Einrichtung führen. Die Teilnehmer gewinnen ein tiefergehendes Verständnis und eine erweiterte Sicht für das gesamte Organisationssystem zu dem sie gehören, und können diese neue gewonnenen Einsichten in ihre Teams und Arbeitsfelder weitertragen.

e. Phasen der Einbeziehung

Einbeziehung ist nicht gleich Einbeziehung. Eine wichtige Unterscheidung besteht vor allem in der Frage, ab wann Mitarbeiter und Leitungskräfte der mittleren Ebene in den QM-Prozess einbezogen werden. Aus unserer Sicht spricht vieles dafür, Partizipation von Anfang an zu leben und Mitarbeiter und Leitungskräfte nicht nur an der Umsetzung des QM-Systems, sondern auch an der Entscheidungsfindung z.B. für ein spezielles QM-System zu beteiligen. Das mag nach viel Aufwand klingen, wir glauben jedoch, dass sich der Aufwand rechnet. Denn haben sich Mitarbeiter unter Abwägung der zentralen Vor- und Nachteile selbst für eine QMS auf Basis der ISO entschieden, brauchen sie hinterher nicht erst aufwändig davon überzeugt werden. Zu beachten ist dabei auch, dass Partizipation durch direkte oder indirekte Beteiligung erfolgen kann. Im letzten Fall werden viele Einzelne durch formell oder informell bestimmte Vertreter einbezogen. Als Vertreter können dabei die regulär verantwortlichen Leitungskräfte oder andere gewählte Kollegen agieren (s. oben: Den Querschnitt der Organisation einbeziehen). Das soll nicht heißen, dass alle Entscheidungen aus der Mitarbeiterschaft (Bottom-up) getroffen werden sollen. Bottom-up-Ansätze können gleichermaßen einseitig sein und durch das Bestreben, es allen recht machen zu wollen, zu einer langwierigen und unklaren Ausrichtung der strategischen Ziele der Organisation führen. Unsere Erfahrung zeigt uns jedoch, dass grundsätzliche organisationsbezogene Veränderungen nicht erfolgreich von oben verordnet werden können. Veränderungen können dann gelingen, wenn möglichst viele Beteiligte vom Nutzen des Veränderungsvorhabens für die Organisation und für sich persönlich überzeugt sind. Dies gelingt leichter, wenn sie frühzeitig und in ausreichendem Umfang einbezogen werden.

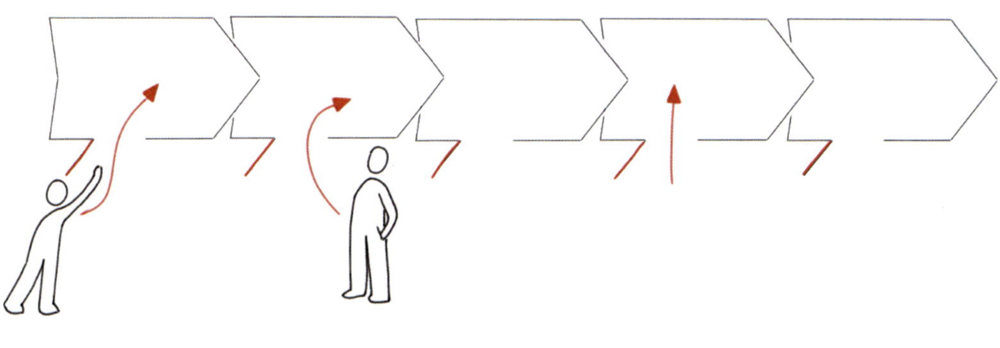

Wichtige Phasen der Einbeziehung sind für uns Folgende:

- Entscheidungsfindung zum QM-System und dessen Umfang z.B. im Rahmen einer QM-Projektgruppe, die einen repräsentativen Querschnitt der Organisation abbildet oder mit Hilfe der Großgruppenmethoden (s. Kap. 3.8.f)
- Identifikation der zentralen Prozesse z.B. im Rahmen der QM-Projektgruppe oder mit Hilfe von mehreren parallelen Arbeitsgruppen
- Bestandsaufnahme/Ist-Analyse z.B. in Arbeitsgruppen
- Entwicklung des QM-Handbuches z.B. in Arbeitsgruppen
- Qualitätsverbesserungsprozesse z.B. im Rahmen von Projekten oder Qualitätszirkeln
- Evaluation der Prozesse und des QM-Systems z.B. im Rahmen von internen Audits, Mitarbeitergesprächen und Managementbewertungen

f. Dialogräume schaffen

Qualitätsmanagement braucht Raum für gute Dialoge. Klassische Informationsveranstaltungen ermöglichen in der Regel keinen oder einen nur viel zu geringen Austausch von Fragen und Antworten. Über den Austausch von Fragen und Antworten kann Gehörtes zu Verstandenem werden und können Bedenken und Befürchtungen entkräftet werden.

Daher ist es von besonderer Bedeutung, dass Instrumente eingesetzt werden, die die Beteiligung der Mitarbeiter fördern. Zu den klassischen Methoden des Qualitätsmanagements gehört die Qualitätszirkelarbeit. Wichtig ist, dass Qualitätszirkel nicht nur als Begriff aufgefasst werden für jegliche Gruppen, die irgendetwas zum Qualitätsmanagement erarbeiten, sondern auch als methodisches Konzept eingeführt werden. Qualitätszirkel sind Kleingruppen, in denen Mitarbeiter innerhalb eines Teams oder bereichsübergreifend in regelmäßigen Abständen (z.B. alle 2 bis 3 Wochen für 1 bis 2 Stunden) während der Arbeitszeit auf freiwilliger Basis unter Leitung eines internen Moderators zusammenkommen. Im Vergleich zur Projektgruppe haben Qualitätszirkel kein vorgegebenes Ziel und kein definitives Abschlussdatum. Ihr Ziel ist dagegen, Themen und Probleme des Arbeitsalltages zu analysieren und mit Hilfe von Qualitätswerkzeugen (z.B. Fischgrätdiagramme, Kraftfeldanalyse ...) zu bearbeiten und Verbesserungsmaßnahmen zu entwickeln. Ein inhaltlich unabhängiger Moderator übernimmt dabei die Aufgabe, die Inhalte zu visualisieren und durch Problemlösungstechniken die Kreativität der Gruppe zu fördern.

Methodisch können viele Anregungen aus der Arbeit mit Großgruppen gewonnen werden. Einige davon werden im Folgenden kurz vorgestellt.

- Das **World-Café** ist eine von den US-amerikanischen Unternehmensberatern Juanita Brown und David Isaacs entwickelte Workshop-Methode, die für Gruppengrößen von 12 bis 2.000 Teilnehmern eingesetzt werden kann. Der Grundgedanke des World-Cafés ist, Menschen miteinander ins Gespräch zu bringen. Dabei soll es um Fragestellungen gehen, die für die Teilnehmer wirklich von Bedeutung sind. Das Besondere des World-Cafés sind die intensiven Gespräche in kleinen wechselnden Gesprächsgruppen, die ihre Ergebnisse auf vorbereiteten Papiertischdecken visualisieren.

- Die **Open Space Methode** wurde in den USA von Harrison Owen entwickelt und ist inzwischen weltweit verbreitet. Sie eignet sich für Gruppen von etwa 50 bis 2.000 Teilnehmern. Charakteristisch ist die inhaltliche Offenheit: Die Teilnehmer geben eigene Themen ins Plenum und gestalten dazu je eine Arbeitsgruppe. In dieser werden mögliche Themen diskutiert und bearbeitet. Die Open Space Methode setzt auf die Kraft der Selbstorganisation, da jeder an Themen arbeitet, die ihn wirklich interessieren bzw. die für ihn von Bedeutung sind.
- **RTSC-Konferenzen** wollen „Wandel in Echtzeit" ermöglichen (RTSC = Real Time Strategic Change). In dieser von Kathleen Dannemiller entwickelten Methode geht es darum, Mitarbeiter für die strategischen Ziele der Organisation zu gewinnen. Zunächst wird die Unzufriedenheit mit der aktuellen Situation offen thematisiert und dann werden auf Basis dieser Informationslage gemeinsame Ziele und erste Schritte zur Lösung erarbeitet. RTSC-Konferenzen ermöglichen ein hohes Maß an Selbstbeteiligung und schaffen eine große Akzeptanz für den Veränderungsprozess.
- Ähnliche Ziele verfolgt die Methode der **Zukunftskonferenz** nach Marvin Weisbord. Mit ihrer Hilfe kommen Mitarbeiter aus unterschiedlichen Bereichen zusammen, um das jeweilige Denken und Handeln abzustimmen und daraus gemeinsame Ziele abzuleiten. Die Zukunftskonferenz basiert auf einem dialogischen Ablaufplan, der alle Beteiligten in unterschiedlichen Gruppenkonstellationen darin unterstützen soll, Gemeinsamkeiten herauszuarbeiten.
- Als Letztes soll auf **Dynamic Facilitation** hingewiesen werden, einer von Jim Rough entwickelten Moderationsmethode, die sich besonders in schwierigen und verfahrenen Situationen bewährt hat. Die Teilnehmer werden unterstützt, ein Thema von den verschiedensten Perspektiven aus wahrzunehmen und ihre persönlichen Meinungen und Befürchtungen dazu zu äußern. Durch die konsequente Visualisierung der Beiträge entsteht ein vollständiges Bild über die mit dem Thema verbundenen Herausforderungen, Lösungsideen, Bedenken und weiteren wichtigen Informationen. Der Moderator hilft der Gruppe in einem kreativen Prozess zu bleiben, sodass durch den intensiven Dialogprozess neue tragfähige Lösungsansätze gefunden werden können (s. Zubizarreta/Zur Bonsen, Dynamic Facilitation, 2014).

Alle hier skizzierten Methoden basieren auf der Annahme, dass Veränderungen nicht von außen konstruiert und dann implementiert werden können, sondern nur mit aktiver Beteiligung von Mitarbeitern und Leitungskräften erfolgreich sind. Auch hier laden wir QM-Verantwortliche ein, sich mit den Methoden der Großgruppenarbeit näher zu beschäftigen, da sie sich hervorragend eignen, um Partizipation in QM-Prozessen zu ermöglichen.

3.9 Qualitätsmanagement ist Organisationsentwicklung

„Die reinste Form des Wahnsinns ist es, alles beim Alten zu belassen und zu hoffen, dass sich etwas ändert.“
Albert Einstein (1879 – 1955), Physiker

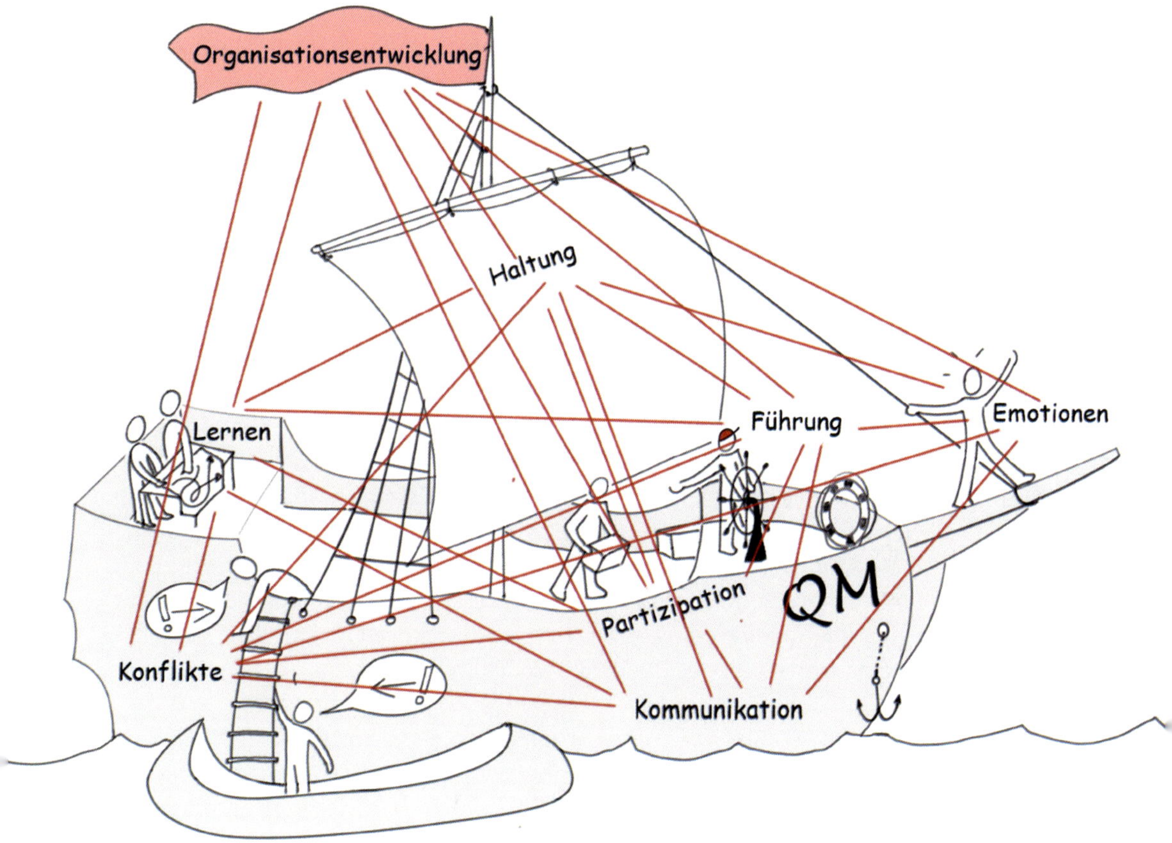

a. Managen heißt mehr als Sichern

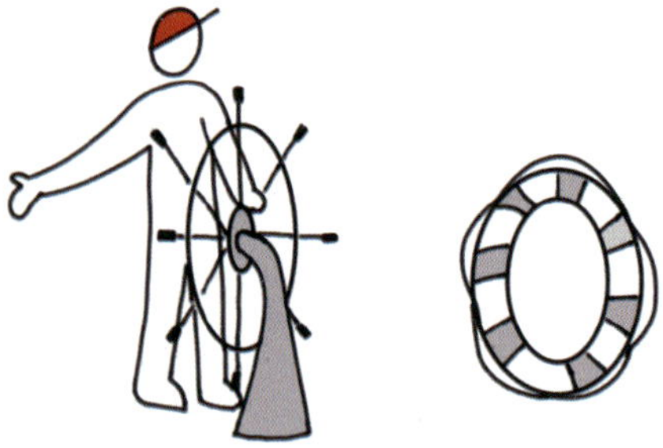

Wir sind davon überzeugt, dass die ISO 9001 ein hervorragender Anforderungskatalog ist, um die (Leistungs-)Qualität in Organisationen zu sichern und weiterzuentwickeln. Vorausgesetzt, die Anforderungen werden sinnvoll und konsequent in das jeweilige Aufgabenfeld übertragen. Um aber dem obersten Ziel – einer kontinuierlichen Verbesserung – näher zu kommen, ist ein Wissen über das Zustandekommen von Veränderungsprozessen in Organisationen zwingend erforderlich. Qualitätsmanagement nachhaltig erfolgreich umzusetzen bedeutet mehr als optimale Routen etwa mit Hilfe von Seekarten auszuarbeiten und Sicherheitsmaßnahmen (Rettungsringe, Warnbojen ...) bereitzustellen. Vermeintliche QM-Experten haben häufig unrealistische Vorstellungen davon, wie Veränderungen in Organisationen vonstattengehen. Sie sind häufig geprägt durch ein technisch-mechanisches Organisationsverständnis. Sie legen einfach los und bekommen dann Probleme oder wundern sich, dass sich ihre Ziele nicht verwirklichen lassen, obwohl es, wenn alle mitziehen würden, doch so einfach wäre.

Doppler und Lauterburg haben die Erfahrung gemacht: „Eine der häufigsten Ursachen für Fehlschläge bei Veränderungsprojekten liegt dran, dass Technokraten am Werk sind, die bei ihrer Planung alle technischen, strukturellen und ökonomischen Aspekte berücksichtigen – und alle menschlichen und zwischenmenschlichen Aspekte ebenso konsequent missachten“(Doppler/Lauterburg, Change Management S. 172).

Nimmt man die Anforderung der Norm wirklich ernst, werden Organisationen und QM-Verantwortliche von der Komplexität eines QM-Prozesses häufig überrascht. Qualitätsmanagement bedeutet Organisationsentwicklung. Qualität lässt sich nicht im Rahmen eines starren Planes dauerhaft wirksam entwickeln.

Immer wieder hören wir Zeitwerte von QM-Experten, dass ein QM-System auf Basis der ISO 9001 in einem bis maximal eineinhalb Jahren zur Zertifizierungsreife gebracht werden kann oder sogar gebracht werden muss. Das mag in Organisationen funktionieren, in denen entweder die Norm nur als formaler Katalog zum Abhaken genutzt wird oder in Organisationen, in denen sich bereits eine sehr ausgeprägte Kultur des Verstehens und Lernens entwickelt hat. Für die meisten Organisationen ist dies jedoch ein völlig aus der Luft gegriffener Zeitwert, der dazu führt, dass vorbei an den eigentlichen (Problem-)Themen der Mitarbeiter hektisch und mit viel Druck Regelungen entwickelt werden. Im günstigsten Fall werden diese dann für die Zertifizierung lebendig gehalten, unterstützen aber kaum tiefgreifende Veränderungs- und Entwicklungsprozesse in Organisationen. Im schlimmsten, aber im nicht seltenen Fall konterkariert ein solcher Prozess echte Entwicklung, da die

Mitarbeiter sich nicht ernstgenommen und damit abgelehnt fühlen. Ergebnis ist, dass Begriffe wie QM oder kontinuierliche Verbesserung verbrannt sind und zu Demotivatoren werden. Das ist mehr als bedauerlich, denn die Anforderungen der Norm sind doch eigentlich dazu da, Entwicklungen nach „vorne“ zu unterstützen und Kunden- sowie auch Mitarbeiterzufriedenheit zu sichern. Um Qualitätsmanagement wirkungsvoll zu etablieren, muss es mit Ansätzen der Organisationsentwicklung verknüpft werden.

Helga Weiß definiert den Begriff Organisationsentwicklung in ihrem Praxisbericht wie folgt: „Organisationsentwicklung ist ein kontinuierlicher Prozess, der auf die Optimierung von Strukturen und Prozessen sowie die Verbesserung der Arbeitsqualität abzielt. Damit einher geht in der Regel auch eine Hinterfragung und Anpassung von Kommunikations- und Verhaltensweisen sowie die Überprüfung von Werten, Handlungsleitlinien und Rollenverständnis“ (Weiß, „Sesam öffne Dich – Schatzkammer der Mediation in der Organisationsentwicklung“, http://www.en-detail.net/publikationen).

Es ist nicht Ziel dieses Buches, diese verschiedenen Ansätze der Organisationsentwicklung darzulegen, dazu ist das Thema viel zu komplex und vielschichtig. Verweisen möchten wir vor allem auf die Grundüberlegungen der systemischen Organisationsentwicklung (z.B. Königswieser, Otto Scharmer, Peter Senge), die wir an verschiedenen Stellen immer wieder in dieses Kapitel haben einfließen lassen. Wir möchten QM-Verantwortliche ausdrücklich einladen, sich in Selbststudium und Ausbildung weiter damit zu beschäftigen. Auch wenn wir nur sehr verkürzt auf viele Themen eingegangen sind, so glauben wir doch, dass die Berücksichtigung der dargestellten Grundüberzeugungen und Gestaltungsprinzipien bereits erheblich zu einem nachhaltigen erfolgreichen QM-Prozess beitragen kann. Damit möchten wir über das reine Verstehen der Norm hinaus zur Umsetzung eines nachhaltig erfolgreichen QM-Systems anregen.

b. Prozessorientierung

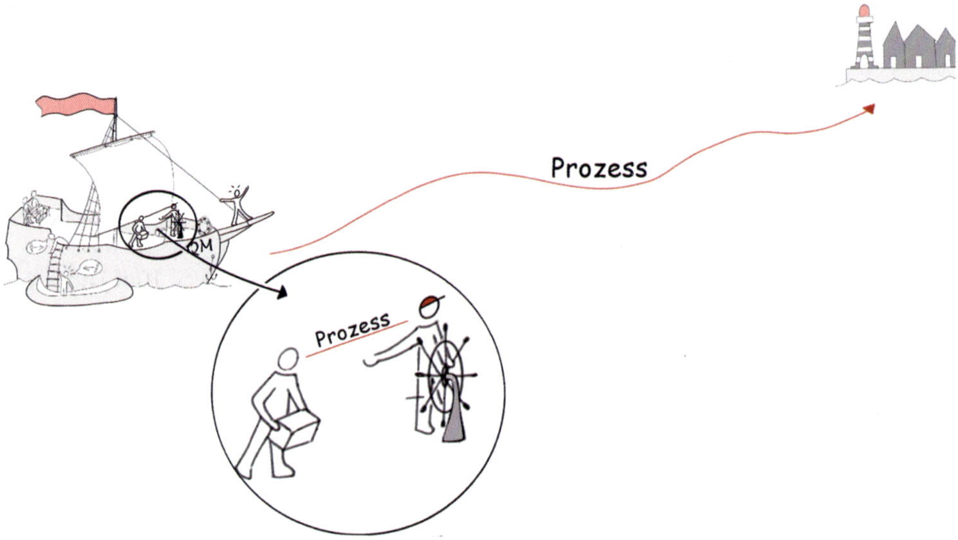

Edgar H. Schein schreibt in seinem Buch Prozessberatung für die Organisation der Zukunft: „Im Mittelpunkt eines jeden Programms zur Verbesserung einer Organisation hat die Schaffung einer Situation zu stehen, die Einzelnen und oder Gruppen Lernen und Veränderungen ermöglicht" (Schein, Prozessberatung für die Organisation der Zukunft, 2010, S. 22). Ganz wie der Qualitätsmanager spricht er auch von Prozessen, allerdings legt er dabei den Fokus mehr auf die zwischenmenschliche Realität, auf die Interaktionen zwischen Menschen, die eine Beziehung aufbauen wollen bzw. müssen. „... (Es) ist meines Erachtens genauso wichtig oder sogar noch wichtiger, wie die Angelegenheiten zwischen Menschen und Gruppen geregelt werden, als was geregelt wird. Das ‚Wie' oder der ‚Prozess', verdeutlicht in der Regel eher als das Gesagte, worum es wirklich geht. Allerdings haben wir mit dem Prozess häufig weniger Erfahrung. Wir denken zu wenig ‚in Prozessen', richten zu wenig Aufmerksamkeit auf sie und setzen sie kaum zur Erreichung unserer Ziele ein" (ebd., S. 21).

Wir denken zu wenig in Prozessen. Ein solcher Satz lässt sich durchaus auch in Veröffentlichungen zum Qualitätsmanagement finden. Das Thema Prozessorientierung hat auch in der revidierten Norm einen höheren Stellenwert erhalten. Leider bezieht sich dies immer nur auf die inhaltlichen und methodischen Schritte. Die Beachtung von Beziehungsprozessen, die Berücksichtigung zwischenmenschlicher Interaktionen hat leider immer noch eine untergeordnete Bedeutung oder gar keine.

c. Stabilitätsanker setzen

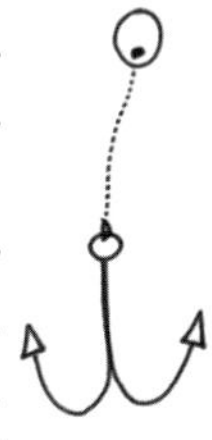

Genauso wie wir Menschen von unserem Wesen her nach Veränderungen streben, genauso brauchen wir Stabilität und Routinen, um die Komplexität unseres Alltages bewältigen zu können. Die Intention des Qualitätsmanagements ist es, eine gesunde Ordnung zu schaffen, die bei Bedarf flexibel angepasst wird. Der Weg dahin sowie die immer wieder erforderlichen Phasen des „Umbaus" sind aber von Instabilität und Unruhe geprägt. Der Arbeits- und Organisationsforscher Guido Becke beschäftigt sich in dem Buch Organisationale Achtsamkeit (Becke/Behrens/Bleses/Meyerhuber/Schmidt, Organisationale Achtsamkeit, 2013, S. 10 ff.) mit der Balance von Flexibilität und Stabilität. Er betont, dass Stabilität eine Grundvoraussetzung für Flexibilität und Wandel ist und macht die Notwendigkeit von „Stabilitätsankern" in Veränderungsprozessen deutlich. Stabilitätsanker sind für ihn „relativ dauerhafte Gewissheiten für das Handeln von Organisationsmitgliedern, die den internen sozialen Zusammenhalt fördern und wesentlich dazu beitragen, die Kernaufgaben der Organisation zu erfüllen" (ebd., S. 12).Dazu gehört neben Vertrauen in Leitungskräfte, Mitarbeiter/Kollegen auch ein ausgewogenes Verhältnis von Geben und Nehmen. Ist die Beziehung zwischen Leitungskräften und Mitarbeitern von Vertrauen geprägt, wird die Bereitschaft der Mitarbeiter, sich auf Neuerungen einzulassen, größer sein. Haben Mitarbeiter das Vertrauen, dass Vorleistungen z.B. in Form von Mehrarbeitsstunden oder vorübergehend ungünstigen Arbeitsbedingungen, langfristig von der Organisation in welcher Weise auch immer honoriert werden (Freizeitausgleich, Fort- und Weiterbildung, Aufstiegsmöglichkeiten ...), werden sie Veränderungsprozesse bereitwilliger unterstützten und mittragen.
Becke bezieht sich hier vor allem auf Stabilitätsanker für den sozialen Zusammenhalt von Organisationen. Auch die in diesem Buch zuvor dargestellten Impulse zur Auseinandersetzung mit mentalen Modellen, zur Konfliktkultur und zu Partizipation können in Organisationen zu Stabilitätsankern werden, da sie alle Organisationen in einem offenen und gleichzeitig verlässlichen Veränderungsprozess unterstützen. Für die erforderliche Stabilität in Veränderungsprozessen sorgt weiterhin ein ausgewogenes Verhältnis von Neuem und Bewährtem, so gibt es z.B. nur Veränderungen in einem Teilbereich, während andere Arbeitsbereiche unverändert bleiben. Oder Neuerungen werden gezielt in einem funktionierenden Team ausprobiert und nicht in einem, das aktuell eh von Instabilität bedroht ist.

Stabilitätsanker für Veränderungsprozesse sind unverzichtbar. Diese müssen identifiziert, reflektiert und wenn möglich gestärkt werden.

d. Alles hängt mit allem zusammen

Wie auf einem Schiff kommt es auf das Zusammenwirken verschiedener Kräfte bzw. verschiedener Gruppen an. Ohne einen engagierten Kapitän ist kein Schiff zu steuern. Dieser muss seiner Mannschaft die Ziele und den Sinn der Fahrt kommunizieren, damit diese mit Engagement und Begeisterung dabei ist. Ein Qualitätsmanagement hilft dem Kapitän, die erforderlichen Prozesse zu regeln, aus Erfahrungen zu lernen und neues Wissen anzueignen. Erfolgreich ist der Kapitän dann, wenn er die Kompetenzen der Mitarbeiter ernstnimmt und ihre Ideen und Erkenntnisse in angemessenem Rahmen bei der Steuerung des Schiffes berücksichtigt. Unterschiedliche Sichtweisen müssen transparent gemacht und Entscheidungen konstruktiv ausgehandelt werden. Erfolgreich ist der Kapitän, wenn er achtsam ist für die Bedürfnisse seiner Mannschaft und sich um funktionierende Beziehungen kümmert. Das Schiff wird erst dann richtig Fahrt aufnehmen und mit Leichtigkeit zu steuern sein, wenn die Segel richtig gesetzt sind – wenn also die Haltung aller Beteiligten, aber vor allem der Führung auf Wertschätzung, Vertrauen und Stärkenorientierung beruht.

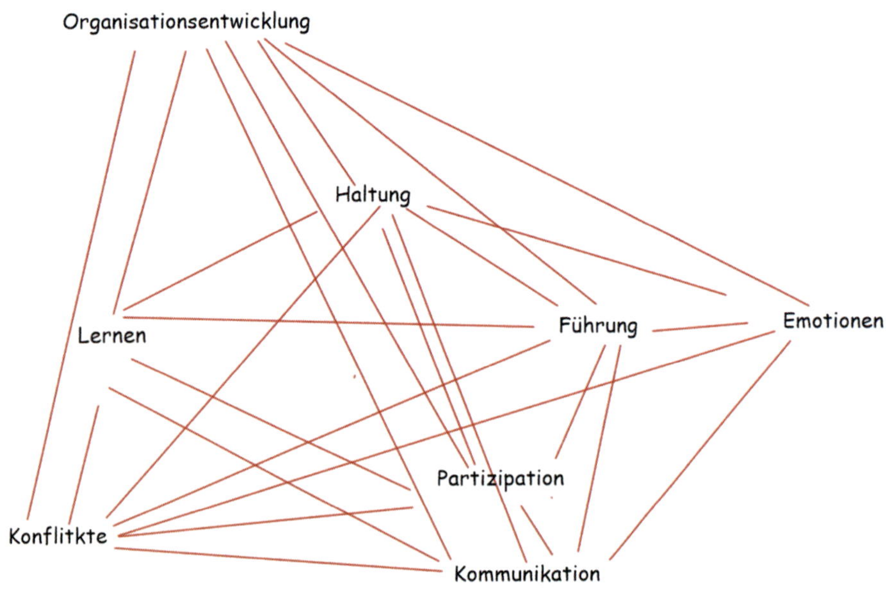

Qualitätsmanagement dient dem Aufbau von internen Ordnungsstrukturen. In diesen Strukturen begründet sich der Sinn und Zweck der Organisation und dient damit der Selbstbehauptung und Abgrenzung gegenüber den Mitbewerbern. Leitbilder, Rollenverteilungen und Regeln sind für die interne Steuerung von Bedeutung. Probleme bei der Weiterentwicklung von Organisationen entstehen, wenn diese inneren Systeme sich verhärten und Anpassung und Lernen damit verhindern. Eine lernende Organisation ist idealerweise ein System, welches sich ständig in Bewegung befindet. Ereignisse werden als Anregung aufgefasst und für Entwicklungsprozesse genutzt, um die Wissensbasis und Handlungsspielräume an die neuen Erfordernisse anzupassen. Dem liegt eine offene und von Individualität geprägte Organisation zugrunde, die ein innovatives Lösen von Problemen erlaubt und unterstützt.

Es gibt einige rein technische Vorgänge im Qualitätsmanagement, wie z.B. die Dokumentenlenkung. Viele andere, wie das Finden von Qualitätszielen, das Definieren von beherrschten Bedingungen und der Umgang mit Fehlern sind viel komplexer. Wir möchten anregen, lineare Denkstrukturen zu verlassen und einladen, Organisationen als vernetzte Systeme zu verstehen, zu erforschen und deren Weiterentwicklung zu begleiten. Alles hängt mit allem zusammen. Auch wenn Ereignisse räumlich und zeitlich voneinander getrennt sind, so gibt es doch Zusammenhänge, auch wenn diese häufig zunächst unsichtbar sind. Peter Senge (2011) stellt fünf Disziplinen für lernende Organisationen auf: Persönlichkeitsentwicklung, Auseinandersetzung mit mentalen Modellen, gemeinsame Visionsentwicklung, Teamlernen und Systemdenken. Das Systemdenken ist für ihn von entscheidender Bedeutung, weil dadurch verschiedene Disziplinen miteinander ganzheitlich verknüpft werden. In der Einleitung zu seinem Buch „Die Fünfte Disziplin" schreibt er von seinem Kontakt mit W. Edwards Deming, der auf der ganzen Welt als Wegbereiter der Revolution des Qualitätsmanagements verehrt wird. Demnach schreibt Deming ihm:

„Unser vorherrschendes Managementsystem hat die Menschen zerstört. Die Menschen verfügen von Geburt an über eine intrinsische Motivation, besitzen Selbstachtung, Würde, Neugier und Freude am Lernen. Die Kräfte der Zerstörung setzen schon bei Kleinkindern an – es beginnt mit einem Preis für das beste Halloween-Kostüm, mit Schulnoten, goldenen Sternen – und geht weiter bis zur Universität. In der Arbeitswelt werden die Menschen, die Teams, die Abteilungen eingestuft und bewertet, die oberen werden belohnt, die unteren werden bestraft. Management durch Ziele, Sollvorgaben, finanzielle Anreize und Businesspläne, all diese Maßnahmen, die jeweils für sich umgesetzt werden, Abteilung für Abteilung, verursachen weiteren Schaden, dessen Größe auch nicht nur annähernd abzuschätzen ist."

Senge schreibt dazu (Senge, Die Fünfte Dimension, 2011, S. 2): „Wie ich später erfuhr, war Deming mittlerweile fast völlig davon abgekommen, den Begriff ‚Total Quality Management', ‚TQM' oder ‚TQ' zu verwenden, weil er ihn als ein oberflächliches Etikett für Instrumente und Techniken betrachtete. Die eigentliche Aufgabe, die er schlicht als ‚Transformation des vorherrschenden Managementsystems' bezeichnete, ging weit über die Ziele von Managern hinaus, die lediglich kurzfristige Leistungsverbesserungen anstreben. Diese Transformation, davon war er überzeugt, erforderte ein ‚umfassendes Wissen', über das die heutigen Unternehmen größtenteils noch nicht verfügen."

Anhang

Glossar

Die für das Verständnis der Norm zentralen Begriffe werden im Folgenden vorgestellt. Wir bleiben bei den Erläuterungen sehr nah am Originaltext der Norm, geben diesen aber nicht im Wortlaut wieder. Ein ergänzendes Studium des Normentextes wird empfohlen.
Die Begriffsbestimmungen sollten zum Nachschlagen und zum vertieften Verständnis der Normenanforderungen aus den Kapiteln 1.4–1.10 genutzt werden.

Anforderung

Anforderungen sind Erfordernisse oder Erwartungen, die in der Regel

- verpflichtend sind (z.B. Gesetze und Vorgaben von Kostenträgern),
- festgelegt sind (z.B. im Rahmen eines Vertrages) oder
- üblicherweise vorausgesetzt werden (z.B. pünktliche Einhaltung von Beratungsterminen).

Angemessenheit

Der Begriff Angemessenheit kann mit „Eignung“, „Zweck-Mittel-Relation“ und „Verhältnismäßigkeit“ erklärt werden. Im Qualitätsmanagement geht es immer wieder darum, ob z.B. Qualitätsziele, Ressourcen und Verbesserungsmaßnahmen angemessen sind. Eine Beratungsstelle mit zehn Mitarbeitern benötigt ein anderes QM-System als eine Klinik der Medizinischen Reha mit 200 Mitarbeitern. In der Beratungsstelle kann der QM-Beauftragte die QM-Aufgaben vermutlich mit wenigen Stunden bewältigen, in der Klinik wäre der gleiche Umfang wohl kaum ausreichend.

Audit

Audits sind systematische Reflexionsgespräche, in denen mittels Stichproben bewertet wird, inwieweit im Organisationsalltag festgelegte oder zuvor vereinbarte Auditkriterien (s.u.) erfüllt werden. Um eine möglichst objektive Bewertung zu ermöglichen, werden Audits durch vom Thema/Prozess unabhängige Auditoren durchgeführt. Die Planung und die Ergebnisse von Audits (Erfüllung/Nichterfüllung der Auditkriterien, Erläuterung der Abweichungen) müssen nachvollziehbar dokumentiert werden.

Auditkriterien

Audits werden immer auf Basis einer Liste/eines Katalogs von festgelegten oder zuvor vereinbarten Anforderungen durchgeführt. Im Audit werden die Anforderungen mit den Arbeitsprozessen/ Arbeitsergebnissen verglichen. Durch die vereinbarten Auditkriterien hat jedes Audit eine transparente Bewertungsgrundlage. Auditkriterien können sich auf ein QM-System beziehen (z.B. ISO 9001), sie können aber auch andere inhaltliche Anforderungen in den Vordergrund rücken (z.B. Familienfreundlichkeit, Gesundheitsmanagement).

Auditfeststellungen

Auditfeststellungen ergeben sich durch den Vergleich der Auditkriterien mit den Auditnachweisen. Werden die Auditkriterien (Vorgaben) nachweislich erfüllt, wird von Konformität gesprochen, ist dies nicht der Fall, liegen Nichtkonformitäten oder Abweichungen vor.

Auditnachweis

Um eine möglichst objektive Durchführung zu gewährleisten, sucht der Auditor gemeinsam mit den teilnehmenden Leitungskräften und Mitarbeitern nach Nachweisen, die die Erfüllung der Auditkriterien belegen. Auditnachweise können Aufzeichnungen, Beobachtungen oder Aussagen von Mitarbeitern sein. Aussagen von Mitarbeitern sollten keine Einzelmeinungen sein, sondern durch mehrere bestätigt werden. Zum Teil sind unterschiedliche Auditnachweise erforderlich: Für die Auditfrage nach Fort- und Weiterbildungsmaßnahmen sind Dokumente erforderlich (z.B. Fort- und Weiterbildungspläne oder Qualifikationsnachweise) für die Frage nach Wertschätzung und Anerkennung können Aussagen von unterschiedlichen Mitarbeitern von Bedeutung sein.

Auditprogramm

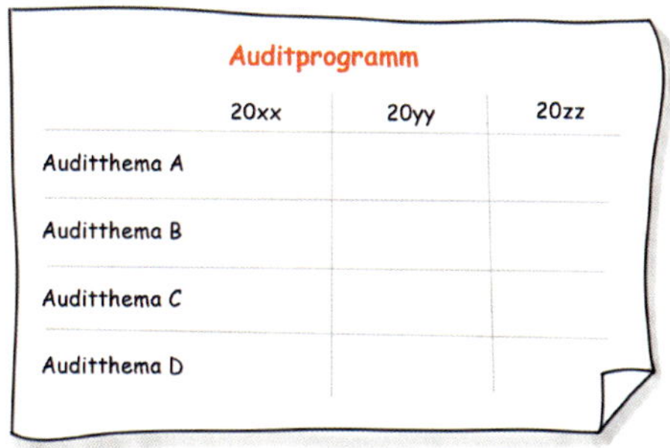

Audits sollten jährlich durchgeführt werden, wobei zu empfehlen ist, dass alle Anforderungen der Norm einmal in drei Jahren im Rahmen eines Audits reflektiert werden. „Auditprogramm" ist die Bezeichnung für die Planung, die genau dieses gewährleistet. Das heißt, es handelt sich um die zeitliche Planung von mehreren Audits über einen Zeitraum von etwa drei Jahren. Das Auditprogramm sollte bereits Aussagen zum inhaltlichen und zeitlichen Umfang enthalten und gewährleisten, dass die erforderlichen Ressourcen für die Audits zur Verfügung stehen (unabhängige Auditoren, Zeit für Vor- und Nachbereitung, Teilnehmer).

Ausgliedern

Wenn eine Organisation Teilprozesse ihres Leistungsangebotes oder des QM-Systems an externe Anbieter/Kooperationspartner vergeben hat, spricht man von ausgegliederten Prozessen. Dies trifft z.B. auf eine Pflegeeinrichtung zu, die ein Cateringunternehmen mit der Speisenversorgung beauftragt hat oder eine Schuldnerberatung, die die juristische Fachberatung durch einen externen Juristen gewährleistet. Wichtig ist, dass die Organisation die Verantwortung für das Ergebnis dieser ausgegliederten Prozesse behält, d.h. sie muss mit den externen Anbietern Vereinbarungen zur Leistungsqualität und deren Überwachung treffen und damit gewährleisten, dass Kundenanforderungen sowie gesetzliche und behördliche Anforderungen erfüllt werden.

Chance

Wie das Risiko steht auch die Chance für Ungewissheit. Im Vergleich zum Risiko stehen hier aber die positiven Auswirkungen im Vordergrund, die, wenn möglich, genutzt oder verwirklicht werden sollen.

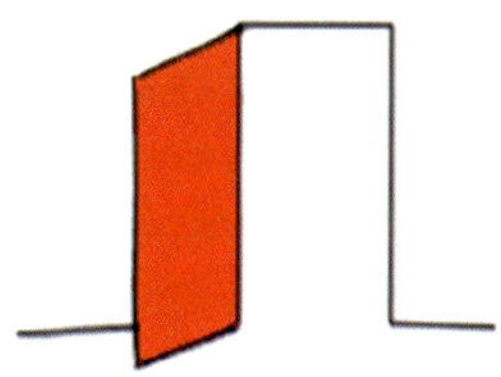

Dokumentierte Information

In der ISO 9001:2015 wird der Begriff dokumentierte – also schriftliche – Information neu eingeführt. Gemeint sind damit alle schriftlichen Informationen, deren systematische Erstellung, Verfügbarkeit und Aufbewahrung von der Organisation gewährleistet werden muss. Dazu zählen Dokumente, die verbindliche Anweisungen für die Durchführung von Aufgaben und Prozessen enthalten (Vorgabedokumente wie z.B. Prozessbeschreibungen oder Vordrucke) und Dokumente, die belegen, dass die Leistungserbringung entsprechend den Anforderungen erfolgt ist und die Anforderungen des QM-Systems erfüllt werden (Nachweisdokumente wie z.B. ausgefüllte Formulare). Die Dokumentation kann auf jeglichem für die Organisation geeigneten Medium (z.B. Papier oder EDV) erfolgen. Die ISO 9001 macht keine Vorgaben an den Umfang der Dokumentation, dieser muss in Bezug auf Ziele, Anforderungen und Art der Leistung angemessen sein.

Die Norm fordert **Vorgabedokumente** zu mindestens folgenden Themen (Formulierung im Normentext: „dokumentierte Informationen sind aufrechtzuerhalten/verfügbar zu haben“):

- **Geltungsbereich** des QM-Systems (s. Kap. 1.4.3),
- **Prozessbeschreibungen** zum QM-System und den Kernprozessen im angemessenem Umfang bzw. im Sinne von beherrschten Bedingungen (s. Kap. 1.4.4, 1.8.1, 1.8.5),
- **Qualitätspolitik** (s. Kap. 1.5.2),
- **Qualitätsziele** (s. Kap. 1.6.2).

Die Norm fordert **Nachweisdokumente**/Aufzeichnungen zu mindestens folgenden Themen/Prozessen (Formulierung im Normentext: „dokumentierte Informationen sind aufzubewahren“):

- Nachweise im angemessenen Umfang, die belegen, dass das **QM-System** und die **Kernprozesse** entsprechend den Vorgaben umgesetzt wurden, insbesondere dann, wenn die Leistungserbringung **rückverfolgbar** sein muss (s. Kap. 1.4.4, 1.8.5),
- Nachweise, die einen **systematischen Umgang mit ungeplanten Veränderungen** bei der Leistungserbringung belegen (s. Kap. 1.8.5),
- Nachweise, die belegen, dass die **Ressourcen zur Überwachung und Messung** geeignet sind (s. Kap. 1.7.1),
- Nachweise über die **Kompetenzen/Qualifikationen der Mitarbeiter** (s. Kap. 1.7.2),
- Ergebnisse zur **Überprüfung der Kundenanforderungen** (auch wenn diese vorausgesetzt und nicht explizit vorgetragen wurden), zu gesetzlichen und behördlichen Erfordernissen sowie weiteren verpflichtenden Anforderungen (s. Kap. 1.8.2),

- Vereinbarungen/Planungen zu nachträglich **veränderten Kundenanforderungen** oder allgemein **neuen Anforderungen** an die Leistung (s. Kap. 1.8.2),
- Nachweise, die einen **systematischen Entwicklungsprozess** belegen (s. Kap. 1.8.3),
- Ergebnisse von **Beurteilungen externer Anbieter** (s. Kap. 1.8.4),
- Nachweise, die das Vorgehen im Fall von Verlust oder Beschädigung des **Eigentums von Kunden oder externen Anbietern** belegen (s. Kap. 1.8.5),
- Nachweise, die die **Freigabe von Leistungen/Leistungsprozessen** belegen (s. Kap. 1.8.6),
- Nachweise zum **Umgang mit Fehlern/Abweichungen** und deren Auswertung (s. Kap. 1.8.7),
- Nachweise zu eingeleiteten **Korrekturmaßnahmen** und deren Ergebnissen (s. Kap. 1.10.2),
- Nachweise für **Überwachungs- und Messtätigkeiten** (s. Kap. 1.9.1),
- Nachweise, die die **Umsetzung des Auditprogramms** und dessen Ergebnisse belegen (s. Kap. 1.9.2),
- Nachweise zur **Managementbewertung** und deren Ergebnissen (s. Kap. 1.9.3).

Entwicklung

Das Thema Entwicklung bezieht sich auf die Generierung neuer Leistungsangebote, aber durchaus auch auf die Weiterentwicklung bestehender Leistungen.

Ein systematischer Entwicklungsprozess ist immer dann erforderlich, wenn bezüglich des neuen/veränderten Angebotes im Vorfeld nicht sichergestellt werden kann, dass die vorhandenen oder erwarteten Anforderungen erfüllt werden. Durch das systematische Vorgehen sollen diese Unwägbarkeiten geklärt und Fehler und Risiken vermieden werden.

Entwicklung steht im Sinne der ISO 9001 für einen systematischen Planungsprozess, in dem sorgfältig

- alle relevanten Anforderungen ermittelt werden,
- zu erzielende Ergebnisse klar definiert werden,
- sichergestellt wird, dass die Ergebnisse den Anforderungen entsprechen und die mit der Leistung verbundenen Ziele erreicht werden.

Fehler

Ein Fehler liegt dann vor, wenn eine Anforderung nicht erfüllt wird. Dabei kann es sich auch um Anforderungen (s. oben) handeln, die nicht gesondert definiert wurden, aber üblicherweise vorausgesetzt werden (z.B. pünktliche Termineinhaltung).

Führungsprozesse

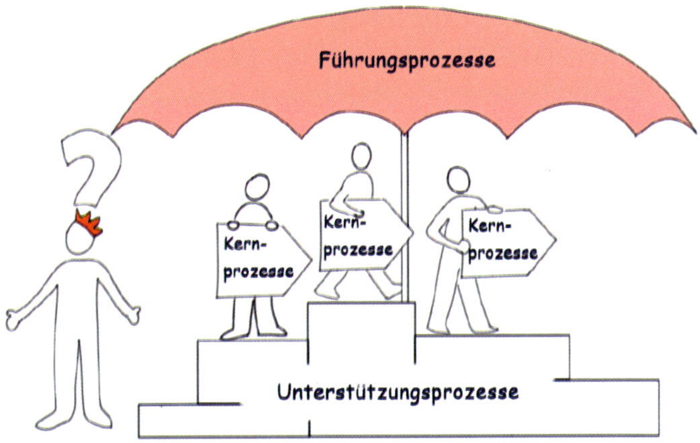

Die ISO 9001 benutzt den Begriff Führungsprozesse nicht. Bei der Darstellung von Prozesslandkarten hat sich in Organisationen des Gesundheits- und Sozialwesens aber die Dreiteilung der Prozesse in Führungs-, Kern- und Unterstützungsprozesse etabliert. Führungsprozesse haben übergeordneten Regelungs- und Entscheidungscharakter und schaffen die Voraussetzungen für ein geregeltes und zielorientiertes Arbeiten in der Organisation, z.B. in der Personalplanung oder Personalentwicklung. Die Verantwortung für diese Prozesse liegt bei der obersten Leitung.

Interessierte Gruppen

Interessierte Gruppen können Personen, Personengruppen oder externe Organisationen sein, die die Leistungen der Gesundheits- oder Sozialorganisation zwar nicht selbst erhalten bzw. erwerben wollen, aber durchaus ein Interesse an der Leistungserbringung haben oder diese sogar beeinflussen können. Dazu zählen z.B. Mitarbeiter, Kostenträger, Kommunen, Kooperationspartner, Angehörige oder Nachbarn.

Infrastruktur

Gemeint ist hier nicht die Verkehrsinfrastruktur, sondern die Gebäude der Organisation und deren Ausstattung, die für eine einwandfreie Leistungserbringung erforderlich ist. Dazu zählen z.B. Gebäude und Räumlichkeiten, Fuhrpark, Ausstattungsgegenstände, EDV und Arbeitsmaterialien.

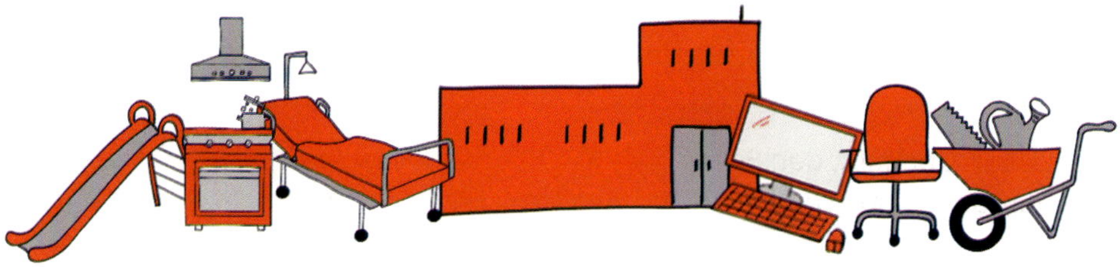

Kernprozesse

Die ISO 9001 benutzt den Begriff Kernprozesse nicht. Bei der Darstellung von Prozesslandkarten hat sich in Organisationen des Gesundheits- und Sozialwesens aber die Dreiteilung der Prozesse in Führungs-, Kern- und Unterstützungsprozesse etabliert. Kernprozesse leiten sich aus den zentralen Aktivitäten der Organisation ab, für die folgende Aspekte zutreffen:

- Die Kunden stehen im Mittelpunkt der zu erbringenden Tätigkeit.
- Es besteht ein direkter Bezug zu Kunden bzw. eine direkte Auswirkung auf Kunden.
- Es handelt sich um Kernkompetenzen der Organisation, die Kunden überzeugen und sie veranlassen, Kontakt zur Organisation aufzunehmen.

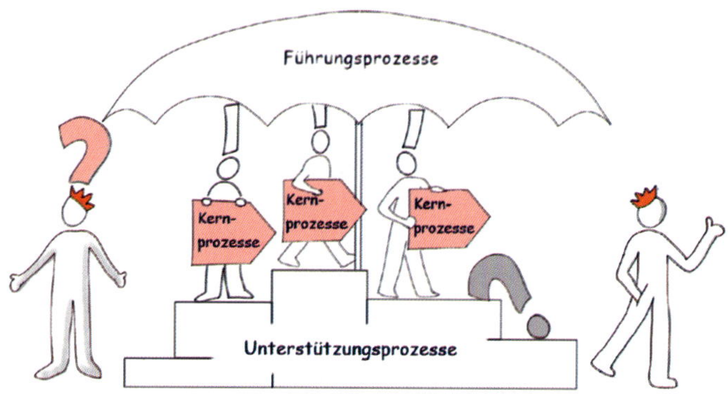

- Diese zentralen Aktivitäten tragen wesentlich zum Erfolg der Organisation und zur Zufriedenheit der Kunden bei. Beispiele für Kernprozesse sind z.B. Erstkontakt, Clearingprozesse, Förder- oder Hilfeplanungen, Beratungs- und Unterstützungsleistungen sowie Abschlussgespräche.

Kompetenz

Mit Kompetenz ist die Fähigkeit gemeint, Wissen und Fertigkeiten zielorientiert zur Erfüllung von Aufgaben und zum Lösen von Problemen einzusetzen.

Konformität/Nichtkonformität

Konform bedeutet übereinstimmend. Wenn also eine Konformitätsprüfung erfolgen muss, ist zu bewerten, ob eine Anforderung erfüllt oder nicht erfüllt ist.

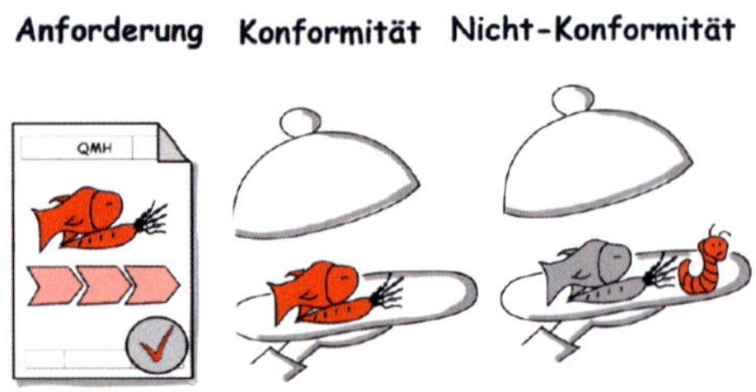

Korrekturmaßnahmen

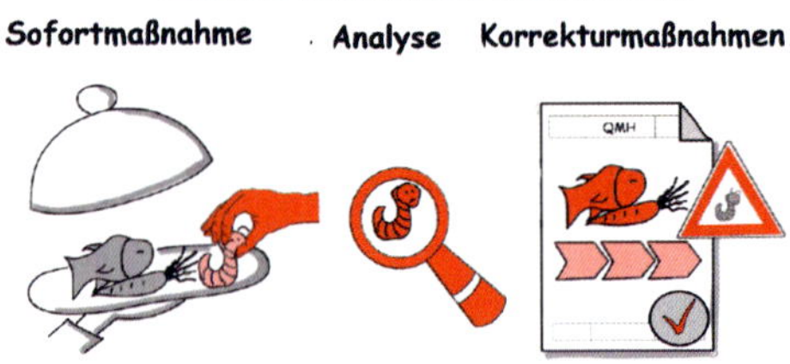

Mit Hilfe von Korrekturmaßnahmen sollen die Ursachen von erkannten Fehlern und Risiken oder anderen unerwünschten Ereignissen beseitigt werden. Sie setzen damit eine Analyse von Fehlern oder Problemen im Hinblick auf ihren Ursprung voraus. Korrekturmaßnahmen dienen dazu, das erneute Auftreten von Fehlern zu verhindern. Vorbeugungsmaßnahmen dagegen sollen überhaupt das Auftreten von Fehlern verhindern.

Kunde

Ein Kunde ist eine Person oder eine externe Organisation, die ein Produkt oder eine Leistung erhält oder erhalten könnte.

Der Kundenbegriff (s. Kap. 1.1.2, 1.1.3) ist in sozialen Arbeitsfeldern nicht immer unumstritten. Zum Teil wird davor gewarnt, den Kunden nur betriebswirtschaftlich zu sehen und theologische Aspekte der Nächstenliebe, die den Ursprung vieler sozialer Arbeitsfelder begründen, zu vernachlässigen.
Nicht selten gibt es in den Arbeitsfeldern Kundengruppen mit einander widersprechenden Interessen (z.B. Pflegebedürftige, deren Angehörige, Kostenträger) oder „Kunden", die das Angebot der Einrichtung nicht freiwillig auswählen (z.B. in der Straffälligenhilfe). Durch den Begriff des sozialrechtlichen Dreiecksverhältnisses wird

die schwierige Ausbalancierung der Anforderungen von hilfeberechtigten Kunden, öffentlichen Leistungs- und Kostenträgern und der Fachlichkeit der leistungserbringenden Gesundheits- und Sozialorganisation beschrieben.

Es besteht keine Vorgabe, den Begriff „Kunde“ in der Organisation bzw. in der QM-Dokumentation zu verwenden. Je nach Kontext kann weiterhin von Patienten, Klienten, Ratsuchenden oder Auftraggebern etc. gesprochen werden. Jede Organisation muss aber die Frage beantworten können, wer die Empfänger ihrer Leistungen sind, welche Anforderungen diese Empfänger an die Leistung haben (s. Kap. 1.8.2), wie die Organisation diese bewertet und was sie für das Erfüllen der Anforderungen tut. Unabhängig davon, welche Begrifflichkeiten eine Organisation verwendet, ist auch in sozialen und kirchlichen Einrichtungen der Empfänger einer Dienstleistung fast immer ein freier Mensch (auch wenn er gewissen Einschränkungen unterliegt), der ein Angebot annehmen und ablehnen und der auch seine eigenen Wünsche und Bedürfnisse äußern kann und zum Teil auch ein Entgelt dafür aufbringt – eben wie ein Kunde.

Kundenzufriedenheit

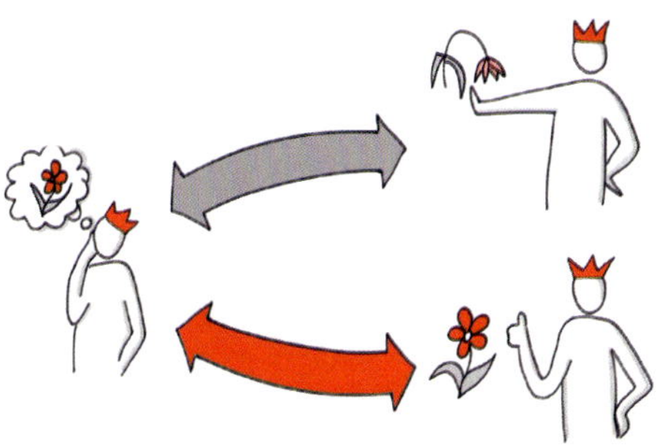

Zufriedenheit ist ein Begriff, der die subjektiv empfundene Ausgeglichenheit von Erwartungen und deren Erfüllung beschreibt. Die Erwartungshaltung wird bestimmt durch persönliche Bedürfnisse und Erfahrungen, das Leistungsversprechen und das Image des Anbieters sowie das Wissen des Kunden um Alternativen. Im Gesundheits- und Sozialwesen kommt erschwerend hinzu, dass es nicht wenige Kundengruppen gibt, die weder ihre Bedürfnisse noch ihre Zufriedenheit eindeutig artikulieren bzw. einfordern können. Damit haben Organisationen des Gesundheits- und Sozialwesens eine besondere Verantwortung gegenüber den spezifischen sich ggf. auch widersprechenden Anforderungen ihrer Kundengruppen.

Leistung/Dienstleistung

Die revidierte ISO 9001 spricht von Produkten und Dienstleistungen. Während die Norm den Begriff Leistung als „messbares Ergebnis“ definiert, steht bei der Dienstleistung die Immaterialität des Ergebnisses im Vordergrund. Dienstleistungen werden zwischen der Organisation und den Kunden vereinbart und können verschiedene Tätigkeiten/Prozessschritte umfassen.

Da im Gesundheits- und Sozialwesen die Dienstleistungen eindeutig im Vordergrund stehen, sprechen wir in diesem Buch in der Regel von Leistungsprozessen.

Die Norm fordert, dass die Ergebnisse der Leistungsprozesse bewertet werden. Diese Bewertung kann sich auf quantitative oder qualitative Feststellungen beziehen. Kennzahlen sollten also dort zum Einsatz kommen, wo sie zum einen möglich, zum anderen aber auch sinnstiftend und aussagekräftig sind.

Mitgeltende Dokumente externer Herkunft

Mitgeltende Dokumente externer Herkunft sind Dokumente, deren Beachtung oder Anwendung für die Organisation verpflichtend ist, deren Inhalt die Organisation aber nicht selbst beeinflussen kann, also z.B. Vorgaben von Kostenträgern, etc.

Oberste Leitung

Mit „Oberste Leitung“ wird eine Person oder eine Personengruppe bezeichnet, die eine Organisation auf der obersten Ebene führt und steuert, z.B. Geschäftsführung, Vortand.

Prozess

Unter einem Prozess versteht man einen Vorgang, der sich aus einzelnen Tätigkeiten zusammensetzt, die sich gegenseitig beeinflussen. In der Regel hat ein Prozess einen klaren Anfang und ein eindeutiges Ende. Innerhalb des Prozesses werden Eingaben (wie z.B. Informationen zur Pflege/Behandlung/Betreuung/Beratung) in Ergebnisse (z.B. zufriedene/informierte/betreute/genesene Kunden) umgewandelt.

Prozesslandkarte

In einer Prozesslandkarte werden die zentralen Prozesse einer Organisation oder eines Arbeitsfeldes grafisch dargestellt. So sollen Bedeutungen einzelner Prozesse sowie Beziehungen und Wechselwirkungen untereinander deutlich werden.

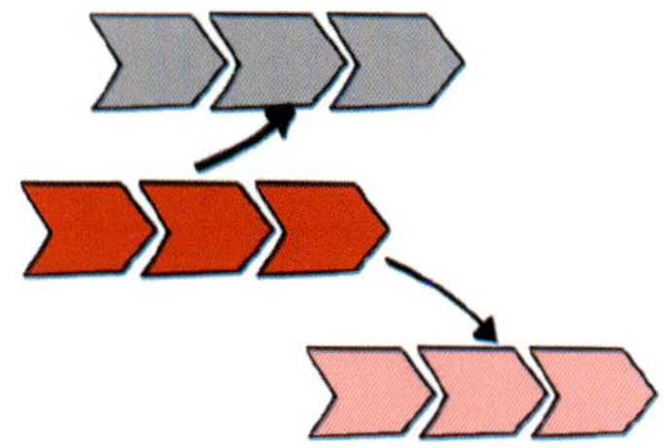

Qualität

Allgemein wird der Begriff Qualität oft mit „Güte" oder „Beschaffenheit" übersetzt. In der ISO 9001 wird von Qualität als Übereinstimmungsgrad zwischen Anforderungen und Leistungsmerkmalen gesprochen.

Qualitätsmanagement (QM)/ Qualitätsmanagementsystem (QM-System/QMS)

Qualitätsmanagement umfasst alle Tätigkeiten, die in irgendeiner Weise dazu beitragen, dass die Qualitätsziele einer Organisation erreicht und hochwertige Leistungen erbracht werden. Im weiteren Sinne gehören damit alle Führungs-, Kern- und Unterstützungsprozesse zum Qualitätsmanagement, da sie im optimalen Fall alle die Leistungsqualität stützen und stärken. Qualitätsmanagement ist damit nichts Besonderes oder Zusätzliches, sondern Bestandteil des alltäglichen Tuns. Im engeren Sinne sind damit die zentralen QM-Prozesse gemeint, die die ISO 9001 für das QM-System fordert, d.h.:

- Prozesse der Führung wie z.B. Strategie und Zielplanung,
- Prozesse der Leistungserbringung mit definierten Qualitätskriterien,
- Prozesse der Unterstützung wie z.B. Qualifikation,
- Prozesse der Überwachung wie z.B. Audits,
- Prozesse der Verbesserung wie z.B. Korrekturmaßnahmen.

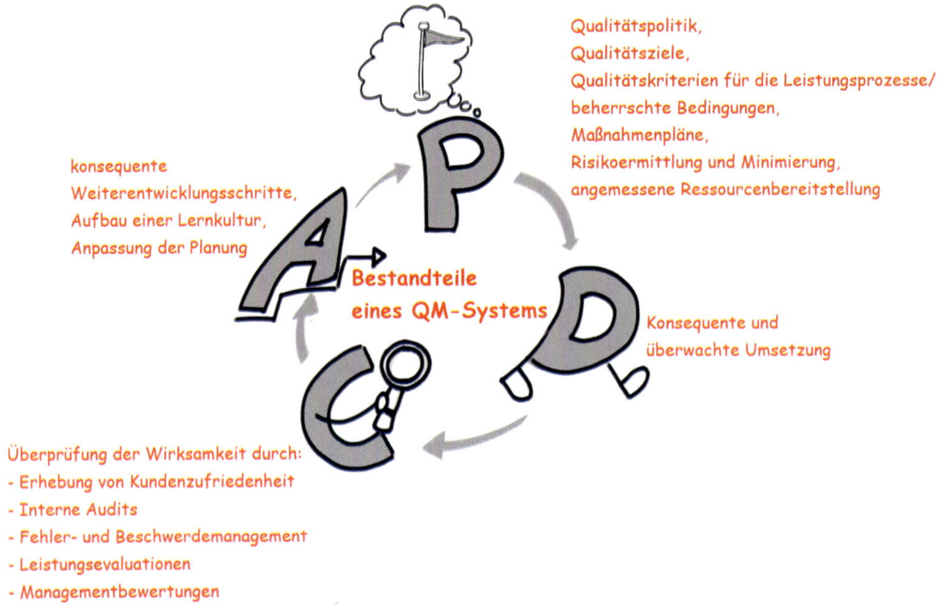

Es geht nicht darum, mit Qualitätsmanagement ein separates neues Arbeitsfeld zu schaffen. Im Gegenteil, Qualitätsmanagement ist dann besonders erfolgreich, wenn die damit verbundene Philosophie (der Grundgedanke des PDCA-Zyklus) und die notwendigen Aufgaben zum normalen Bestandteil der Arbeit aller Leitungskräfte und Mitarbeiter werden. Die Begriffe Qualitätsmanagement und Qualitätsmanagement-System werden in diesem Buch synonym verwandt.

Qualitätsmanagement-Beauftragter (QMB)

Der QM-Beauftragte ist für die operativen Aufgaben zur Pflege und Weiterentwicklung des QM-Systems verantwortlich. Die strategische Verantwortung für das QM-System liegt bei der obersten Leitung. Seit der Revision der ISO 9001 fordert diese nicht mehr explizit einen QMB. Es werden lediglich die mit dem QM-System verbundenen Aufgaben aufgeführt und es bleibt der obersten Leitung überlassen, wie sie diese verteilt bzw. steuert. Die Norm bietet in dieser Hinsicht jetzt mehr Flexibilität, da aber die mit dem QM verbundenen Aufgaben nicht weniger werden, sollte die ausbleibende Nennung des QMB im Normentext nicht mit Ressourcenkürzungen für das QM fehlinterpretiert werden. Ein QM-System kann nur dann langfristig erfolgreich sein, wenn die damit verbundenen Aufgaben zuverlässig ausgeführt und gesteuert werden.

Qualitätsmanagement-Handbuch

Das QM-System wird mit seinen zentralen Prozessen, Instrumenten und Methoden im QM-Handbuch beschrieben. Es kann verglichen werden mit einer Bedienungsanleitung für die Organisation und ihr QM-System:

- Es beschreibt die wesentlichen Prozesse und deren inhaltliche Qualitätskriterien.
- Es schafft Transparenz und Verbindlichkeit.
- Es gibt Auskunft über Verantwortlichkeiten.
- Es bildet die Grundlage für Überprüfungen und Prozessverbesserungen.

In Organisationen des Gesundheits- und Sozialwesens dient das QM-Handbuch in der Regel ausschließlich der internen Organisation. Falls das QM-System auch nach außen präsentiert werden soll oder muss, kann dies durch einen Auszug aus zentralen Prozessen oder eine Zusammenfassung der QM-Kapitel erfolgen. Differenzierte Prozess- und Tätigkeitsbeschreibungen sind in der Regel ausschließlich für den internen Gebrauch bestimmt bzw. dienen in Qualitätsaudits als Nachweisdokumente.

Risiko

Ein Risiko beschreibt immer eine Ungewissheit. Das Prozessende bzw. das Ergebnis des Prozesses kann negative Auswirkungen haben oder aber auch Chancen eröffnen.

Risiken gehören zum beruflichen Alltag, sie resultieren aus der Unsicherheit von Prozessabläufen und Prozessergebnissen. Ziel des Qualitätsmanagements ist es, Risiken mit starken negativen Auswirkungen und/oder hoher Eintrittswahrscheinlichkeit präventiv zu begegnen, um sie zu minimieren.

Unterstützungsprozesse

Unterstützungsprozesse zeichnen sich dadurch aus, dass sie die Kernprozesse begleiten oder unterstützen. Sie erfolgen außerhalb des eigentlichen Leistungsprozesses und regeln den Einsatz von Ressourcen sowie technische, organisatorische und versorgende/entsorgende Abläufe, wie z.B. Beschaffungsprozesse oder andere verwaltungstechnische Abläufe.

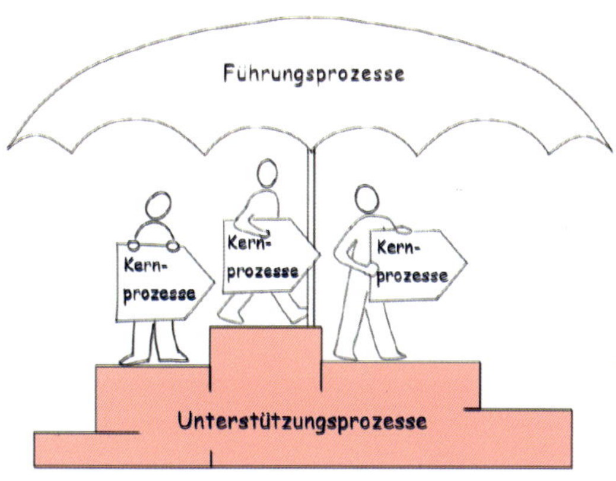

Validierung

Mit Validierung ist eine objektive Prüfung gemeint, die belegt, dass mit dem Leistungsangebot auch tatsächlich die Ziele erreicht werden. Dies kann z.B. bedeuten, dass fachliche Ziele erfüllt werden und Kunden zufrieden sind. Damit ist die Validierung eine Art Praxistest.

Verifizierung

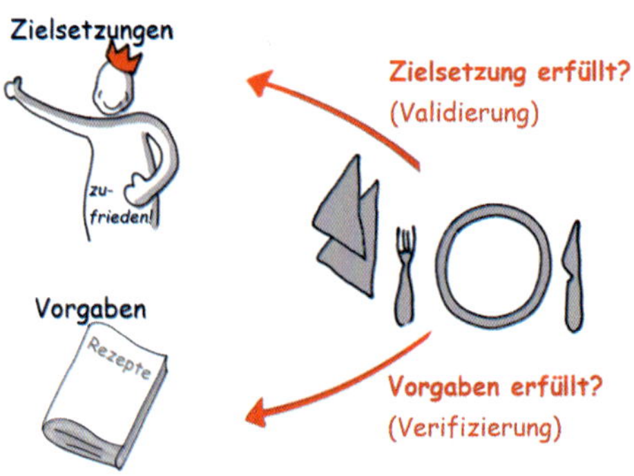

Verifizierung wird eine Prüfung genannt, bei der die Anforderungen der Planung mit der Leistungsausführung abgeglichen werden. Dies kann z.B. Vorgaben an die Qualifikation, die Ausstattung und einzelne Prozessschritte betreffen. Von Verifizierung wird gesprochen, wenn mit einem objektiven Nachweis belegt werden kann, dass die Leistung den Vorgaben der Planung entspricht. Eine Leistung kann z.B. erfolgreich verifiziert werden, aber bei der Validierung durchfallen.

Wirksamkeit

Im Begriff der „Wirksamkeit" stecken die Fragen: „Bringt es was? Wird das Ziel erreicht?" Die Fragen nach der Wirksamkeit sind im Qualitätsmanagement von zentraler Bedeutung, da im Sinne des PDCA-Zyklus immer wieder Anpassungen/Verbesserungen erforderlich sind, wenn die „Wirksamkeit" nicht gegeben ist, also eine Planung nicht erfolgreich war oder eine Anforderung nicht umgesetzt wurde. Je klarer Ziele formuliert werden, desto einfacher kann die Frage nach der Wirksamkeit beantwortet werden.

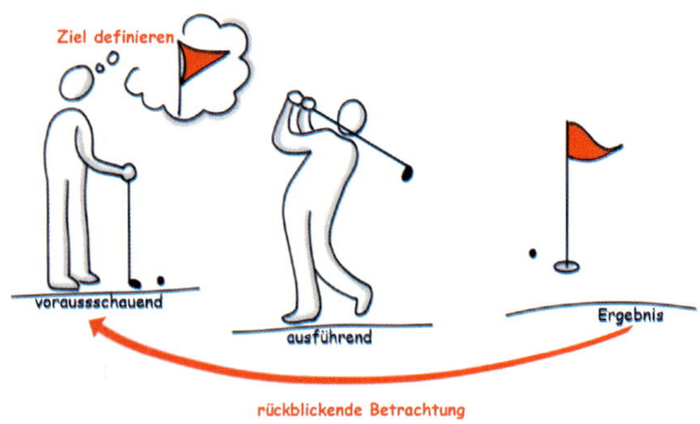

Zertifizierung

Mit Zertifizierung bezeichnet man ein Verfahren, mit dessen Hilfe die Einhaltung definierter Anforderungen durch eine unabhängige Organisation nachweislich überprüft wird. Zertifikate werden in der Regel zeitlich befristet vergeben, sodass in regelmäßigen Abständen erneute Prüfungen (Überwachungsaudits/Rezertifizierungen) stattfinden.

Abkürzungen

AZAV	Akkreditierungs- und Zulassungsverordnung Arbeitsförderung
EDV	Elektronische Datenverarbeitung
Kita	Kindertagesstätte
IT	Informationstechnologie
PDCA	Plan, Do, Check, Act
Q	Qualität
QM(-)	Qualitätsmanagement(-)
QMB	Qualitätsmanagementbeauftragter
QMH	Qualitätsmanagementhandbuch
QMS	Qualitätsmanagementsystem

Weiterführende Literatur

Qualitätsmanagment/Risikomanagement

Barth, Myriam: Qualitätsentwicklung und -sicherung in der Altenpflege; Urban & Fischer 1999

Bechtel, Michael: Der Qualitätsmanager als Kommunikator; TÜV Media 2012

Becker, Hennig: Kundenzufriedenheit im Qualitätsmanagement sozialer Arbeit; GRIN Verlag 2007

Boeßenecker, Karl-Heinz u.a. (Hrsg.): Qualitätskonzepte in der Sozialen Arbeit – Eine Orientierung für Ausbildung, Studium und Praxis; Betz 2003

Borgwart, Judith/Kolpatzik, Kai: Aus Fehlern lernen – Fehlermanagement in Gesundheitsberufen; Springer 2010

Brauer, Jörg Peter: DIN EN ISO 9000:2000 ff. umsetzen – Gestaltungshilfen zum Aufbau Ihres Qualitätsmanagementsystems; Hanser 2009

Clasen, Anke: Qualitätszirkel in der Altenpflege – Probleme gemeinsam erkennen, aufzeigen, lösen; Urban & Fischer 2003

Deutsche Gesellschaft für Qualität (Hrsg.): Wirksame Managementsysteme – Mit internen Audits Verbesserungspotentiale erschließen; DGQ 2005

Deutsche Gesellschaft für Qualität (Hrsg.): Prozessmanagement für Praktiker – Leitfaden für das Erkennen, Beschreiben, Bewerten, Umsetzen und Verbessern von Prozessen, DGQ 2005

Deutsches Institut für Normung e.V.: DIN EN ISO 9001:2015-11; Beuth Verlag 2015

Deutsches Institut für Normung e.V: DIN EN ISO 9000:2015-11; Beuth Verlag 2015

Deutsches Institut für Normung e.V.: DIN EN ISO 9004:2009-12; Beuth Verlag 2012

Deutsches Institut für Normung e.V.: DIN EN ISO 19011:2011-12; Beuth Verlag 2011

Dürk, Maike: Das Gap-Modell zur Identifikation von Ursachen für Qualitätsmängel – Einsatz und Weiterentwicklungen; Bachelor + Master Publishing 2011

Dukek, Christine/ Burmeister, Jürgen: Qualitätsmanagement im Jugendamt; Ein Prozessmodell für den ASD unter besonderer Berücksichtigung des Datenschutzes; Deutscher Verein für öffentliche und private Fürsorge e.V 2012

Gietl, Gerhard/Lobinger, Werner: Leitfaden für Qualitätsauditoren – Planung und Durchführung von Audits nach ISO 9001:2008; Hanser 2012

Gläbe, Rüdiger/Thomann, Hermann J. (Hrsg.): Qualitätsmanagement in Dienstleistungsunternehmen; TÜV Media 2010

Haeske, Udo: Beschwerden und Reklamationen managen – Kritische Kunden sind gute Kunden; Beltz 2001

Hemmerich, Angela/Harrant, Horst: Projektmanagement – in 7 Schritten zum Erfolg; Hanser 2007

Illison, Markus/Kerner, Jürgen G.; Praxisleitfaden – Qualitätsmanagement in Pflegeeinrichtungen; Steinbeis-Stiftung 2011

Kahla-Witzsch, Heike Annette/Platzer, Olga: Risikomanagement für die Pflege – Ein praktischer Leitfaden; Kohlhammer 2007

Kamiske, Gerd (Hrsg.): Prozessmanagement – Anleitung zur ständigen Prozessverbesserung; Hanser 2008

Kamiske, Gerd F.: Handbuch QM-Methoden – Die richtige Methode auswählen und erfolgreich umsetzen, Hanser 2013

Kamiske, Gerd F./Brauer Jörg-Peter: Qualitätsmanagement von A bis Z – Erläuterungen moderner Begriffe des Qualitätsmanagements; Hanser 1999

Kerner, Jürgen/Michi, Michael: Praxisleitfaden Qualitätsverbesserung – Strategie & Werkzeuge; Steinbeis-Stiftung 2014

Kerner, Jürgen/Kentner, Bernd: Praxisleitfaden – Qualitätsmanagement in kleinen und mittleren Unternehmen; Steinbeis-Stiftung 2009

Koubeck, Anni (Hrsg.): Praxisbuch ISO 9001:2015 - Die neuen Anforderungen verstehen und umsetzen; Hanser 2015

Kretschmar, Sonja C.: Zertifizierungsverfahren und Auditierung erfolgreich vorbereiten; TÜV Media 2012

Loffing, Christian: Qualitätszirkel erfolgreich gestalten – So nutzen Sie die Kreativität Ihrer Mitarbeiter; Kohlhammer 2005

Majewski Karin/Seyband, Elke: Erfolgreich arbeiten mit Qfs – Qualitätsmanagement und fachliche Standards für Organisationen im sozialen Bereich; Juventa 2002

Matschulat, Holger: Kennzahlen im QM-System; TÜV Media 2011

Merchel, Joachim: Qualitätsmanagement in der Sozialen Arbeit – Eine Einführung; Juventa 2010

Meß, Ralph: Auditfeststellungen und deren Bewertung; TÜV Media 2009

Paschen, Ulrich: Qualitätsmanagement in der Gesundheitsversorgung nach DIN EN 15224 und DIN EN ISO 9001; Beuth Verlag 2013

Preißner, Andreas: Balanced Scorecard anwenden – Kennzahlengestützte Unternehmenssteuerung; Hanser 2008

Reimann, Grit: Erfolgreiches Qualitätsmanagement nach DIN EN ISO 9001:2015 - Lösungen zur praktischen Umsetzung; Beuth Verlag 2015

Rudert, Bettina/Kiefer, Bernd: Qualitätsmanagement – Mit Mind Maps einfach und effektiv; Vincentz Netzwork 2013

Rugor, Regina/ von Studzinski, Gundula: Qualitätsmanagement nach der ISO Norm – Eine Praxisanleitung für MitarbeiterInnen in sozialen Einrichtungen; Beltz- Juventa 2012

Sanders, Karin/Bock, Michael (Hrsg.): Kundenorientierung, Partizipation, Respekt – Neue Ansätze in der sozialen Arbeit; VS Verlag 2009

Senden, Manfred J./ Dworschak, Johannes: Erfolg mit Prozessmanagement – Nicht warten, bis die „Gurus“ kommen; Haufe 2012

Schmidt, Simone: Das QM-Handbuch – Qualitätsmanagement für die ambulante Pflege; Springer 2005

Schnauber, Herbert/ Schuster, Armin (Hrsg.): Erfolgsfaktor Qualität – Einsatz und Nutzen des EFQM-Excellence-Modells; Symposium 2012

Stauss, Bernd/ Seidel, Wolfgang, Seidel: Beschwerdemanagement – Unzufriedene Kunden als profitable Zielgruppe; Hanser 2014

Sommerhoff, Benedikt Dr.: Leithesen für Qualität in Deutschland – Wir Qualitätsmanager für die Menschen, für die Unternehmen, für Deutschland, Deutsche Gesellschaft für Qualität 2012 (s. http://www.qualitaetsleitbild.de/interviews/interview-dr-sommerhoff)

Sommerhoff, Benedikt Dr.: EFQM zur Organisationsentwicklung; Hanser 2013

Theden, Philipp/Colsmann, Hubertus: Qualitätstechniken – Werkzeuge zur Problemlösung und ständigen Verbesserung; Hanser 2005

Trunk, Wolfang: Qualität der Pädagogischen Arbeit in Werkstätten für behinderte Menschen – Gestaltung und Umsetzung; DGQ 2006

TÜV Rheinland (Hrsg.): Die ISO 9001:2015 – Interpretation der Anforderungen; TÜV Media 2015

Urban-Stahl, Jann: Beschwerdeverfahren in Einrichtungen der Kinder- und Jugendhilfe; Rheinhardt Verlag 2014

Wanner, Roland: Risikomanagement für Projekte – Mit wirkungsvollem Risikomanagement sicher zum Projekterfolg; 2013

Warnke, Jörg: Untersuchung der Einsatzmöglichkeiten einer rechnergestützten FMEA in der stationären Altenhilfe; GRIN Verlag 2005

Warzecha, Bettina: Problem Qualitätsmanagement – Prozessorientierung, Beherrschbarkeit und Null-Fehler-Abläufe als moderne Mythen, Verlag für Planung und Organisation 2009

Weidner, Georg E: Qualitätsmanagement – Kompaktes Wissen, konkrete Unterstützung, praktische Arbeitshilfen, Hanser 2014

Weitbrecht, Mathias: Co-Create – Das Visualisierungsbuch; Wiley-VCH 2015

Visualisierung

Bergedick, Alexandra/Rohr, Dirk/Wegener, Anja: Bilden mit Bildern – Visualisieren in der Weiterbildung; wbv 2011

Bühs, Roland: Zeichnen, Visualisieren, Strukturieren – Grafischer Werkzeugkasten für Pinnwand, Flipchart & Co; Beltz-Verlag 2013

Dialogbild GmbH: Das Skribblebuch; Dialogbild GmbH 2014

Gut, Jimmy/Kühne-Eisendle, Margit: Bildbar – 100 Methoden zum Arbeiten mit Bildern und Fotos im Coaching, Training, in der Aus- und Weiterbildung, Therapie und Supervision; managerSeminare 2014

Hausmann, Martin/Scholz, Holger: bikabolo® – Das Trainerwörterbuch der Bildsprache; Neuland GmbH & Co.KG 2006

Hausmann, Martin/Scholz, Holger: bikabolo®2.0 – Neue Bilder für Meetings, Training & Learning; Neuland GmbH & Co.KG 2009

Hausmann, Martin: bikabolo®emotions – Visuelles Wörterbuch; Neuland GmbH & Co.KG 2009

Hausmann, Martin: UZMO – Denken mit dem Stift; Redline 2014

Meyer, Elke/Widmann, Stefanie: Flipchart Art – Ideen für Trainer, Berater und Moderatoren; Publicis 2009

Nitschke, Petra: Bildsprache – Formen und Figuren in Grund- und Aufbauwortschatz; managerSeminare 2012

Neuland GmbH & Co.KG (Hrsg.): Lernlandkarte Nr. 4 – Visual Facilitatin & Graphic Recording; Neuland GmbH & Co.KG 2008

Rachow, Axel: Sichtbar – Die besten Visualisierungs-Tipps für Präsentation und Training; managerSeminare 2011

Rachow, Axel/ Sauer, Johannes: Der Flipchart-Coach – Profi-Tipps zum Visualisieren und Präsentieren am Flipchart; managerSeminare 2014

Reynolds, Garr: ZEN oder die Kunst der Präsentation – Mit einfachen Ideen gestalten und präsentieren; Addison-Wesley 2012

Reynolds, Garr: ZEN oder die Kunst des Präsentationsdesigns – Mit einfachen Techniken packend gestalten; Addison-Wesley 2010

Roam, Dan: Auf der Serviette erklärt – Mit ein paar Strichen schnell überzeugen; Redline 2012

Roam, Dan: Auf der Serviette erklärt – Arbeitsbuch; Redline 2010

Roam, Dan: BLA, BLA, BLA – Spannende Geschichten mit Illustrationen erzählt; Redline 2012

Rohde, Mike: Das Sketchnote Handbuch – Der illustrierte Leitfaden zum Erstellen visueller Notizen; mitp 2014

Seibold, Brigitte: Visualisieren leicht gemacht – Talentfrei Zeichnen lernen und professionelle Flipcharts erstellen; Gabal 2012

Tschudin, Andreas: Lebendige Strichmännchen zeichnen: Vorlagen und Anleitungen; Edition Michael Fischer 2010

Lernen/Training/Arbeit mit Gruppen/Methoden und Techniken/ Kommunikation

Baldwin, Christina/Linnea, Ann: Circle, Die Kraft des Kreises – Gespräche und Meetings inspirierend, schöpferisch und effektiv gestalten; Beltz 2014

Berndt, Christian/Bingel, Claudia/Bittner, Brigitte: Tools im Problemlösungsprozess – Leitfaden und Toolbox für Moderatoren; managerSeminare 2009

Berne, Eric: Was sagen Sie, nachdem Sie „Guten Tag" gesagt haben? Psychologie des menschlichen Verhaltens; Fischer 2012

Brown, Juanita/ saacs, David: Das World Café – Kreative Zukunftsgestaltung in Organisationen und Gesellschaft; Carl-Auer Verlag 2007

Budde, Christina: Mitten ins Herz – Die Kraft von Storytelling für Coaching und Beratung nutzen; mangerSeminare 2015

Dobelli, Rolf: Die Kunst des klugen Handelns – 52 Irrwege, die Sie besser anderen überlassen; dtv 2014

Frieling,, Ekkehart/Reuther, U. (Hrsg.): Das lernende Unternehmen – Dokumentation einer Fachtagung; Neres Verlag (Reihe: Studien der betrieblichen Weiterbildungsforschung), 1993

Friebe, Jörg: Reflexion im Training – Aspekte und Methoden der modernen Reflexionsarbeit; managerSeminare 2010

Funcke, Amelie/Havenith, Eva: Moderations-Tools – Anschauliche, aktivierende und klärende Methoden für die Moderations-Praxis; managerSeminare 2010

Funcke, Amelie/Rachow, Axel: Rezeptbuch für lebendiges Training; mangerSeminare 2010

Gigerenzer, Gerd: Bauchentscheidungen: Die Intelligenz des Unbewussten und die Macht der Intuition; Goldmann 2008

Groß, Harald/Boden, Nikolaas/Boden, Betty; Von Kopf bis Fuß auf Lernen eingestellt – Ein munteres Lernhandbuch; Gert Schilling Verlag 2010

Hauser, Bernhard: Action Learning – Workbook mit Praxistipps, Anleitungen und Hintergrundwissen für Trainer, Berater und Facilitators; managerSeminare 2012

Heckmair, Bernd/Michl, Werner: Von der Hand zum Hirn und zurück – Bewegtes Lernen im Fokus der Hirnforschung; Ziel GmbH 2013

Herrmann, Ulrich (Hrsg.): Neurodidaktik – Grundlagen und Vorschläge für gehirngerechtes Lehren und Lernen; Beltz 2009

Illi, Barbara: Microtraining Sessions – Komprimierte Trainings im Kurzzeitformat; managerSeminare 2015

Keller, Evelyne: Nachhaltigkeit in Beratung und Training – Konzept und Methoden; managerSeminare 2013

Knapp, Peter; Konfliktlösungstools: Klärende und deeskalierende Methoden für die Mediations- und Konfliktmanagement-Praxis; managerSeminare 2012

Kindl-Beilfuß, Carmen: Fragen können wie Küsse schmecken – Systemische Fragetechniken für Anfänger und Fortgeschrittene; Carl-Auer Verlag 2013

Kresse, Albrecht: Edutrainment – Besser, schneller, einfacher lernen im Unternehmen; Gabal 2014

Landmaack, Braune-Krickau: Wie die Gruppe laufen lernt; Beltz 2010

Lehner, Martin: Viel Stoff – wenig Zeit – Wege aus der Vollständigkeitsfalle; Haupt-Verlag 2013

Lunderhausen, Sven: Die Moderation strategischer Initiativen – Strategie-Workshops und Klausuren erfolgreich moderieren; managerSeminare 2015

Messer, Barbara: Inhalte merk-würdig vermitteln – 45 Methoden, die den Merkfaktor erhöhen; Beltz 2012

Neuland GmbH & Co.KG (Hrsg.): Lernlandkarte Nr. 1 – Open Space Technology; Neuland GmbH & Co.KG 2010

Neuland GmbH & Co.KG (Hrsg.): Lernlandkarte Nr. 2 – Word Café; Neuland GmbH & Co.KG 2010

Neuland GmbH & Co.KG (Hrsg.): Lernlandkarte Nr. 5 – Storytelling; Neuland GmbH & Co.KG 2008

Neuland GmbH & Co.KG (Hrsg.): Lernlandkarte Nr. 3 – Appreciative Inquiry; Neuland GmbH & Co.KG 2007

Neuland GmbH & Co.KG (Hrsg.): Lernlandkarte Nr. 7 – Zukunftskonferenz; Neuland GmbH & Co.KG 2011

Nitschke, Petra: Trainings planen und gestalten – Professionelle Konzepte entwickeln, Inhalte kreativ visualisieren, Lernziele wirksam umsetzen; managerSeminare 2013

Riemann, Fritz; Grundformen der Angst; Reinhardt-Verlag; 1961/2013

Rohm, Armin (Hrsg.): Change-Tools: Erfahrene Prozessberater präsentieren wirksame Workshop-Interventionen; managerSeminare 2010

Rosenberg, Marschall B.: Gewaltfrei Kommunikation – Eine Sprache des Lebens; Junfermann 2013

Schulz von Thun, Friedemann: Miteinander reden – Fragen und Antworten; Rowohlt 2012

Seiwert Lothar, Gay Friedbert: Das 1x1 der Persönlichkeit – Das DISG-Modell anwenden; Gabal 2003

Storch, Maja: Das Geheimnis kluger Entscheidungen – Von Bauchgefühl und Körpersignalen; Piper 2014

Pfläging, Niels: Organisation für Komplexität – Wie Arbeit wieder lebendig wird und Höchstleistung entsteht; BetaCodexPublishing 2013

Zubizaretta, Rosa/Zur Bonsen Matthias: Dynamic Facilitation – Die erfolgreiche Moderationsmethode für schwierige und verfahrene Situationen; Beltz 2014

Zur Bonsen, Matthias/Maleh, Carole: Appreciative Inquiry – Der Weg zur Spitzenleistung; Beltz 2001

Change-Management/Organisationsentwicklung/Führung/ Mediation

Becke, Guido/ Behrens, Miriam/ Bleses, Peter/ Meyerhuber, Sylke/Schmidt Sandra: Organisationale Achtsamkeit – Veränderungen nachhaltig gestalten; Schäffer-Pöschel, 2013

Beutelschmidt, Karin/Franke, Renate/Püttmann, Markus/Zuber, Barbara: Facilitating Change – Mehr als Change Management: Beteiligung in Veränderungsprozessen optimal gestalten; Beltz 2013

Zur Bonsen, Matthias: Leading with Life – Lebendigkeit im Unternehmen freisetzen und nutzen; Gabler 2009

Bundesministeriums der Justiz: Mediationsgesetz vom 21. Juli 2012 (BGBl. I S. 1577)

Bundesverband Mediation e.V: Spektrum der Mediation – Wo stehen wir heute? Qualität und Standards; Wolfgang Metzner Verlag 2014

Doppler, Klaus/Lauterburg, Christoph: Changemanagement – Den Unternehmenswandel gestalten; Campus Verlag 2008

Faller, Kurt: Konfliktfest durch Systemdesign – Ein Handbuch für die Praxis der lernenden Organisation; Concadora Verlag 2014

Faller, Dorothea/Faller, Kurt: Innerbetriebliche Wirtschaftsmediation – Strategien und Methoden für eine bessere Kommunikation; Wolfgang Metzner Verlag 2014

Faller, Kurt/Fechler, Bernd/Kerntke, Wilfried (Hrsg.): Systemisches Konfliktmanagement – Modelle und Methoden für Berater, Mediatoren und Führungskräfte: Schäfer-Poeschel, 2014

Glasl, Friedrich: Konfliktmanagement – Ein Handbuch für Führungskräfte, Beraterinnen und Berater; Freies Geistesleben 2013

IBM: Studie: Making Change Work; IBM Cooperation 2008

Kindl-Beilfuß, Carmen: Fragen können wie Küsse schmecken – Systemische Fragetechniken für Anfänger und Fortgeschrittene; Carl Auer 2013

Königswieser, Roswita/Hillebrand, Martin: Einführung in die systemische Organisationsberatung; Carl-Auer 2013

KPMG AG: Konfliktkostenstudie – Die Kosten von Reibungsverlusten in Industrieunternehmen; Frankfurt a. Main 2009

O'Connor, Joseph/McDermott, Ian: Die Lösung lauert überall – Systemisches Denken verstehen & nutzen; VAK Verlags GmbH 2006

Pühl, Harald (Hrsg.): Mut zur Lösung: Konflikte in Klinik, Praxis und Altenpflege – Ein Leitfaden zur Anwendung von Mediation; Leutner 2012

Rieforth, Joseph: Prozessgestaltung bei Veränderungen in Organisationen; Zeitschrift Konflikt Dynamik, 4/2012

Scharmer, Otto C.: Theorie U – Von der Zukunft her führen; Carl Auer Verlag 2011

Schein, Edgar H.: Prozessberatung für die Organisation der Zukunft; EHP-Verlag, 2010

Schmidt, Bernd: Systemische Organisationsentwicklung – Change und Organisationskultur gemeinsam gestalten; Schäffer-Poeschel 2014

Senge, Peter M.: Die Fünfte Disziplin – Kunst und Praxis der lernenden Organisation; Schäffer-Poeschel 2011

Sprenger, Reinhard K.: Mythos Motivation – Wege aus einer Sackgasse; Campus 2007

Sprenger, Reinhard K.: Das Prinzip Selbstverantwortung – Wege zur Motivation; Campus 2007

Weiß, Helga: Sesam öffne Dich – Schatzkammer Mediation in der Organisationsentwicklung; Gesellschaft für Mediation und Organisationsentwicklung 2012 (http://www.en-detail.net/publikationen)

Autorenprofile

Elisabeth Trubel

www.elisabeth-trubel.de

- Diplom Sozialpädagogin/Sozialarbeiterin
- Qualitätsmanagerin, Auditorin (DGQ), EFQM-Assessorin
- Mediatorin (Akademie der Ruhruniversität Bochum)
- Studium Total Quality Management (FernUni Kaiserslautern)
- Facilitatorin & Visual Facilitatorin (Kommunikationslotsen, Köln)
- Fachwirtin für kaufmännische Betriebsführung (HWK, Münster)
- Freiberufliche Beraterin und Trainerin

„Das ist ja ein tolles Buch – aber leider nicht mein Thema.“

Diesen Satz habe ich in den letzten Monaten häufiger mit Erstaunen zur Kenntnis genommen, denn kann das sein? Ist nicht das Management der eigenen oder organisationalen Qualität jedermanns Sache? Mich faszinieren Menschen, die ihren Job gerne und überzeugt tun und die wissen, was sie warum tun. Mich begeistern Organisationen, in denen Menschen gerne arbeiten, die unterschiedliche Qualitätsauffassungen konstruktiv klären und aus Kundenperspektive reibungslos funktionieren. Ein systematisches Qualitätsmanagement, ein gelebter PDCA-Zyklus können wesentlich dazu beitragen – vorausgesetzt QM wird nicht als bürokratischer Akt verstanden, sondern ist geprägt von einer Haltung, die Lernen und Entwicklung ermöglicht. Die ISO 9001 enthält Anforderungen, die Organisationen dabei unterstützen können. Entscheidend ist, dass diese Anforderungen inhaltlich von den Beteiligten verstanden, sinnstiftend auf das Aufgabengebiet übertragen werden und zu prägnanten, klaren und zugleich flexiblen Regelungen führen. Beim Entwickeln der Bilder für dieses Buch ist mir noch einmal sehr deutlich geworden, wie sehr das Verständnis für den Inhalt und die Kernaussagen dadurch reift. Ich habe viel Freude beim Zeichnen und Ausprobieren gehabt und hoffe, dass dieses Buch dazu beiträgt, dass die QM-Philosophie im Gesundheits- und Sozialwesen leichter und lebendiger umgesetzt werden kann.

Bedanken möchte ich mich bei den vielen Unterstützern dieses Buchprojektes, allen voran bei meinem Mann, der mir unermüdlich den Rücken dafür freigehalten und gestärkt hat.

Andrea Bastian

www.kompetenzraum.de

- Diplom-Wirtschaftspädagogin (univ.)
- systemische Beraterin und Coach (dvct-zertifiziert)
- Expertin für Persönlichkeitsbildung (persolog®)
- Facilitatorin (Kommunikationslotsen, Köln)
- NHA®- und MFL®-Anwenderin
- Referentin bei einem Wirtschaftsverband in München
- Freiberufliche Trainerin, Coach und Facilitatorin

„Nichts ist beständiger als der Wandel – und gleichzeitig gilt es, dem Prozess zu vertrauen.“

Ich bin seit mehr als 20 Jahren im Trainingsbereich sowie als Projektmanagerin und Moderatorin von Veränderungsprozessen tätig. Für mich war QM bis vor einigen Jahren ein trockenes, langweiliges Gebiet – etwas, das es eher zu vermeiden galt. Doch die intensive Auseinandersetzung mit dem Thema hat mir die wirklichen Chancen nochmals deutlich vor Augen geführt: Klare Strukturen – Freiheit im Inhalt. Einen Gestaltungsraum definieren und nutzen. Das Rad nicht immer wieder neu erfinden ... Genau das ist auch meine Grundhaltung als Facilitatorin, wenn ich Menschen und Unternehmen unterstütze, Visionen zu realisieren. Als neugieriger Mensch bin ich immer auf dem Weg, meine Konzepte zu verbessern und freue mich, meinen Projekten eine weitere Facette, einen „zusätzlichen Schliff“ zu geben. Ganz nach dem Motto: (Organisations-) Entwicklung braucht Qualitätsmanagement. Es freut mich, wenn sich mehr Menschen durch dieses Buch von QM begeistern lassen.

Ein herzliches Dankeschön, dass ich dieses Buchprojekt nicht nur im „Management“ begleiten durfte und an meinen Ehemann, der mir die Freiheit gibt, mich immer wieder jenseits meiner klassischen Berufswege zu bewegen.

Danksagungen

Fachlich unterstützt haben uns insbesondere:

Kapitel 1 – verstehen

Katja Rothe, rothe+partner, Berlin, Sozial- und Gesundheitsökonomin (VWA), Diplom Betriebswirtin (VWA), Qualitätsmanagerin & Auditorin (DGQ)

Kapitel 3 – verankern

Dorothea & Kurt Faller, MEDIUS GmbH Münster

Journalistisches Feedback erhielten wir von

Barbara Link, blink München

Als „Testleser und Bildprüfer“ haben uns u.a. unterstützt:

Dr. Martin Trubel, St. Elisabeth-Hospital Mettingen, Geriatrisches Rehazentrum

Dorothea Faller, MEDIUS GmbH Münster

Anne Gollenbeck, Gesellschaft für innovative Beschäftigungsförderung mbH, Bottrop

Caroline Beekmann, Diplom-Sozialpädagogin (FH), Beraterin, Trainerin & Auditorin, Kompetenzraum München

Birgitta Ossege, QM-Beauftragte, Diakoniewerk Osnabrück

Susanne Rolf, Ehe-, Familien-, Lebens- u. Erziehungsberatung im Bistum Osnabrück

Bedanken möchten wir uns auch bei den vielen Seminarteilnehmern der letzten Jahre, die durch ihre Fragen und Anmerkungen direkt oder indirekt zur Entwicklung und Weiterentwicklung der Bildmotive beigetragen haben.

Schlussgedanke

„Es gibt keine wirkungsvollere Methode, anderen eine Idee zu vermitteln, als eine schlichte Zeichnung."
Dan Roam: Auf der Serviette erklärt, 2010

Auf der Website www.qualität-gestalten.de erscheinen regelmäßig Blogbeiträge für mehr Potentialorientierung im Qualitätsmanagement.